用Cursor玩转
AI辅助编程
不写代码也能做软件开发

程序员御风◎著

电子工业出版社
Publishing House of Electronics Industry
北京·BEIJING

内 容 简 介

本书是一本实用指南，全面介绍了 Cursor 这款革命性的 AI 驱动的代码编辑器。本书深入浅出地讲解 Cursor 的核心功能、工作原理和实际应用，旨在帮助读者快速掌握 AI 辅助编程技术。

全书分为基础篇、进阶篇、实战篇、参考与展望篇。基础篇介绍 Cursor 的安装配置和基本操作。进阶篇深入探讨 Cursor 的生成代码、智能补全和代码重构等核心功能。实战篇通过多个真实项目案例，展示如何在不同场景中发挥 Cursor 的强大功能。参考与展望篇介绍了 Cursor 最佳实践与使用技巧，也对 AI 辅助编程的未来做出展望。

无论您是经验丰富的开发者还是编程新手，本书都能让您提高开发效率、激发创造力，在 AI 辅助编程时代保持竞争优势。

未经许可，不得以任何方式复制或抄袭本书之部分或全部内容。
版权所有，侵权必究。

图书在版编目（CIP）数据

用 Cursor 玩转 AI 辅助编程：不写代码也能做软件开发 / 程序员御风著. -- 北京：电子工业出版社，2025.4 (2025.10重印) -- ISBN 978-7-121-50033-6

Ⅰ．TP18

中国国家版本馆 CIP 数据核字第 2025LX9903 号

责任编辑：石　悦
印　　刷：三河市鑫金马印装有限公司
装　　订：三河市鑫金马印装有限公司
出版发行：电子工业出版社
　　　　　北京市海淀区万寿路 173 信箱　　邮编：100036
开　　本：787×980　1/16　　印张：17　　字数：316 千字
版　　次：2025 年 4 月第 1 版
印　　次：2025 年 10 月第 5 次印刷
定　　价：89.00 元

凡所购买电子工业出版社图书有缺损问题，请向购买书店调换。若书店售缺，请与本社发行部联系，联系及邮购电话：(010) 88254888，88258888。

质量投诉请发邮件至 zlts@phei.com.cn，盗版侵权举报请发邮件至 dbqq@phei.com.cn。

本书咨询联系方式：faq@phei.com.cn。

前　　言

在软件开发的历史长河中，每一次技术革新都带来了生产力的巨大飞跃。从早期的手工编码到现代化的集成开发环境（IDE），再到如今的 AI 辅助编程，我们正处于前所未有的变革中。Cursor 的出现，不仅为开发者提供了更智能、更高效的编程体验，还预示着未来编程范式的重大转变。

本书的诞生正是基于这样的背景。随着 AI 技术迅猛发展，越来越多的开发者开始探索如何利用 AI 辅助编程工具提高编程效率，优化代码质量，甚至重新思考软件开发的方式。Cursor 作为一款 AI 驱动的现代代码编辑器，正成为这一潮流的先锋。

本书的目标不仅是教会开发者如何使用 Cursor，而且希望帮助开发者建立 AI 辅助编程的思维方式。从基础的安装与配置到如何利用 Cursor 进行代码补全、重构、调试，再到与其他工具的集成与高级应用，本书力求通过丰富的案例和深入的讲解，使开发者真正掌握这款工具，并能在实际开发中灵活运用。

与传统的编程工具不同，Cursor 不仅是一个代码编辑器，还像一个智能的开发助手。它能够根据代码上下文提供精准的补全建议，帮助开发者快速生成高质量代码。它可以自动分析代码，优化结构，减少冗余。它甚至能够通过自然语言交互，理解开发者的意图，并直接生成完整的函数、类或者模块。这种智能化的编程体验，大幅降低了开发门槛，使得初学者也能快速上手，而经验丰富的开发者则能借助 AI 的力量，将更多精力投入架构设计和创新思考中。

技术的进步为开发者带来了前所未有的机遇，但如何顺应时代潮流，真正驾驭这些新工具，是每一位开发者都需要思考的问题。希望本书能成为开发者进入 AI 辅助编程时代的重要指南，帮助开发者在这场变革中抢占先机，提高开发效率，拓宽职业边界。

让我们一起拥抱 AI 时代，探索 Cursor 的无限可能，开启智能编程的新纪元！

目　录

基　础　篇

第 1 章　Cursor 来了 ·· 2
  1.1　Cursor 是什么 ·· 2
  1.2　Cursor 在编程中的角色 ··· 3

第 2 章　安装和配置 Cursor ·· 5
  2.1　系统要求 ·· 5
  2.2　下载与安装 ··· 6
  2.3　初始配置 ··· 12
      2.3.1　主题设置 ··· 14
      2.3.2　字体设置 ··· 15
      2.3.3　自动保存 ··· 16
      2.3.4　代码格式化 ·· 17
  2.4　与其他开发工具集成 ··· 18
      2.4.1　与版本控制系统集成 ··· 19
      2.4.2　与终端集成 ·· 19
      2.4.3　与调试工具集成 ·· 20
      2.4.4　与数据库工具集成 ··· 20
      2.4.5　与容器化工具集成 ··· 21
      2.4.6　与 CI/CD（持续集成/持续交付）平台集成 ···································· 21
      2.4.7　与 SSH 工具集成 ·· 23

第 3 章　Cursor 页面概览 ………………………………………………………… 24

3.1　主页面介绍 ……………………………………………………………… 24
3.2　文件浏览区 ……………………………………………………………… 26
3.3　代码编辑区 ……………………………………………………………… 27
3.4　AI 对话区 ………………………………………………………………… 28
3.5　控制台 …………………………………………………………………… 29
3.6　自定义布局 ……………………………………………………………… 30

进　阶　篇

第 4 章　Cursor 项目初探：个人作品集网站 ……………………………………… 34

4.1　开发环境搭建 …………………………………………………………… 34
4.1.1　软件和扩展程序安装 …………………………………………… 34
4.1.2　项目初始化 ……………………………………………………… 38
4.1.3　文件结构初始化 ………………………………………………… 39
4.1.4　"COMPOSER"面板的 agent 模式 …………………………… 47
4.1.5　口语化的提示词 vs 规范化的提示词 ………………………… 49
4.2　智能编写代码助手 ……………………………………………………… 50
4.2.1　代码补全功能 …………………………………………………… 50
4.2.2　代码优化建议 …………………………………………………… 56
4.3　实时预览与代码调试 …………………………………………………… 59
4.3.1　实时预览 ………………………………………………………… 59
4.3.2　代码调试 ………………………………………………………… 66
4.3.3　让 Cursor 消除 Bug …………………………………………… 70
4.4　与版本控制系统集成 …………………………………………………… 75
4.4.1　Git 基础配置 …………………………………………………… 75
4.4.2　Git 实操 ………………………………………………………… 76
4.5　项目优化 ………………………………………………………………… 83

实 战 篇

第 5 章 Cursor 项目进阶：销售数据分析（后端 Python 部分） …………… 86

5.1 项目简介 ……………………………………………………………………… 86

5.2 后端 Python 项目搭建 ………………………………………………………… 87

    5.2.1 高效沟通的技巧 ……………………………………………………… 87

    5.2.2 项目结构 ……………………………………………………………… 88

    5.2.3 代码生成 ……………………………………………………………… 96

    5.2.4 修改配置信息 ………………………………………………………… 99

    5.2.5 搭建运行环境 ………………………………………………………… 100

    5.2.6 运行后端项目 ………………………………………………………… 102

    5.2.7 免费版 vs 付费版 ……………………………………………………… 103

    5.2.8 在 Cursor 中配置和使用 DeepSeek …………………………………… 106

5.3 基础功能实现 ………………………………………………………………… 113

    5.3.1 数据模型定义 ………………………………………………………… 113

    5.3.2 变更启动方式 ………………………………………………………… 116

    5.3.3 CSV 文件的数据读取和解析 ………………………………………… 122

    5.3.4 Web API 编写 ………………………………………………………… 124

5.4 测试与优化 …………………………………………………………………… 131

    5.4.1 创建测试代码 ………………………………………………………… 132

    5.4.2 用 Cursor 做代码调试 ………………………………………………… 138

5.5 Notepad 的妙用 ………………………………………………………………… 148

第 6 章 Cursor 项目进阶：销售数据分析（前端 Vue.js 框架部分） ………… 152

6.1 前置工作 ……………………………………………………………………… 152

    6.1.1 创建前端项目 ………………………………………………………… 153

    6.1.2 为项目添加文档 ……………………………………………………… 156

6.2 实现前端代码 ………………………………………………………………… 163

    6.2.1 用"CHAT"面板确定开发步骤 ……………………………………… 163

    6.2.2 用"COMPOSER"面板创建项目 …………………………………… 167

- 6.2.3 实现数据上传 ·········· 173
- 6.2.4 实现产品列表和销售记录 ·········· 181
- 6.2.5 实现数据分析模块 ·········· 192
- 6.3 项目回顾与总结 ·········· 197

第 7 章 Cursor 对现有项目的支持 ·········· 199

- 7.1 项目简介 ·········· 199
- 7.2 使用 Cursor 进行开发 ·········· 200
  - 7.2.1 项目搭建 ·········· 200
  - 7.2.2 用 "CHAT" 面板确定开发步骤 ·········· 204
  - 7.2.3 实现文章管理 ·········· 207
  - 7.2.4 实现分类管理 ·········· 217
  - 7.2.5 实现标签管理 ·········· 220
  - 7.2.6 实现评论管理 ·········· 222
- 7.3 项目回顾与总结 ·········· 223

第 8 章 Cursor + MCP = "王炸" ·········· 225

- 8.1 什么是 MCP ·········· 225
- 8.2 一些 MCP 资源网站 ·········· 226
- 8.3 在 Cursor 中配置 MCP Server ·········· 228
- 8.4 在 Cursor 中调用 MCP Server 的能力 ·········· 234

参考与展望篇

第 9 章 Cursor 最佳实践与使用技巧 ·········· 240

- 9.1 提示词工程最佳实践 ·········· 240
  - 9.1.1 提示词 ·········· 240
  - 9.1.2 上下文的妙用 ·········· 241
- 9.2 代码质量控制 ·········· 245
  - 9.2.1 代码审查策略 ·········· 245
  - 9.2.2 错误处理机制 ·········· 246

9.3 提高开发效率的技巧和方法······246
　　9.3.1 优化工作流程······247
　　9.3.2 制定协同开发的策略······248
9.4 常见陷阱与解决方案······248
　　9.4.1 避免过度依赖······249
　　9.4.2 加强质量控制······249

第 10 章　展望未来······251

10.1 AI 辅助编程的未来发展趋势······251
　　10.1.1 更智能地理解与生成代码······251
　　10.1.2 AI 辅助编程工具如何改变团队协作模式······252
10.2 Cursor 的潜在发展方向······252
　　10.2.1 更丰富的插件生态······252
　　10.2.2 更智能地支持多语言······253
10.3 AI 辅助编程对开发者的影响······253
　　10.3.1 开发者的角色正在变化······253
　　10.3.2 对职业发展的影响······254
10.4 使用 AI 辅助编程工具辅助编程的挑战······254
10.5 结语······255

附录 A ······256

常见问题解答······256
快捷键列表······258
联系与支持信息······261

基 础 篇

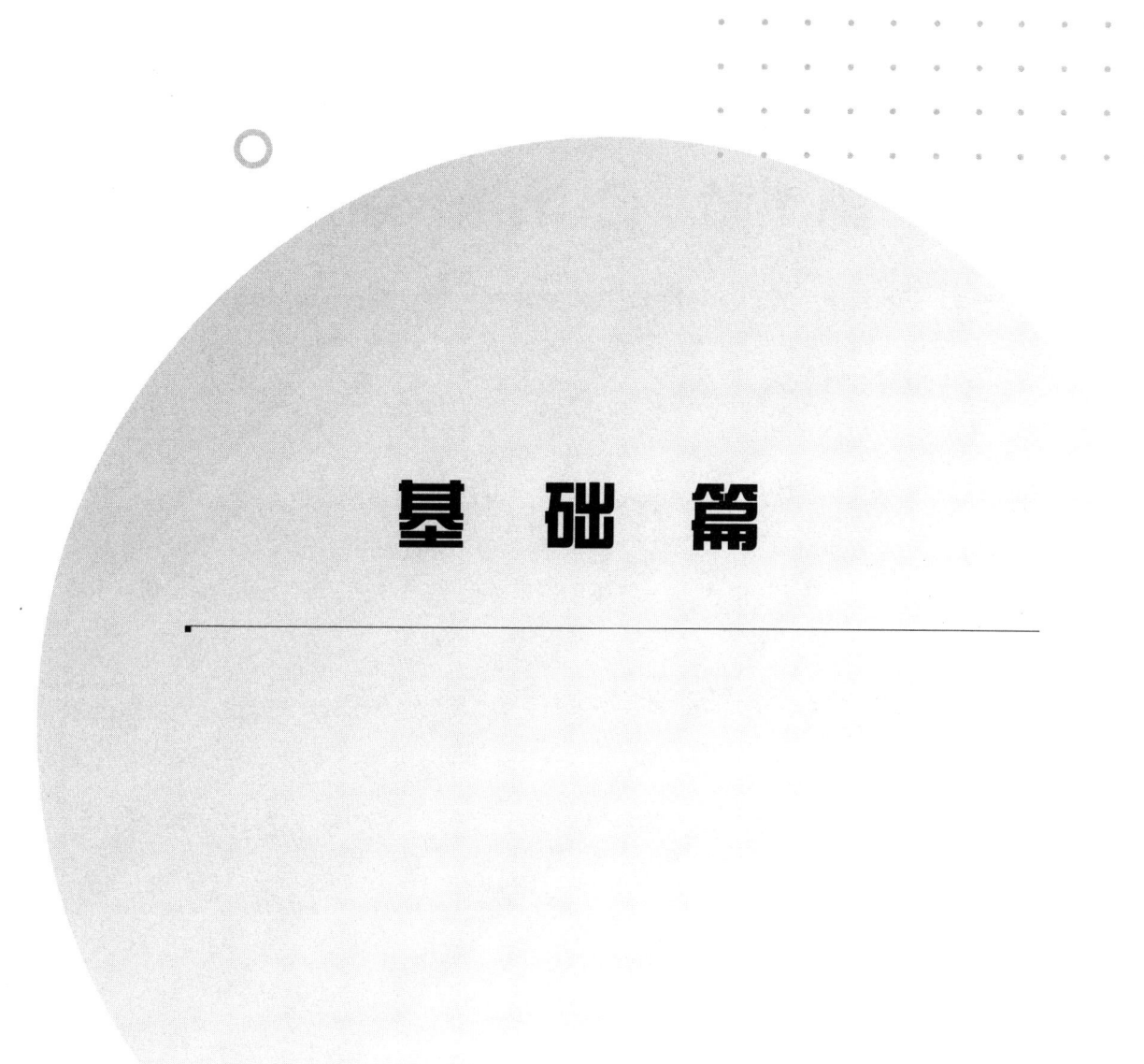

第1章　Cursor 来了

1.1　Cursor是什么

Cursor 是一款革命性的 AI 驱动的代码编辑器，将 AI 与现代编辑器的功能完美结合。作为新一代的开发工具，Cursor 不仅是一个简单的代码编辑器，还是开发者的智能助手。它的诞生标志着软件开发行业进入了一个新的时代——AI 辅助编程时代。图 1-1 所示为 Cursor 编辑器主页面截图。

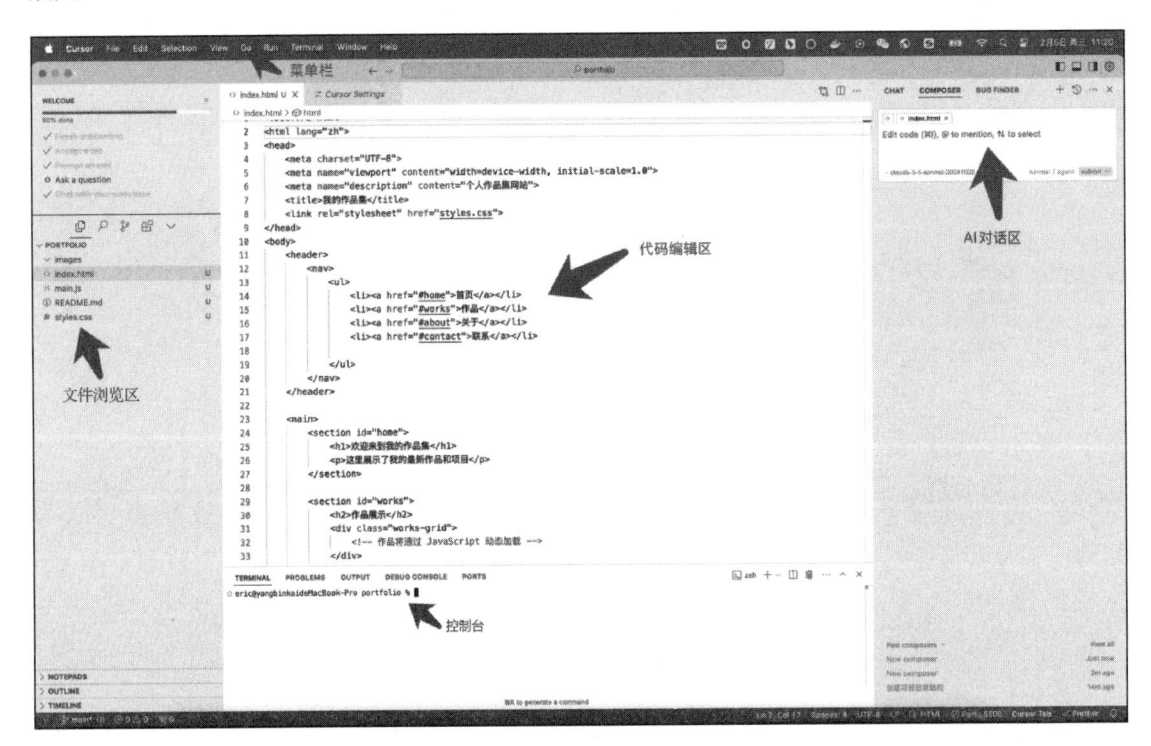

图 1-1

在软件开发领域，Cursor 的出现源于开发团队对传统编程方式的深度思考和探索。随着 AI 技术快速发展，将 AI 引入编程过程已成为必然趋势。Cursor 的开发团队在这个背景下，通过持续的技术创新和用户反馈优化，最终打造出了这款革命性的开发工具。它不仅继承了现代编辑器的高效和灵活，还融入了先进的 AI 技术，为开发者提供了前所未有的编程体验。

Cursor 最引人注目的特色在于其内置的 AI 助手系统。这个系统能够理解开发者的自然语言指令，通过上下文分析准确地把握开发者的意图，并提供相应的代码编写、修改建议和解决方案。在编写代码过程中，它就像一个经验丰富的搭档，能够及时提供有价值的建议和帮助。无论是生成代码模板、解释复杂逻辑，还是进行代码重构，Cursor 都能给出专业且实用的建议。

在代码编写环节，Cursor 提供了智能的代码生成和补全功能。它不是简单地进行语法补全，而是能够理解整个项目上下文，提供符合当前业务逻辑的代码生成和补全建议。当开发者描述需求时，Cursor 能够生成完整的代码片段，大大提高了开发效率。同时，它还能够实时检测代码中的潜在问题，并提供优化建议，帮助开发者编写出更高质量的代码。

1.2　Cursor在编程中的角色

AI 正在深刻改变着软件开发的方式。在传统的开发模式中，程序员需要记忆大量的语法规则、API 文档和最佳实践，这不仅增加了学习成本，还限制了开发效率。在 AI 辅助编程时代，开发者可以将更多精力投入对问题本质的思考和架构设计中，让 Cursor 来处理那些烦琐的细节工作。

在软件开发的完整生命周期中，Cursor 的作用贯穿始终。在需求分析阶段，Cursor 能够帮助开发者更好地理解和梳理需求，通过自然语言处理技术，将用户描述的需求转化为具体的技术方案。在编写代码阶段，Cursor 不仅能提供智能的代码生成和补全建议，还能帮助开发者发现潜在的问题和优化空间。在测试阶段，Cursor 可以自动生成测试用例，分析代码覆盖率，帮助开发者提高代码质量。在维护阶段，Cursor 能够协助进行代码重构，提供性能优化建议，甚至自动生成技术文档。图 1-2 所示为 Cursor 辅助编程示意图。

通过 Cursor 的协助，开发效率得到了显著提高。实践数据表明，在使用 Cursor 后，开发者在处理重复性工作时可以节省 40%～60%的时间，代码错误率平均降低了 30%。更重要的是，

Cursor 的加入使得代码质量和可维护性得到了明显改善，项目交付速度随之加快。对于新手开发者来说，Cursor 就像一个随时在线的导师，能够帮助他们更快地掌握编程技能，减少学习过程中的挫折感。图 1-3 所示为 Cursor 工作流程图。

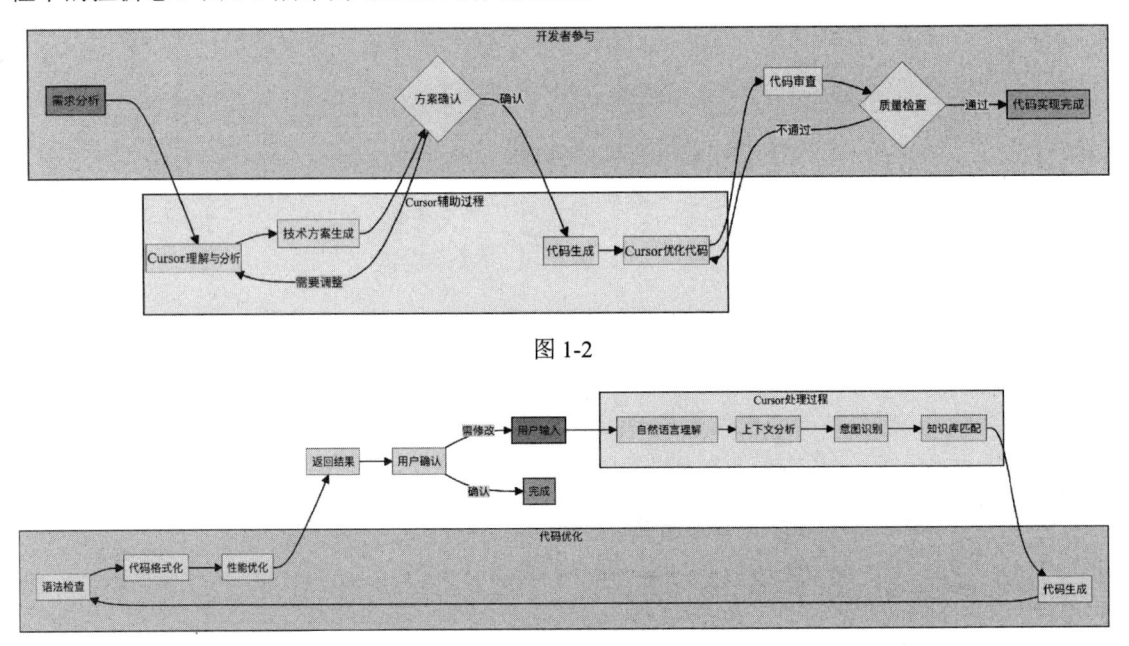

图 1-2

图 1-3

然而，我们要清醒地认识到 Cursor 在编程中的局限性。在处理复杂的业务逻辑时，Cursor 的建议可能无法完全满足需求，这时仍然需要开发者的专业判断。在一些需要创造性思维的场景中，人类的直觉和经验是无法被 Cursor 完全替代的。此外，在解决特定领域的专业性问题上，Cursor 的准确性还有待提高。安全性和隐私保护也是我们在使用 Cursor 时需要特别注意的问题。

第 2 章　安装和配置 Cursor

本章介绍如何安装和配置 Cursor。

2.1　系统要求

在操作系统的适配上，Cursor 是一个非常全面的软件集成开发环境（Integrated Development Environment，IDE）。

它支持以下三种主流操作系统：Windows、macOS、Linux。

对于操作系统版本或电脑本身的配置要求，我在 Cursor 官网上没有找到对应的说法。不过，Cursor 和另一款编辑器 Visual Studio Code（简称 VS Code）类似，是基于 VS Code 的开源版派生出来的。根据我多年做程序员的经验，市面上主流配置的电脑都可以安装和使用 Cursor。因为我们后续需要开发 JAVA、Python、浏览器插件程序，所以在配置方面尽可能提高一点。

尤其在内存上，至少需要 16GB。不过，你也不用过多地追求硬件性能，盲目升级，等到实际运行程序时，如果你的电脑卡顿，再考虑升级也来得及。在硬件升级方面，你可以参考这个优先级：内存>CPU>硬盘。

我们本次用于练手的项目，都不涉及过多图形化渲染的工作，所以你不用过多考虑图形处理器（Graphics Processing Unit，GPU），使用独立显卡和集成显卡都没问题。

2.2 下载与安装

Cursor 官网的下载页面如图 2-1 所示。

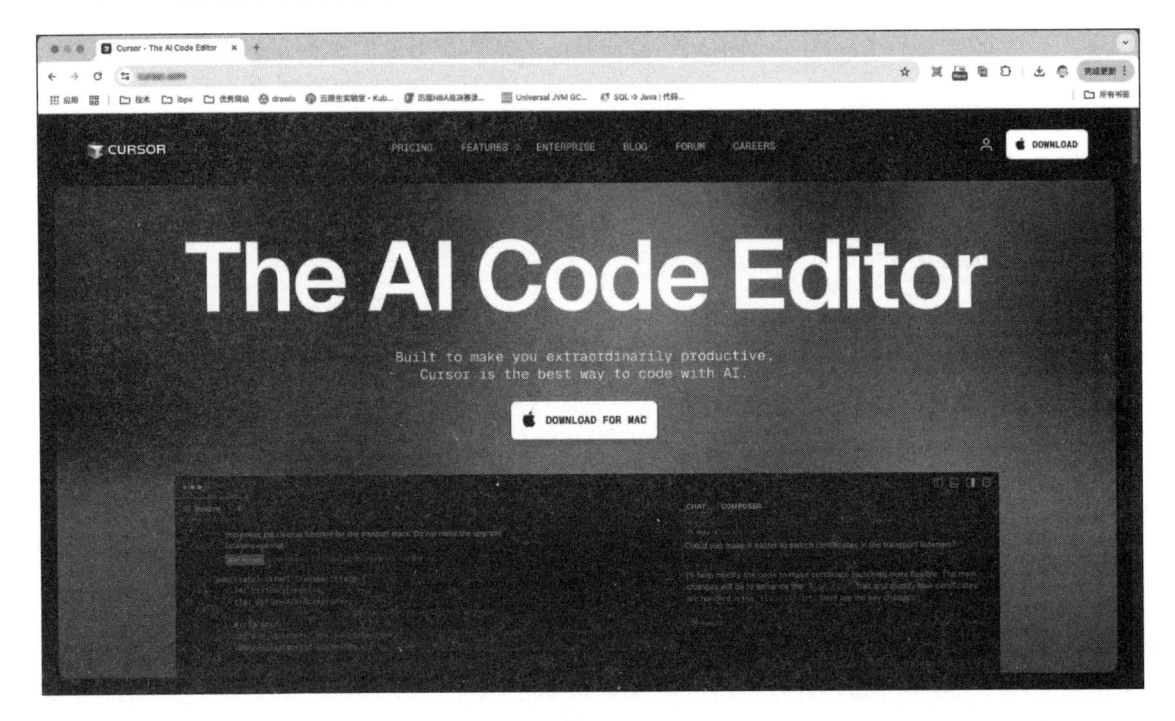

图 2-1

在首页最显眼的位置，Cursor 官网会根据当前电脑的操作系统，匹配对应的安装包。单击下载按钮，就会自行下载了。我用 macOS 系统演示，其他两种操作系统对应的下载和安装流程类似，这里就不赘述了。

在下载完后，在本地电脑上会得到一个名为"Cursor Mac Installer (250130nr6eorv84).zip"的压缩包，将其解压缩，会看到一个名为"Install Cursor"的可执行程序。双击这个可执行程序。因为这是从互联网上下载的安装程序，所以 macOS 系统会给出如图 2-2 所示的提示。

单击"打开"按钮，安装程序会从互联网上下载完整的运行程序。此时，会看到全量安装包的下载进度，如图 2-3 所示。

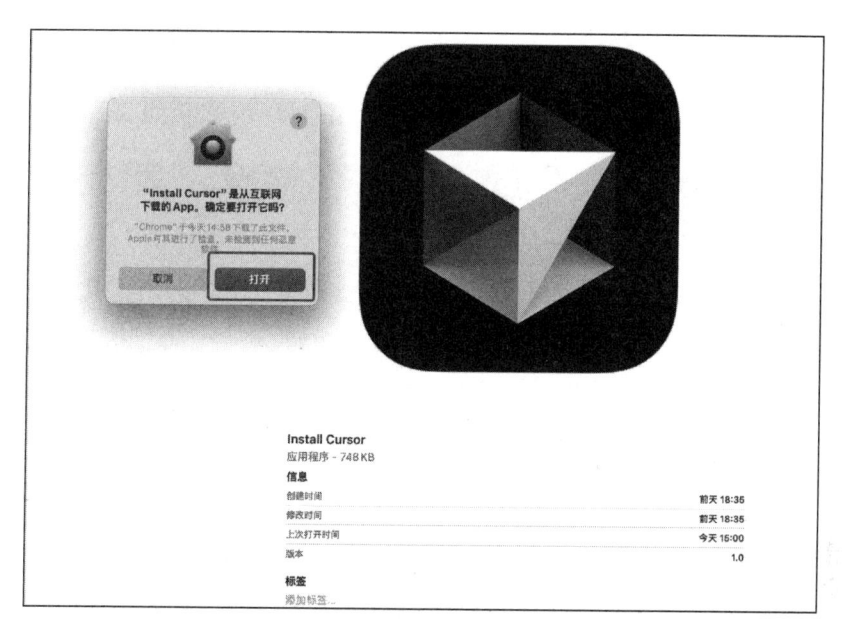

图 2-2

图 2-3

在下载完后，程序会自动安装到本地。在此期间，如果出现需要授权的页面，那么只需要输入苹果电脑的开机密码。在自动安装完后，会弹出如图2-4所示的页面。

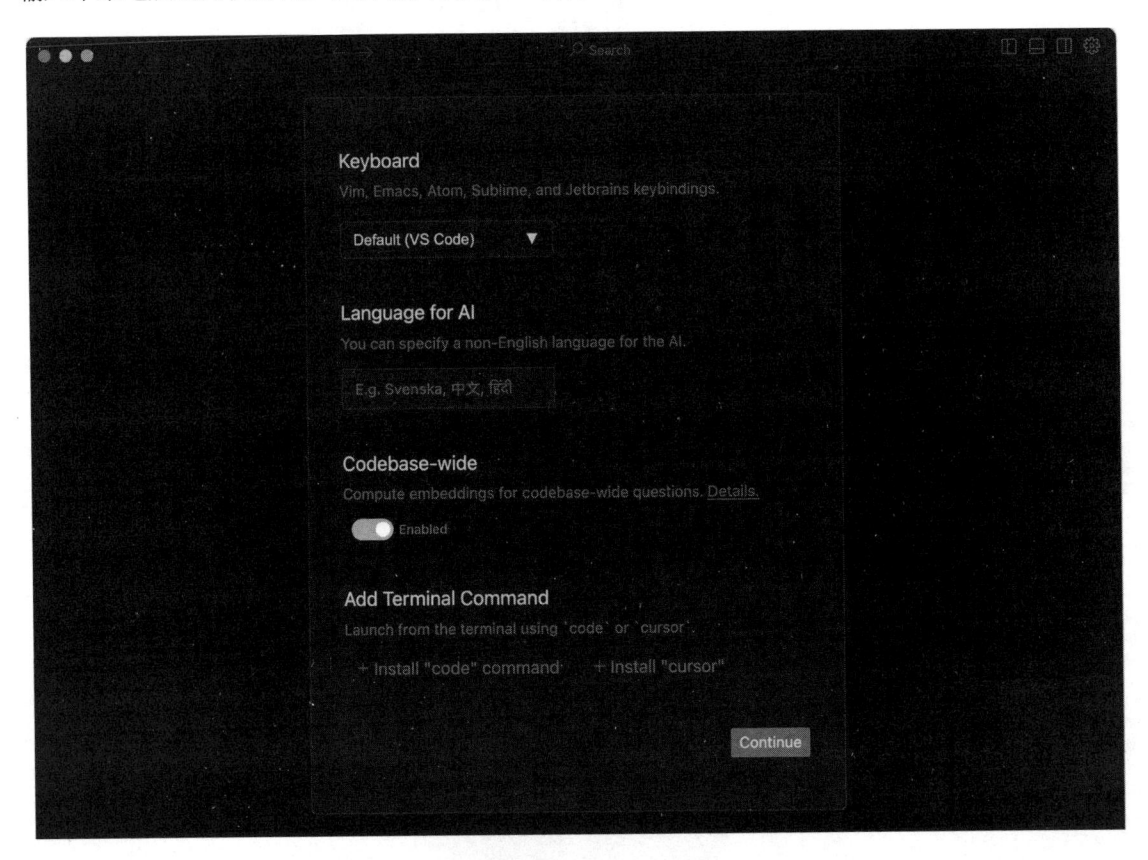

图 2-4

这是首次使用 Cursor 的偏好设置页面。首先，设置"Keyboard"。如果你之前使用过一些编程 IDE（比如，Vim、Emacs、Atom、Sublime、Jebrains keybindings），那么可以选择熟悉的快捷键组合方案。这对于提升编程手感和效率是非常有帮助的。如果你是一个新手，那么维持默认的 VS Code 快捷键方案即可。

下面来看"Language for AI"。你可以设置一个 Cursor 与你交流的语言。可以输入"中文"两个字来指定中文作为沟通语言。

然后，设置"Codebase-wide"。这是一个开关，是指是否启用代码库索引。官方是默认启用的。我们维持这个设置。Cursor 允许以语义方式索引代码库，这样它就可以使用已有代码的上下文来回答问题，并通过引用现有实现来编写更好的代码。虽然代码库索引默认启用，但是可以在设置中关闭。

最后，设置"Add Terminal Command"。这是询问你是否需要安装控制台快速启动脚本。

这是一种全新的启动方式，你不用单击应用图标，就可以在当前文件路径启动并进入 Cursor 页面。这看起来更酷，更有极客范儿。如果你觉得这样启动 Cursor 更好，那么建议安装。

安装方式很简单，单击对应的选项就可以安装对应的命令。我建议安装"cursor"脚本。这样可以和 VS Code 自带的"code"脚本区分开。

在以上偏好设置工作完成后，单击"Continue"按钮。在这里，我们需要设置数据偏好，如图 2-5 所示。你是否同意 Cursor 收集你的数据，让 Cursor 更懂你，从而越来越好用？如果你不希望 Cursor 这样做，那么可以选择"Privacy Mode"选项。这是纯本地模式，你的数据将不会上报或存储在第三方。这里自行选择即可。

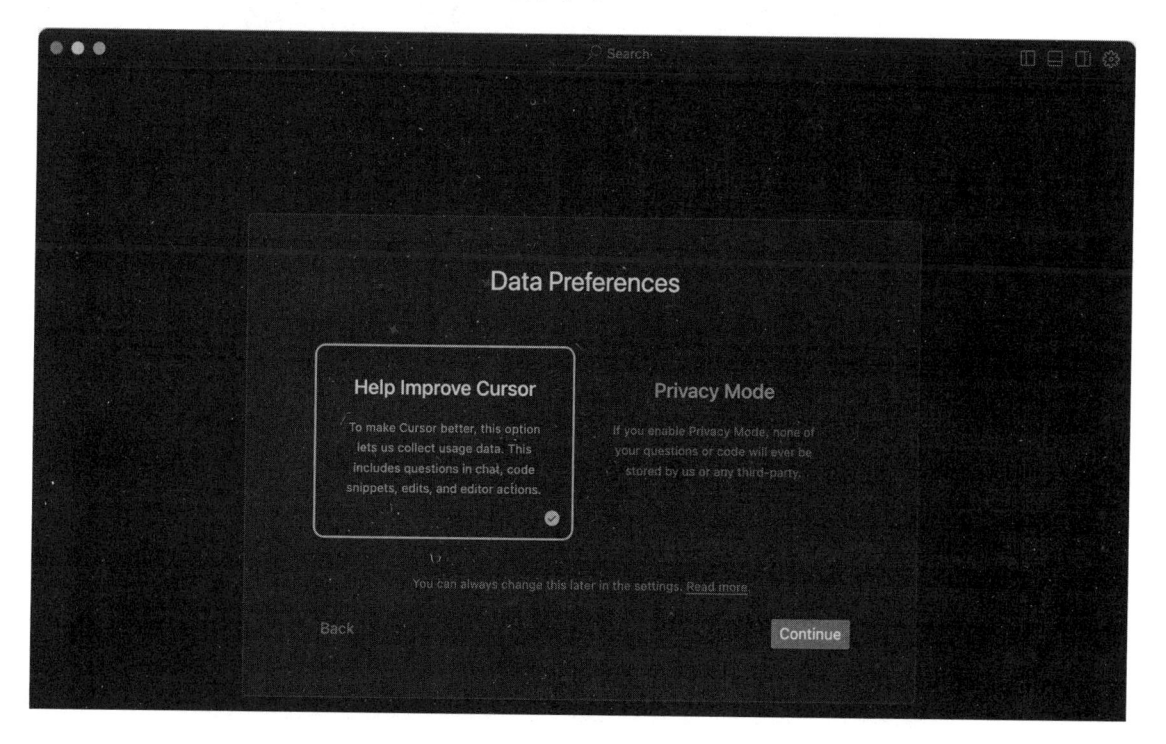

图 2-5

如果你只是做一些个人练习和 demo 项目，上报数据无所谓，那么可以选择"Help Improve Cursor"选项。我选择"Help Improve Cursor"选项。

Cursor 要求我们登录，如图 2-6 所示。只有登录才可以使用 Cursor。如果没有 Cursor 账号，那么可以注册一个。单击"Sign Up"按钮，此时会跳转到 Cursor 的注册页面。根据指引输入必要信息，如图 2-7 所示。

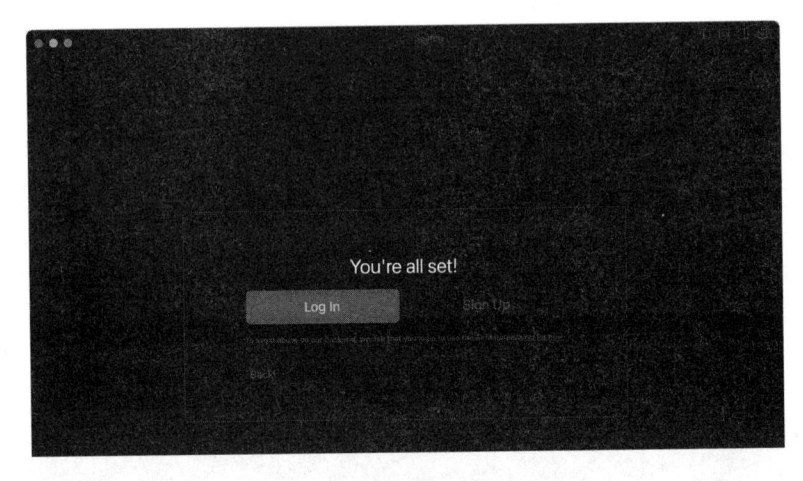

图 2-6

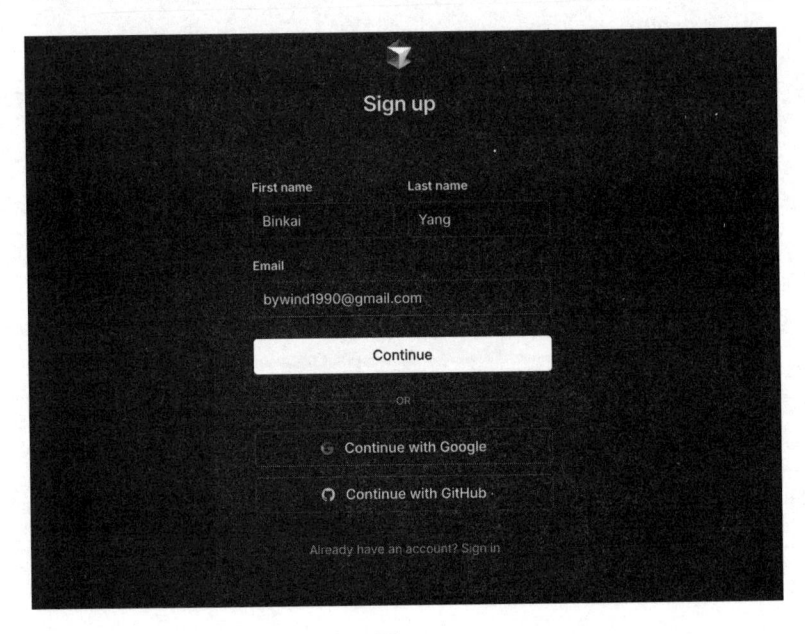

图 2-7

单击"Continue"按钮。通过人机校验，输入密码即可完成注册。在页面注册完成后，再次回到 Cursor 的登录/注册页面，即可完成登录。

与此同时，你可以看到 Cursor 是支持 Google、GitHub 账号联合登录的。这里建议选择 GitHub 账号登录。然后，浏览器会跳转到 GitHub 授权页面，单击授权按钮，即可完成联合登录。

在登录后会看到如图 2-8 所示的页面。Cursor 提供了三种管理项目的模式。

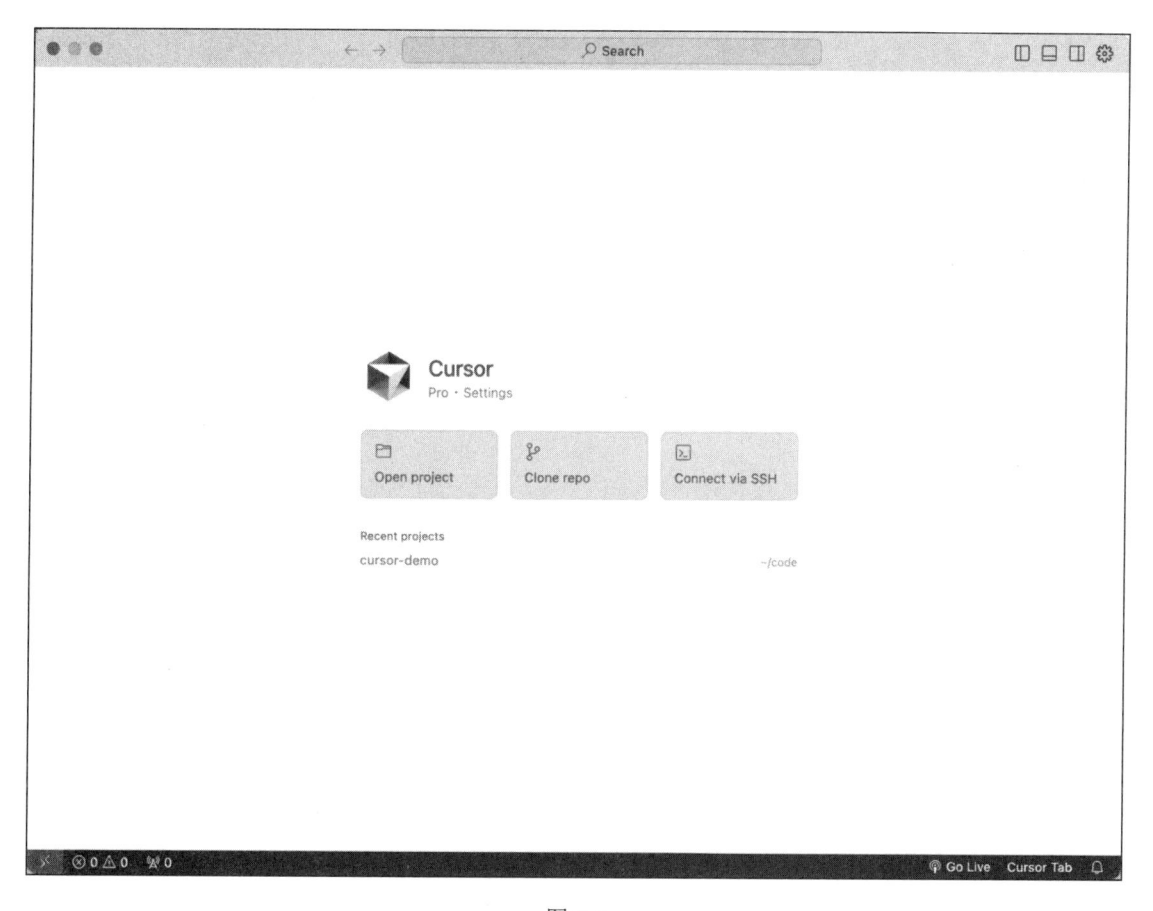

图 2-8

（1）Open project：这是指从本地打开一个项目（通常是一个文件夹）。

（2）Clone repo：这是指从 GitHub 上克隆一个项目到本地，然后用 Cursor 打开。

（3）Connect via SSH：这是指通过 SSH 在远程服务器上开发。比如，你有一些脚本运行在远程服务器上，就可以使用这种模式，打开对应的项目或文件，通过和 Cursor 对话，大大简化从开发到部署的流程。

2.3 初始配置

单击"Open project"选项，打开一个本地文件夹。我们新建一个空文件夹"cursor-demo"，如图 2-9 所示。在编写后续项目的过程中，所产生的新文件，都会自动写到这个文件夹里。

图 2-9

打开项目后，我们来到 Cursor 的主页面，有这样几个区域，我们分别介绍它们的功能。

首先，在页面左上角最显眼的位置，有一条新手进阶路线，如图 2-10 所示。

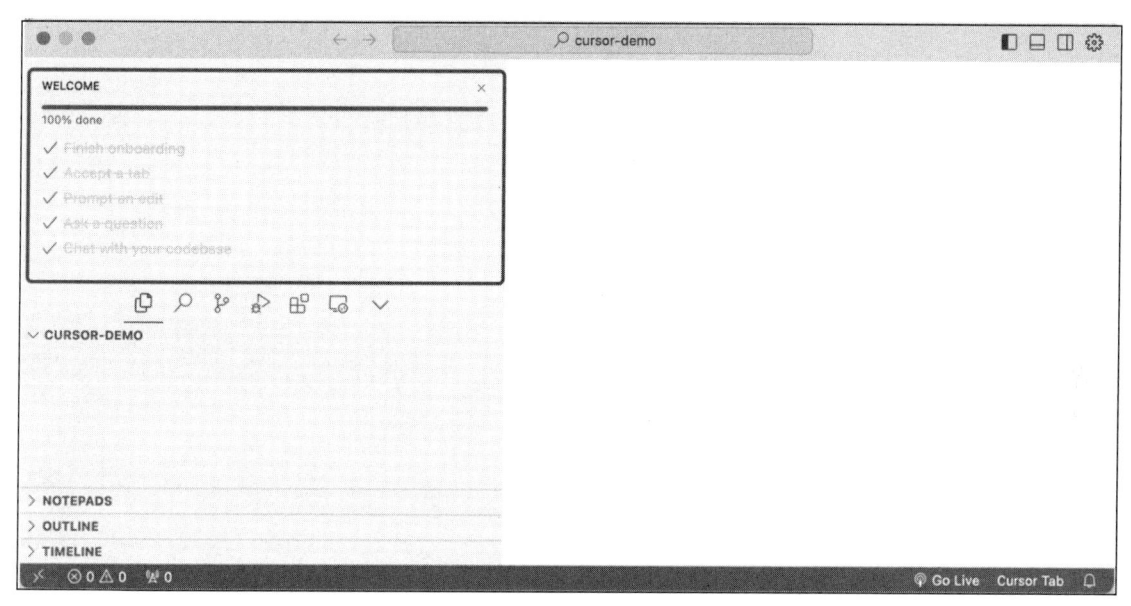

图 2-10

因为我已经在本地使用很长时间了，所以进度是 100%。如果你第一次使用，已经完成登录并打开了一个本地项目，那么进度应该是 20%。剩下的四项操作会在第 4 章中逐步介绍。接下来，我推荐我个人比较满意的窗口布局设置，就是把页面右上角的三个布局开关全部打开，如图 2-11 所示。

Cursor 在这种窗口布局下，拥有非常清晰明确的分工。文件浏览区、代码编辑区、控制台、AI 对话区都一目了然。对于它们的具体用法，会在第 4 章介绍。你按照我给出的布局建议，做好初始化配置即可。在完成了基本的窗口布局设置后，我们还需要进行一些其他重要的初始化配置，以确保 Cursor 能够更好地满足我们的开发需求。

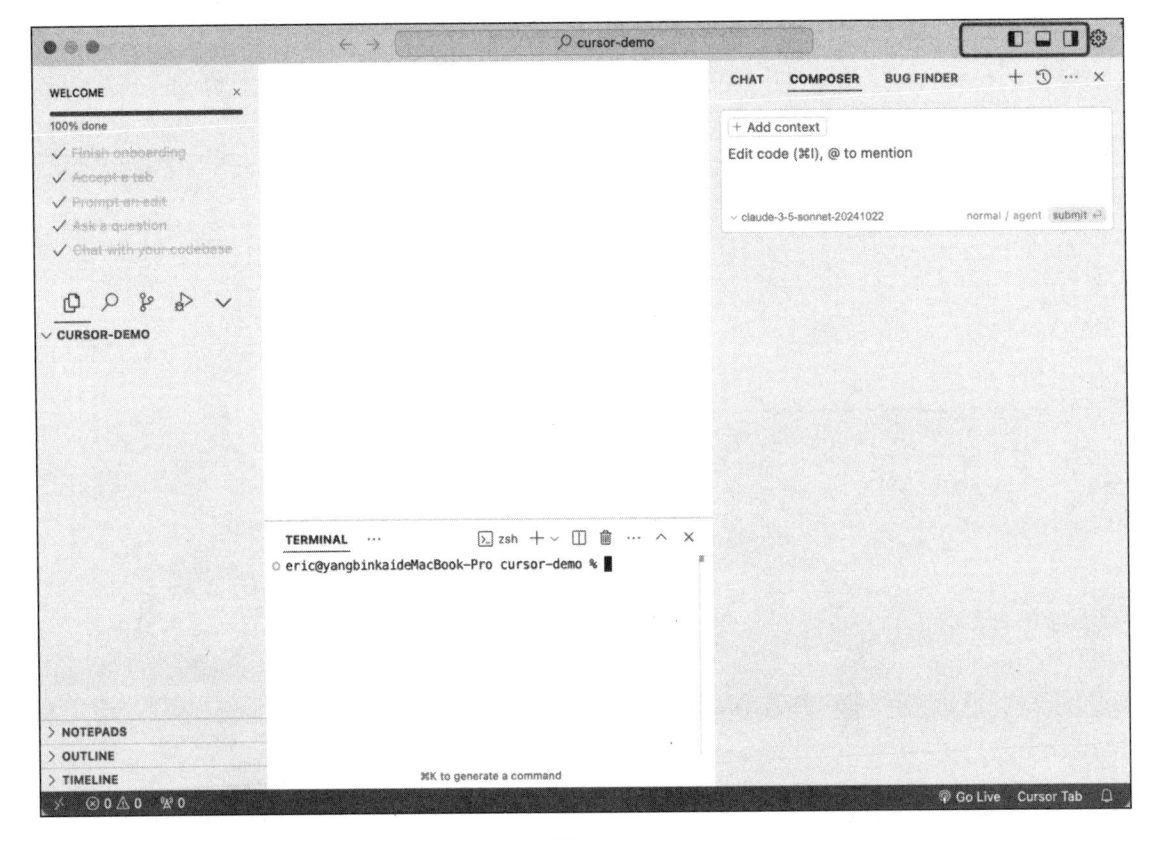

图 2-11

2.3.1 主题设置

Cursor 支持明暗两种主题模式。下面演示如何在苹果电脑上设置 Cursor 的主题，单击"Cursor"→"Preferences"→"Theme"→"Color Theme"选项，如图 2-12 所示。

在弹出的对话框中，罗列了 Cursor 当前内置的所有主题配色方案。你可以任意选择一个，看一看是否喜欢。这里没有对错之分，全凭个人喜好。黑色显得更酷炫，白色让你更专注，还有护眼配色等。

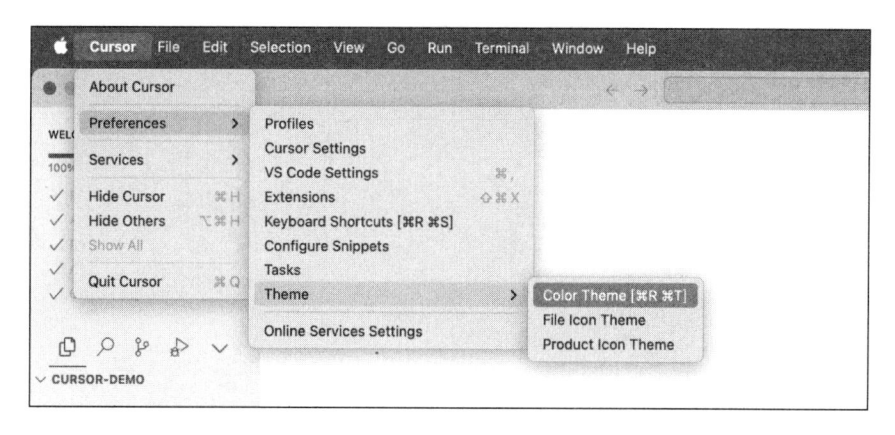

图 2-12

2.3.2 字体设置

在 Cursor 中还可以设置字体，下面演示如何在苹果电脑上设置 Cursor 字体，单击"Cursor"→"Preferences"→"VS Code Settings"选项，如图 2-13 所示。

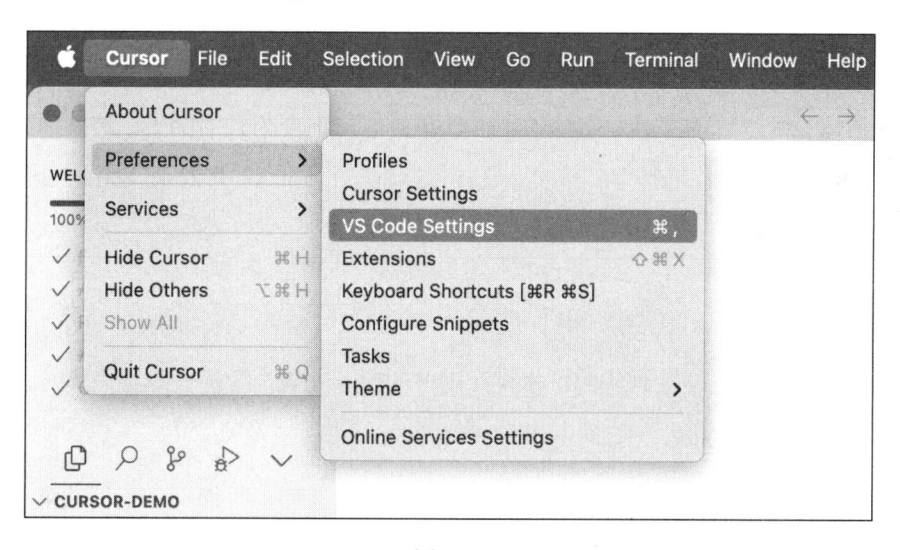

图 2-13

你可能会有疑问，为什么这里既有"Cursor Settings"，也有"VS Code Settings"？那是因为 Cursor 是基于 VS Code 开发出来的。因此很多 VS Code 的交互逻辑、使用习惯，甚至插件都能直接应用于 Cursor。我们按照上面的方式进入设置页面后，单击"Text Editor"→"Font"选项，如图 2-14 所示。

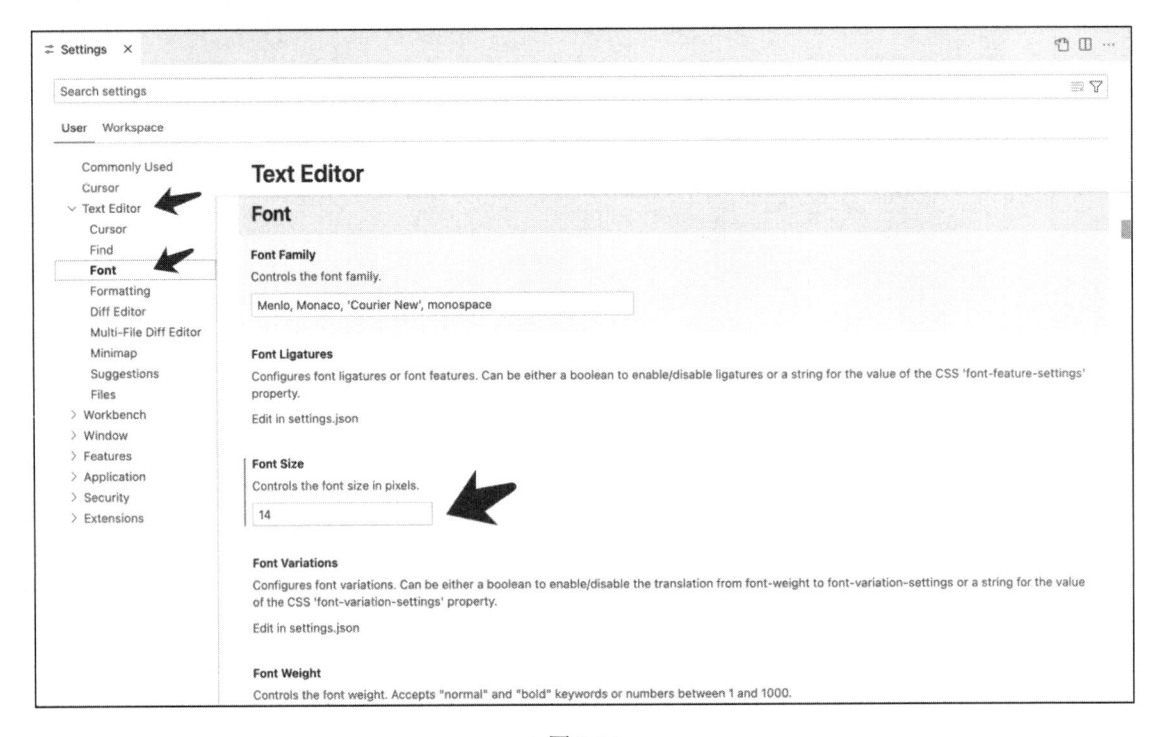

图 2-14

在这里可以设置喜欢的字体、字体大小，以及其他与字体相关的配置。对其他方面的设置也采用同样的逻辑。我建议选择等宽字体，这样可以保证代码的对齐效果，提高代码的可读性。

2.3.3 自动保存

为了避免在意外情况下丢失代码，建议开启自动保存功能。我们可以在"Settings"菜单的"Auto Save"选项中进行设置，如图 2-15 所示。

可以看到，在默认情况下，Cursor 是关闭自动保存功能的。我们可以在下拉菜单中选择当焦点发生变化时或固定时间间隔自动保存，如图 2-16 所示。

"afterDelay""onFocusChange""onWindowChange"选项分别表示固定时间间隔、当焦点发生变化时、当操作窗口发生变化时，我比较推荐"afterDelay"选项。

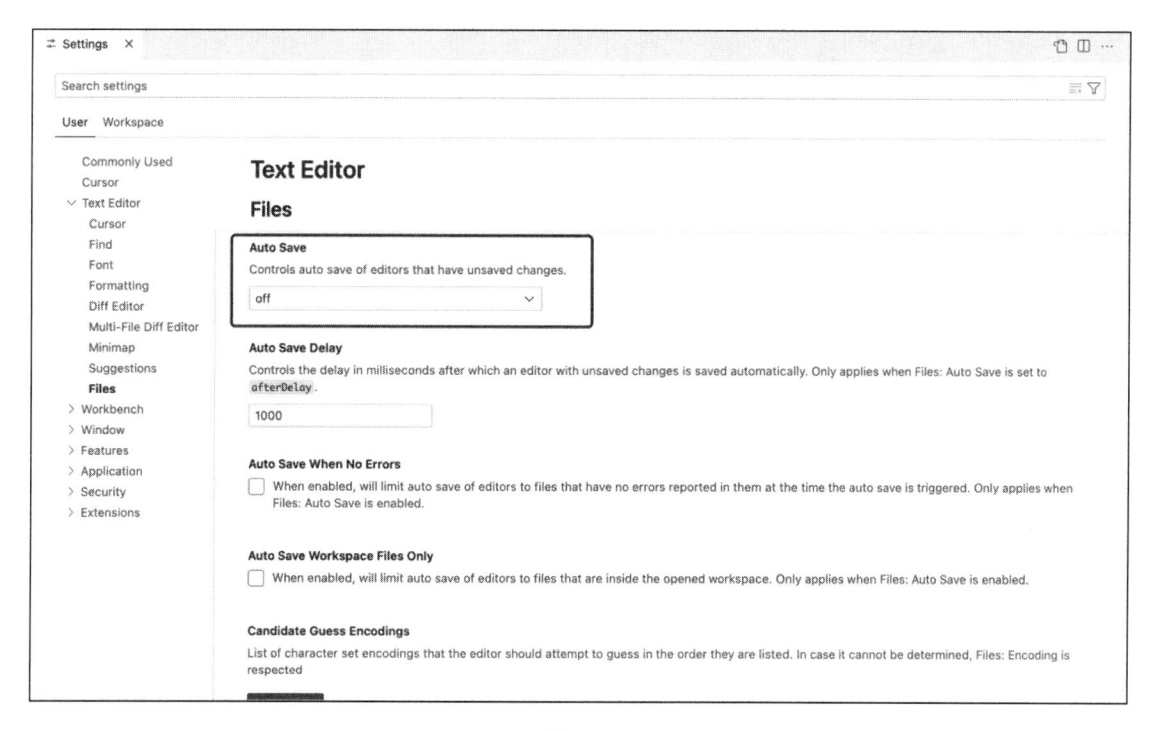

图 2-15

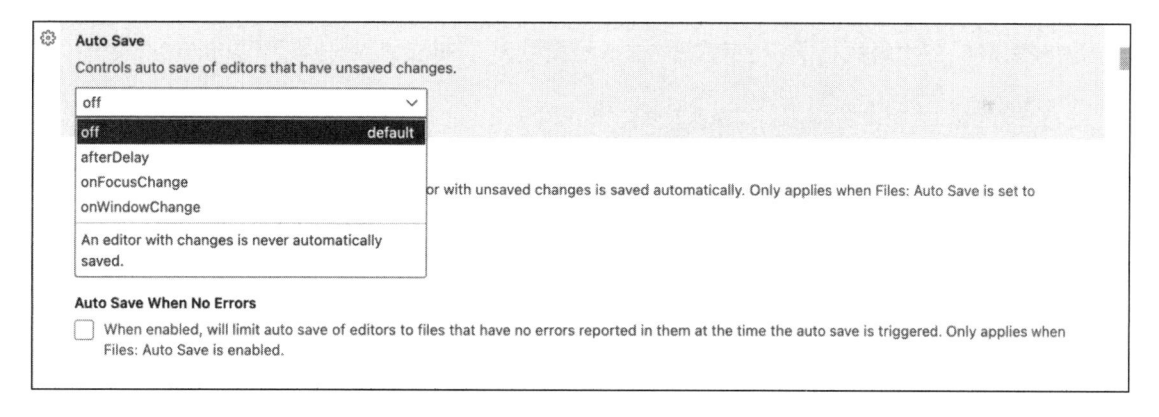

图 2-16

2.3.4 代码格式化

Cursor 内置了强大的代码格式化功能。你可以在"Settings"菜单中设置是否在粘贴、保存时自动格式化代码，如图 2-17 所示。

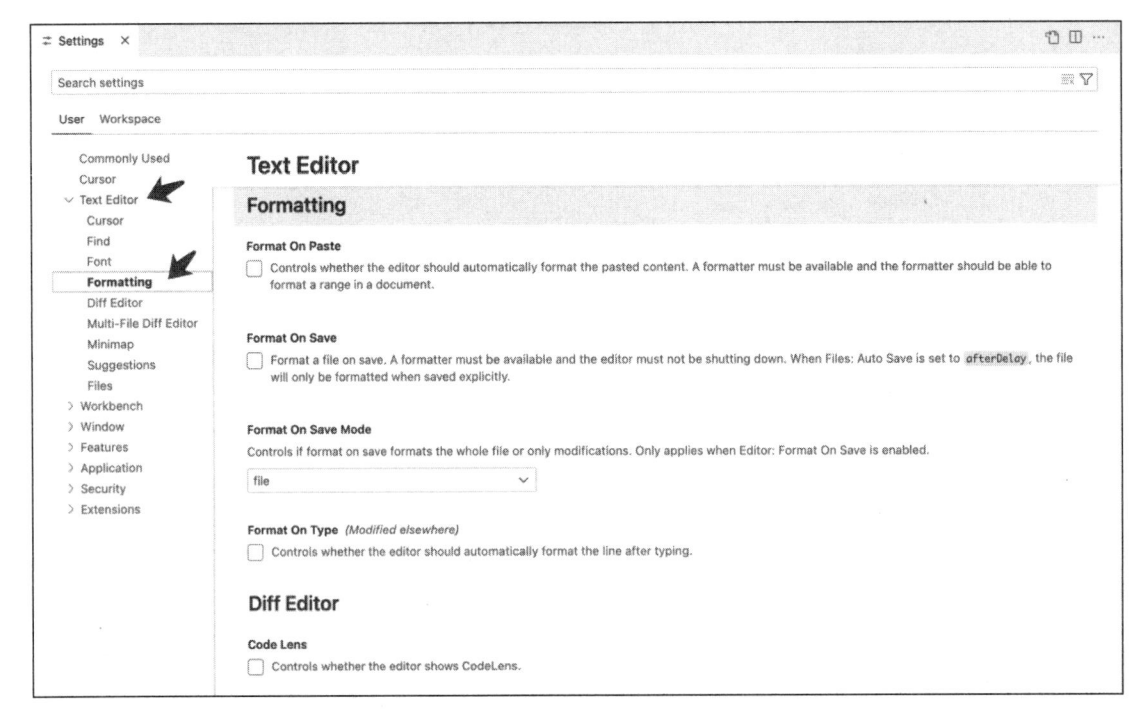

图 2-17

这有助于保持代码风格的一致性。其默认快捷键是"Shift + Alt + F"（Windows 系统）或"Shift + Option + F"（macOS 系统）。

虽然 Cursor 本身的功能已经很强大了，但是有时我们可能需要一些额外的功能支持。Cursor 支持 VS Code 的插件生态，你可以根据需要安装相关插件来扩展功能。在完成这些基本配置后，我们就可以开始使用 Cursor 进行实际的开发工作了。记住，这些配置并非一成不变，你可以随时根据使用体验进行调整，找到最适合自己的配置方案。

2.4 与其他开发工具集成

Cursor 作为一个现代化的开发工具，具有与多种主流开发工具无缝集成的能力。与这些工具的集成不仅提高了开发效率，还让开发流程更加顺畅。

2.4.1 与版本控制系统集成

Cursor 提供了与 Git 的原生集成支持。你可以直接在编辑器中执行常见的版本控制操作，如提交代码、创建分支、解决冲突等。这种集成功能让版本控制变得更加直观和便捷，如图 2-18 所示。关于内置 Git 工具的使用，我们会在 4.4 节介绍。

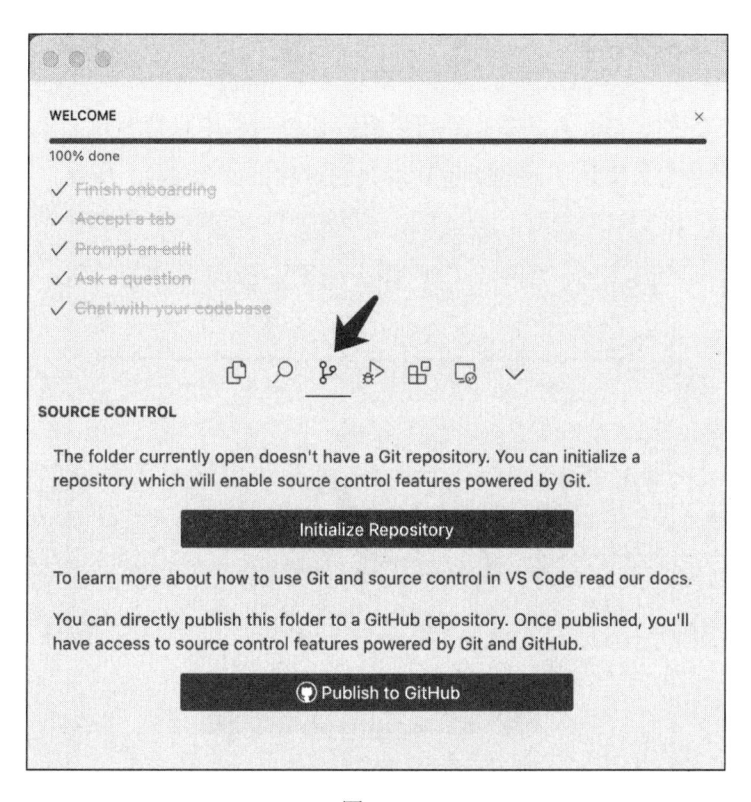

图 2-18

2.4.2 与终端集成

内置的终端支持让你可以直接在 Cursor 中执行命令行操作，无须切换到外部终端。这对于运行构建命令、启动服务器或执行测试特别有用。如图 2-19 所示，在这里输入命令、运行脚本的效果和系统终端的效果是一样的。

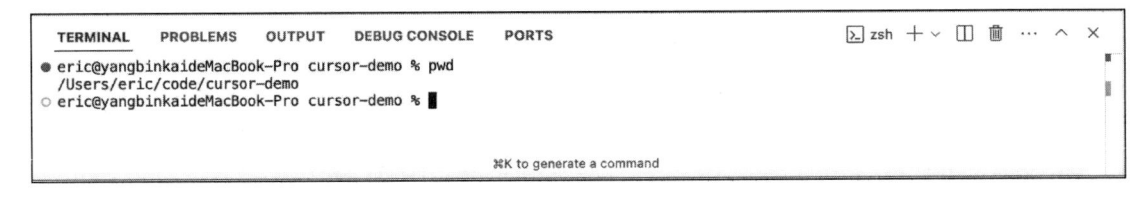

图 2-19

2.4.3 与调试工具集成

Cursor 支持与各种调试工具集成。你可以直接在编辑器中设置断点、检查变量、单步执行代码。这种集成功能大大简化了问题定位和解决的过程，如图 2-20 所示。详细的调试过程在 4.3 节介绍。

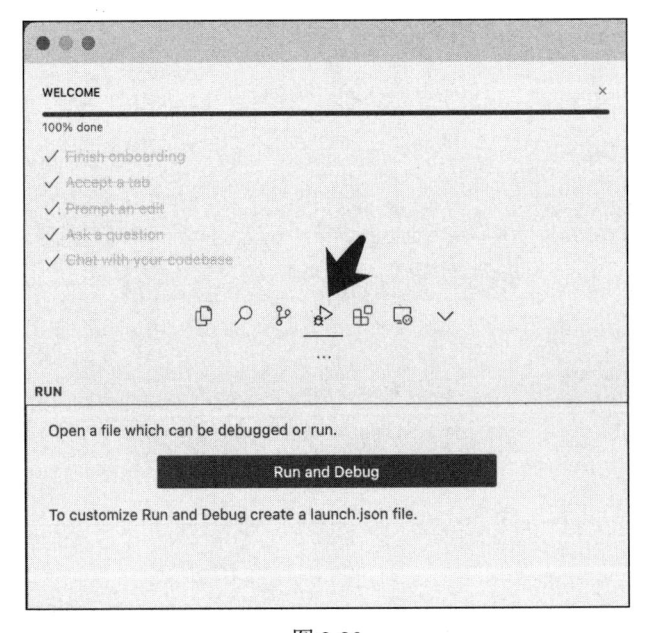

图 2-20

2.4.4 与数据库工具集成

通过相应的插件，Cursor 可以与各种数据库工具集成，使得数据库操作可以直接在编辑器中完成。这对于需要频繁进行数据库操作的开发者来说特别有用，如图 2-21 所示。

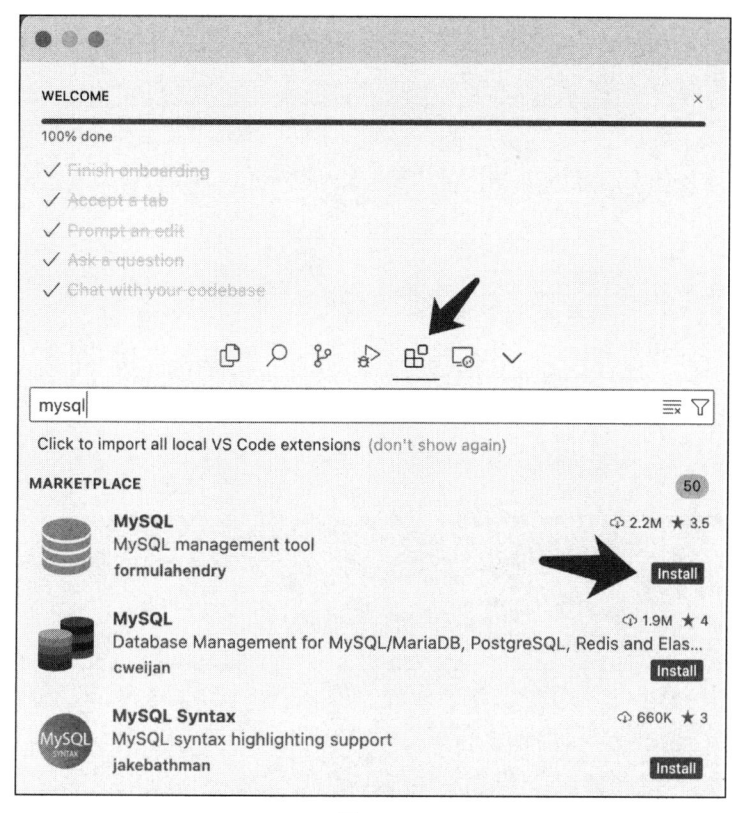

图 2-21

2.4.5 与容器化工具集成

通过安装插件，Cursor 支持与 Docker 等容器化工具集成。你可以直接在编辑器中管理容器、查看日志、执行容器相关命令。这大大简化了容器化应用的开发和调试流程，如图 2-22 所示。

2.4.6 与 CI/CD（持续集成/持续交付）平台集成

通过插件，Cursor 可以与主流的 CI/CD 平台集成。Cursor 允许你直接在编辑器中查看构建状态、部署日志等信息，使得从开发到部署的流程更加透明和高效，如图 2-23 所示。

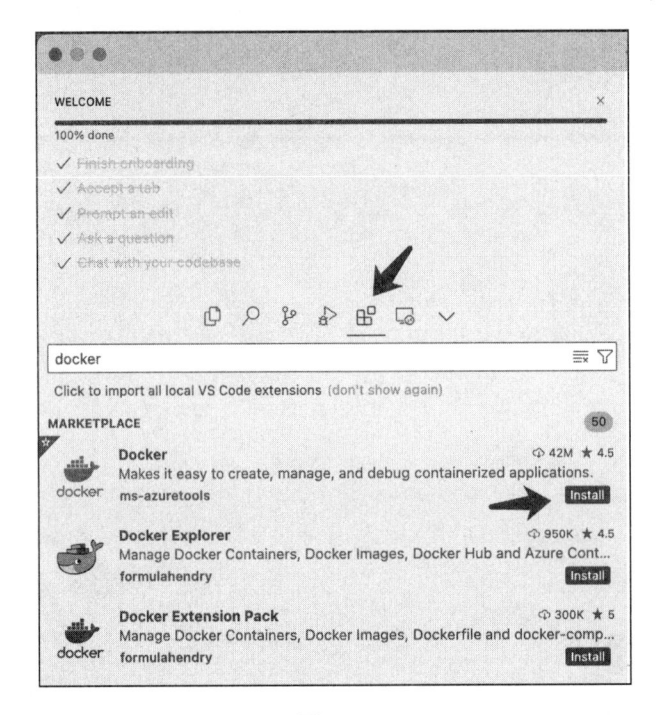

图 2-22

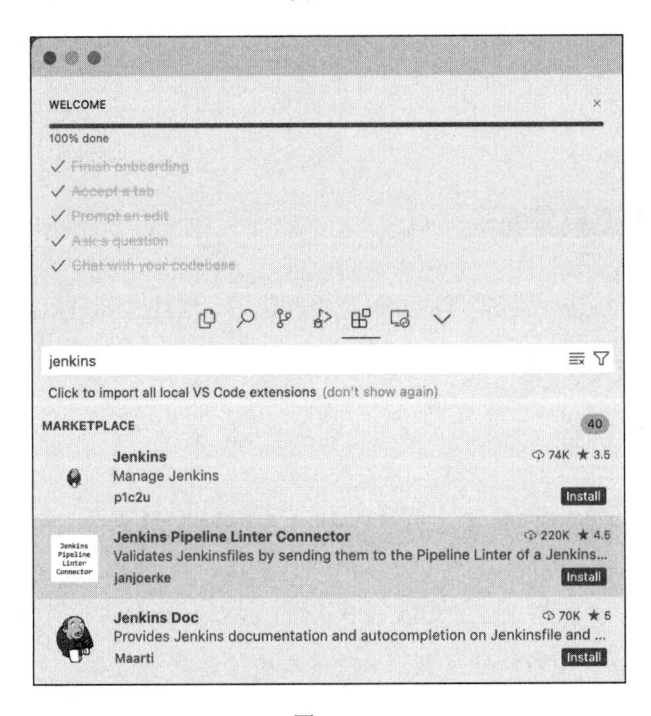

图 2-23

2.4.7 与 SSH 工具集成

Cursor 本身自带了 SSH 工具属性，如图 2-24 所示。通过集成的 SSH 功能，你可以直接在编辑器中连接和管理远程服务器，执行命令行操作，查看和编辑远程文件，以及监控服务器状态。这大大简化了开发和运维的工作流程，尤其在处理云服务器或远程开发环境时特别有用。

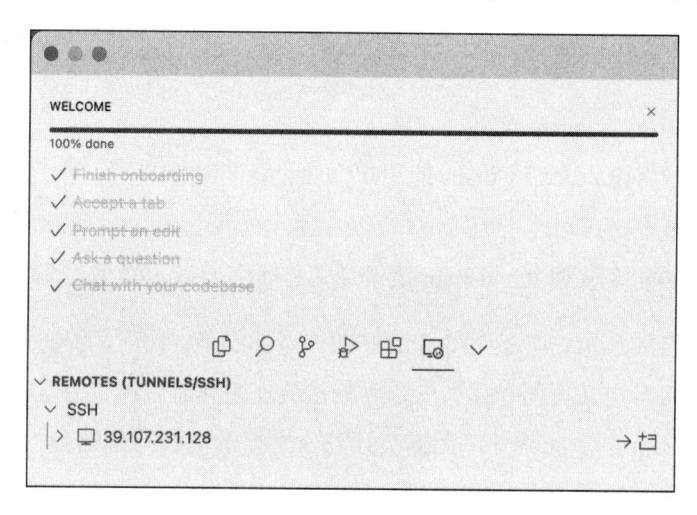

图 2-24

这些集成功能让 Cursor 成为一个强大的开发中心，减少了在不同工具之间切换的需求，提高了开发效率。值得注意的是，这些集成功能大多可以通过插件系统进行扩展和自定义，以满足不同开发者的特定需求。

这些是 Cursor 提供的一些基础集成功能，在实际开发中还有与更多工具和平台集成的可能性。随着技术的发展和社区的贡献，Cursor 的集成能力还在不断扩展。我们会在第 4 章结合具体案例，详细介绍这些集成功能的实际应用场景和使用技巧。

值得一提的是，Cursor 的插件系统采用了开放式架构，这意味着开发者可以根据自己的需求开发定制化的插件，进一步扩展编辑器的功能。这种灵活性使得 Cursor 能够适应各种不同的开发场景和工作流程。

第 3 章将深入介绍 Cursor 的用户页面，帮助你更好地理解和使用这款强大的开发工具。通过详细的页面介绍，你将能够更加得心应手地使用 Cursor 进行日常开发。

第 3 章 Cursor 页面概览

在本章中，我们将深入介绍 Cursor 的用户页面设计与功能布局。作为一款现代化的 AI 辅助编程工具，Cursor 不仅在功能上力求完善，还在页面设计上追求直观易用的用户体验。通过合理的页面布局和功能区域划分，Cursor 为开发者提供了一个高效且舒适的编程环境。

我们将从整体布局开始，详细介绍 Cursor 的主页面组成。同时，我们还将探讨如何根据个人习惯和项目需求来自定义页面布局，以达到最佳的使用体验。通过对本章的学习，你将能够充分理解和掌握 Cursor 的页面特性，为提高开发效率打下坚实的基础。

3.1 主页面介绍

Cursor 的主页面采用了现代化的设计理念，将各个功能区域清晰地划分开，既保持了页面的整洁性，又确保了各项功能的易用性。主页面主要由以下几个部分组成（如图 3-1 所示）。

1. 侧边栏区域

该区域位于主页面的最左侧，包含文件浏览、搜索、源代码管理等功能标签。

2. 代码编辑区

该区域位于主页面的中央位置，是代码编辑的主要工作区。

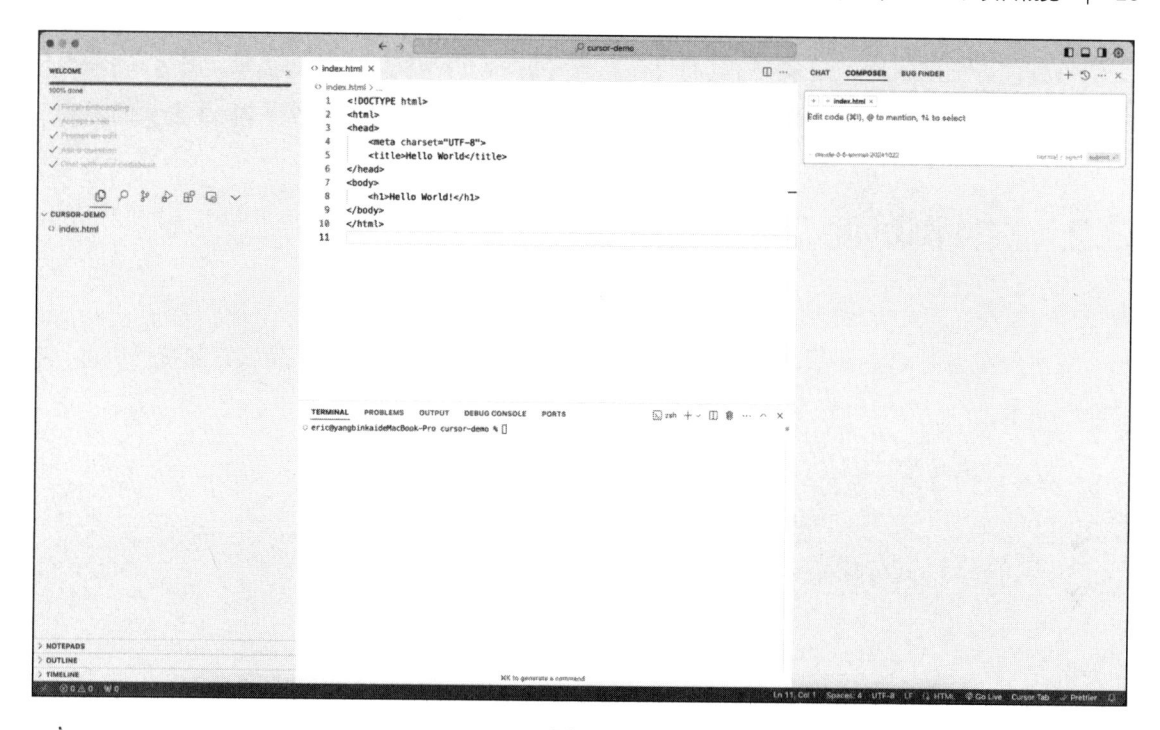

图 3-1

3. AI 对话区

可以根据需要在右侧或底部打开，用于与 Cursor 进行交互。

4. 底部面板

底部面板包含终端、问题、输出、调试控制台等功能面板。

5. 状态栏

状态栏位于页面底部，显示当前文件的各种状态信息，如行号、编码格式、Git 分支等重要信息。

每个区域都可以通过简单的拖曳来调整大小，或通过快捷键来快速切换显示状态。这种灵活的布局设计让开发者可以根据个人习惯和工作需求来自定义页面布局。

特别值得一提的是，Cursor 的页面设计充分考虑到了 AI 辅助编程的需求，将 AI 功能自然地融入传统 IDE 的页面框架中，使得开发者可以在熟悉的编程环境中享受到 AI 带来的便利。

3.2　文件浏览区

文件浏览区是 Cursor 页面中最基本、最重要的功能区域之一，位于侧边栏区域的中部，如图 3-2 所示。

图 3-2

它提供了项目文件结构的清晰视图。这个区域通常位于代码编辑区的左侧，具有以下主要特点。

（1）显示层级结构：以树形结构展示项目中的文件和文件夹，使得项目结构一目了然。

（2）具有文件过滤功能：支持按文件类型、名称进行筛选，快速定位所需文件。

（3）提供智能搜索功能：提供强大的搜索功能，支持模糊匹配和正则表达式搜索。

（4）支持文件操作：支持创建、重命名、移动、删除等基本文件操作。

（5）与版本控制系统集成：通过不同的图标和颜色标识文件的版本控制状态，直观显示文件的修改、添加、删除状态。

文件浏览区提供了以下几种视图模式，可以根据开发者的偏好进行切换。

（1）文件树视图：以传统的树形结构显示，适合查看完整的项目结构。

（2）工作区视图：只显示当前正在处理的文件和文件夹，减少干扰。

（3）大纲视图：显示当前文件的结构大纲，适合在大型文件中导航。

为了提高浏览文件的效率，Cursor 在文件浏览区还集成了以下实用的功能。

（1）最近文件列表：可以快速访问最近打开或编辑过的文件。

（2）书签功能：可以为重要文件添加书签，方便快速访问。

（3）拖曳支持：支持通过拖曳来组织文件结构，操作直观、便捷。

文件浏览区的设计充分考虑了开发者的使用习惯，既保持了传统 IDE 的操作方式，又融入了现代化的交互特性，使得文件管理变得更加高效和便捷。

3.3 代码编辑区

代码编辑区是开发者在 Cursor 中进行代码编写的核心工作区域，如图 3-3 所示。

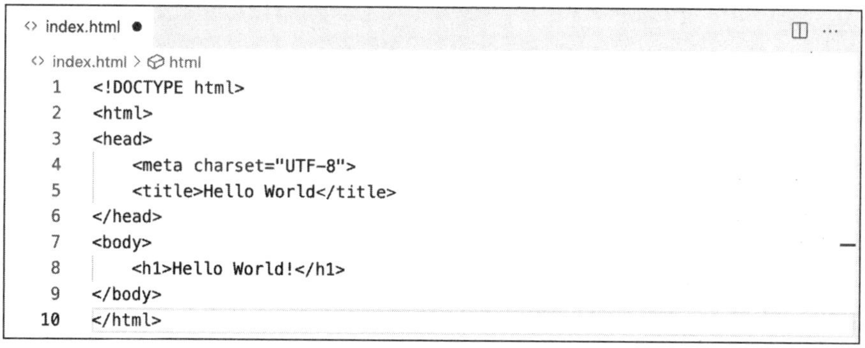

```
<!DOCTYPE html>
<html>
<head>
    <meta charset="UTF-8">
    <title>Hello World</title>
</head>
<body>
    <h1>Hello World!</h1>
</body>
</html>
```

图 3-3

它采用了现代化的设计理念，提供了丰富的编辑功能，具有智能辅助特性。

（1）智能语法高亮显示：支持多种编程语言的语法高亮显示，使代码结构更加清晰。不同的代码元素（如关键字、字符串、注释等）会以不同的颜色显示。

（2）实时错误检查：在编写代码过程中实时检查语法错误和潜在问题，并通过波浪线或图标等方式直观地提示开发者。

（3）智能缩进：自动维护代码的缩进层级，确保代码格式的规范性和可读性。支持多种缩进风格的配置。

（4）多光标编辑：支持同时在多个位置进行编辑操作，大大提高了代码编辑效率。

代码编辑区的一些高级特性如下。

（1）代码折叠：可以折叠或展开代码块，方便查看和管理大型代码文件。

（2）缩略图预览：在代码编辑区右侧显示代码的缩略图，帮助快速定位和导航。

（3）括号匹配：自动高亮显示匹配的括号对，减少代码嵌套错误。

（4）自定义代码片段支持：支持自定义代码片段，快速插入常用的代码模板。

在 AI 辅助编程方面，代码编辑区集成了以下智能特性。

（1）代码补全：基于上下文提供实时的代码补全建议。

（2）代码重构提示：自动识别可优化的代码模式，并提供重构建议。

（3）实时文档提示：当光标悬停在代码元素上时显示相关的文档说明。

代码编辑区的页面设计注重简洁性和实用性，开发者可以根据个人偏好调整字体、主题、缩放比例等显示参数。同时，通过合理配置快捷键，可以实现高效的代码编辑操作。

3.4　AI 对话区

AI 对话区是 Cursor 的革命性功能区域，提供了与内置 AI 助手直接交互的页面，如图 3-4 所示。

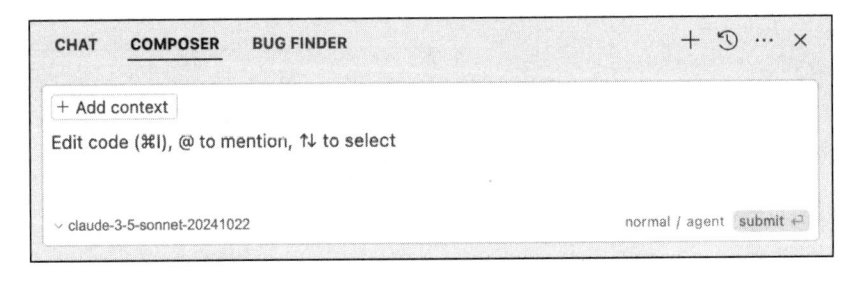

图 3-4

这个区域通常位于代码编辑区的右侧或底部（老的 Cursor 版本），具有以下核心特性。

（1）自然语言交互：支持使用日常语言与 AI 助手进行对话，无须学习特定的命令语法。

（2）上下文感知：Cursor 能够理解当前项目的上下文，提供与正在编辑的代码相关的精准回答。

（3）代码生成与解释：可以要求 Cursor 生成代码片段，或解释当前代码的功能和逻辑。

（4）多轮对话：支持持续的对话流，允许逐步细化和完善问题与解决方案。

AI 对话区的高级功能如下。

（1）提供代码重构建议：Cursor 可以分析现有的代码并提供优化和重构的具体建议。

（2）问题排查：当遇到错误或异常时，可以直接询问 Cursor 寻求解决方案。

（3）学习辅助：支持询问特定技术概念或技术组件的用法，快速获取相关知识。

（4）对话历史记录：自动保存对话历史，方便回顾之前的问题和解答。

为了提高与 Cursor 交互的效率，AI 对话区还提供了以下实用功能。

（1）代码插入：可以一键应用 Cursor 生成的代码并将其直接插入代码编辑区中。

（2）对话导出：支持将有价值的对话内容导出为文档，方便分享和存档。

AI 对话区的设计注重直观性和高效性，通过简洁的页面和智能的交互体验，让 AI 辅助编程变得自然而流畅。无论是解决复杂问题还是加速日常开发，AI 对话区都能为开发者提供强大的支持。

3.5 控制台

控制台是 Cursor 中用于显示程序运行结果、调试信息和系统消息的重要区域，是底部面板的一部分。它通常位于代码编辑区的底部，如图 3-5 所示。

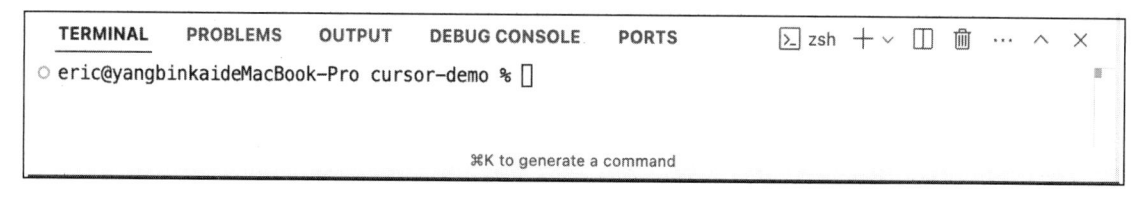

图 3-5

控制台具有以下主要功能。

（1）多标签页支持：可以同时打开多个控制台，分别显示不同类型的输出信息，如调试日志、终端命令等。

（2）输出信息分类显示：自动对不同类型的输出信息进行分类显示，如错误信息以红色显示，警告信息以黄色显示。

（3）交互式终端：提供命令行页面，支持直接执行命令和脚本。

（4）日志过滤：支持根据关键字、日志级别等条件筛选并显示内容。

控制台的高级特性如下。

（1）输出重定向：可以将程序的标准输出和错误输出重定向到不同的控制台窗口。

（2）全文搜索支持：支持在输出内容中进行全文搜索，快速定位特定信息。

（3）日志导出：可以将控制台的输出内容导出为文件，方便后续分析和记录。

在调试过程中，控制台与 AI 对话区紧密配合。

（1）错误分析：AI 对话区可以分析控制台输出的错误信息，提供可能的解决方案。

（2）性能监控：实时显示程序运行的性能指标，并通过 AI 对话区提供优化建议。

（3）智能日志分析：AI 对话区可以自动分析日志，帮助开发者快速定位问题。

控制台的设计注重实用性和效率，通过清晰的信息展示和强大的功能支持，帮助开发者更好地监控和调试程序。

3.6 自定义布局

Cursor 提供了灵活的自定义布局功能。图 3-6 和图 3-7 所示分别为隐藏 AI 对话区和控制台。通过灵活的自定义布局，开发者能够根据个人习惯和工作需求调整工作区域的布局。

（1）面板拖曳：所有页面面板都支持拖曳调整，可以自由改变位置和大小。

（2）分屏显示：支持水平和垂直分屏，可以同时查看多个文件或面板。

（3）面板组合：可以将多个面板组合在一起，以标签页的形式切换显示。

（4）布局预设：提供多种预设布局方案，适应不同的开发场景。

自定义布局的高级特性如下。

（1）布局保存：可以将当前的布局配置保存为模板，方便随时切换。

（2）多显示器支持：支持将不同的面板分布到多个显示器上。

（3）快捷键切换：通过快捷键快速切换不同的布局配置。

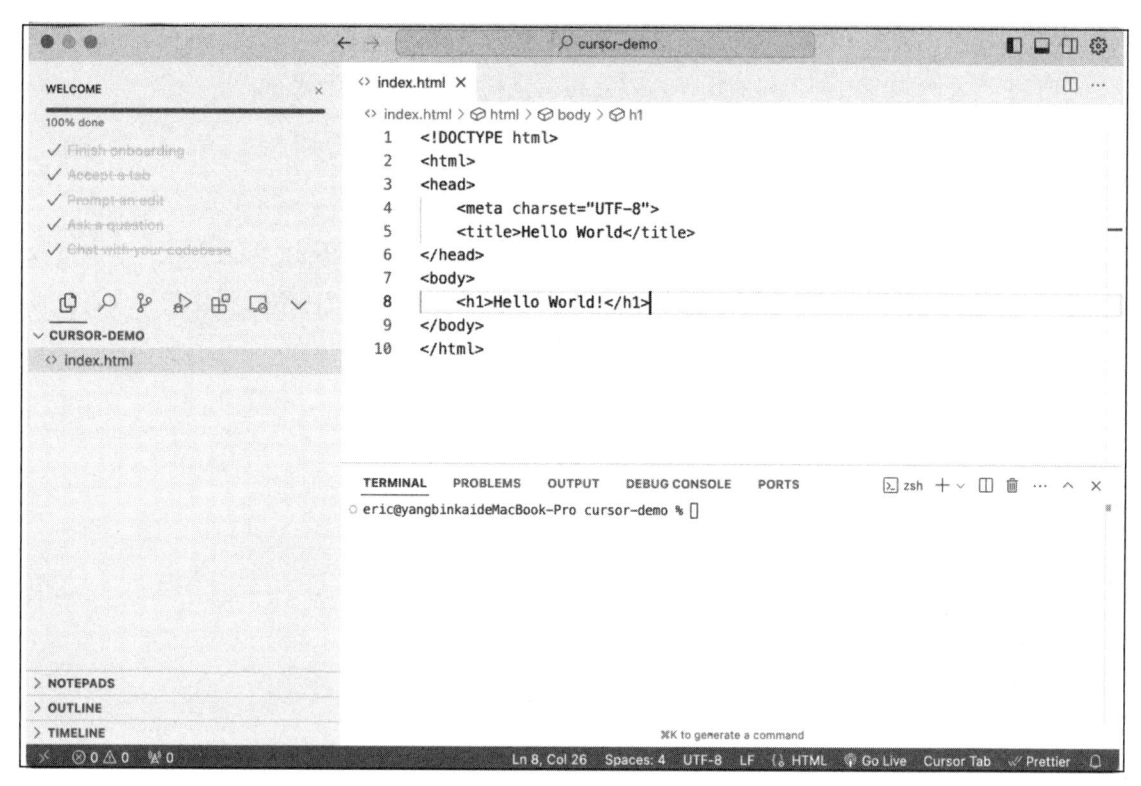

图 3-6

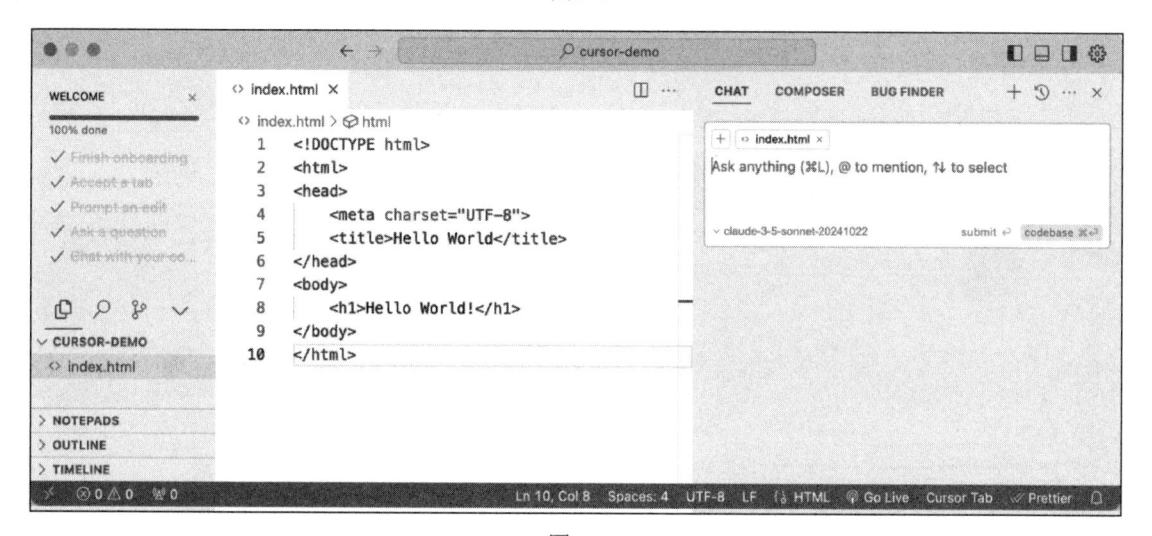

图 3-7

为了提高工作效率，Cursor 还提供了以下智能布局功能。

（1）上下文感知：根据当前的工作内容自动调整相关面板的显示状态。

（2）智能隐藏：自动隐藏不常用的面板，最大化利用屏幕空间。

（3）焦点跟随：根据编辑焦点自动调整相关面板的位置和大小。

通过合理配置页面布局，开发者可以创建一个更符合个人工作习惯的开发环境，从而提高编程效率和舒适度。布局的灵活性也使得 Cursor 能够适应从简单的代码编写到复杂的项目开发等各种使用场景。

进阶篇

第 4 章　Cursor 项目初探：个人作品集网站

在本章中，我们将深入探讨 Cursor 的核心功能，通过实际的项目案例来展示这些功能如何提高开发效率。作为一款现代化的 AI 辅助编程工具，Cursor 提供了丰富的功能集合，从基础的代码编写到高级的 AI 辅助编程功能，都经过精心设计和优化。我们将逐一介绍这些功能的使用方法和最佳实践，帮助你充分发挥 Cursor 的潜力。

通过本章的学习，你将能够掌握 Cursor 的核心功能的使用技巧，了解如何在实际开发中运用这些功能来提高编程效率。我们将以循序渐进的方式，从开发环境搭建开始介绍，逐步深入更复杂的应用场景。对每个功能都会配合具体的示例，确保你能够直观地理解和应用这些知识。

4.1　开发环境搭建

4.1.1　软件和扩展程序安装

我们需要做的项目是个人作品集网站。因为这是一个简单的单页面网站，运行环境非常简单，所以只需要一个浏览器即可。我们将全程使用 Cursor 来开发这个项目。

首先，我们需要做以下准备工作。

（1）安装 Cursor：从官方网站下载并安装最新版本的 Cursor。

（2）安装浏览器：建议使用 Chrome 或 Firefox 等现代浏览器进行开发和测试。

（3）安装版本控制系统：确保系统已安装 Git，用于代码版本管理。

为了更好地进行开发，我们还建议安装以下扩展程序。

（1）Live Server：用于实时预览网页效果。

（2）Prettier：用于代码格式化。

（3）ESLint：用于 JavaScript 代码质量检查。

Cursor 的安装就不演示了，前面介绍过。下面演示 Git 和 Cursor 扩展程序的安装。

1. 安装 Git

首先，我们需要安装版本控制系统 Git。访问 Git 官方网站，下载并安装适合你的操作系统的最新版本的 Git，如图 4-1 所示。

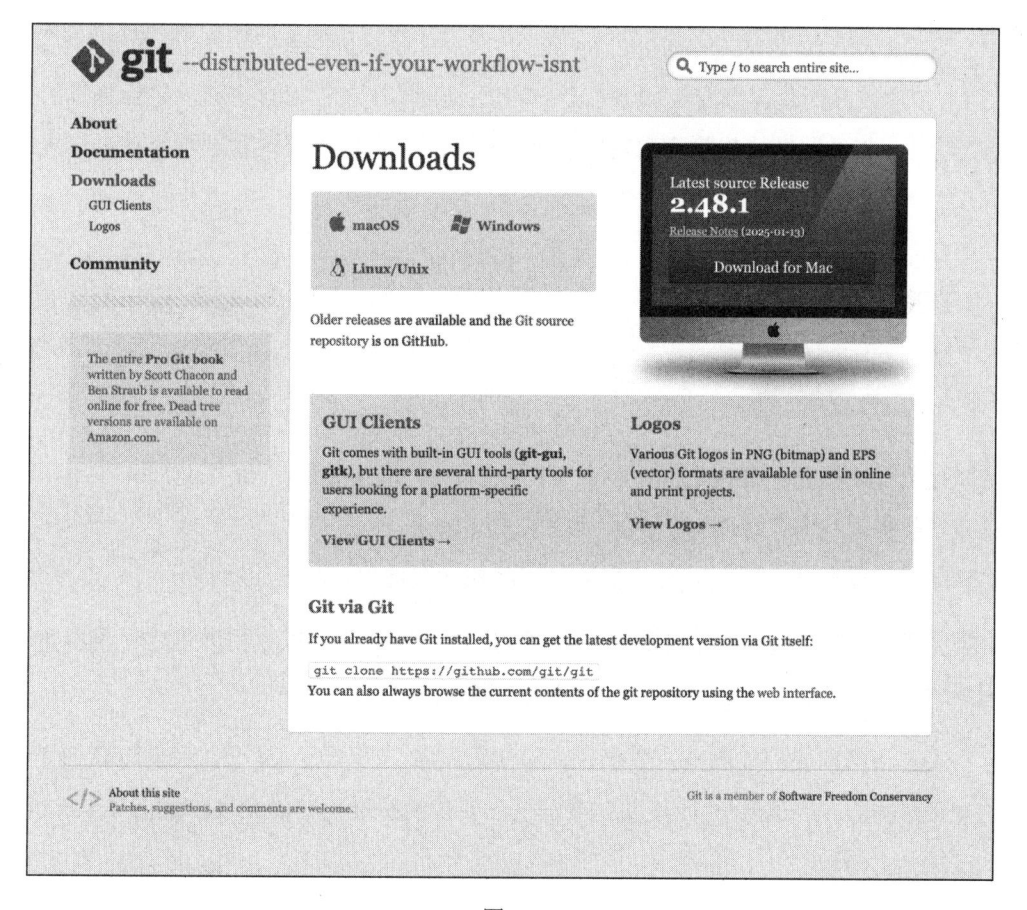

图 4-1

在安装完成后，打开终端，输入以下命令验证安装：

```
git --version
```

如果显示 Git 版本号，那么说明安装成功，如图 4-2 所示。

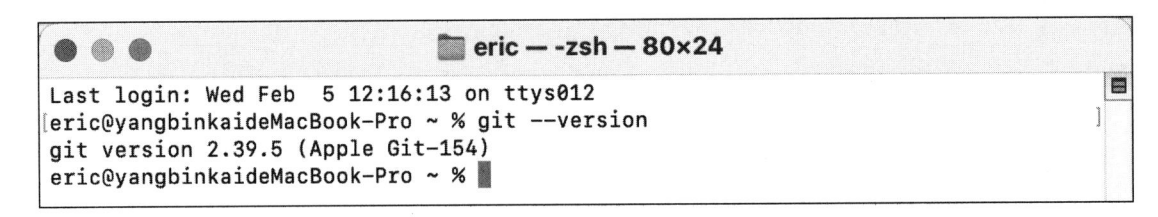

```
Last login: Wed Feb  5 12:16:13 on ttys012
[eric@yangbinkaideMacBook-Pro ~ % git --version
git version 2.39.5 (Apple Git-154)
eric@yangbinkaideMacBook-Pro ~ %
```

图 4-2

Git 是一个分布式版本控制系统，能够跟踪和记录项目文件的变化。通过 Git，开发者可以追踪代码修改历史，协同开发项目，管理不同版本的代码，在需要时回退到之前的版本。

在 4.4 节中，我们将详细介绍如何在 Cursor 中使用 Git 进行版本控制，包括基本的代码提交、分支管理，以及团队协作等实用功能。这些知识将帮助你更好地管理项目代码，提高开发效率。

2. 安装 Cursor 扩展程序

在 Cursor 中安装扩展程序非常简单。

（1）打开扩展程序面板：单击侧边栏区域的扩展程序图标，如图 4-3 所示。
（2）搜索扩展程序：在搜索框中输入"Live Server"、"Prettier"或"ESLint"。
（3）安装扩展程序：单击对应扩展程序的安装按钮。
（4）配置扩展程序：根据需要调整扩展程序的设置选项。

安装完成后，需要重启 Cursor 以使某些扩展程序生效。你可以在扩展程序设置中查看每个扩展程序的具体设置选项，根据项目需求进行个性化设置。

这些工具将帮助我们提高开发效率，确保代码质量。在 4.2～4.4 节，我们将详细介绍如何使用这些工具与 Cursor 配合进行开发。以下是已安装的扩展程序的列表，如图 4-4 所示。

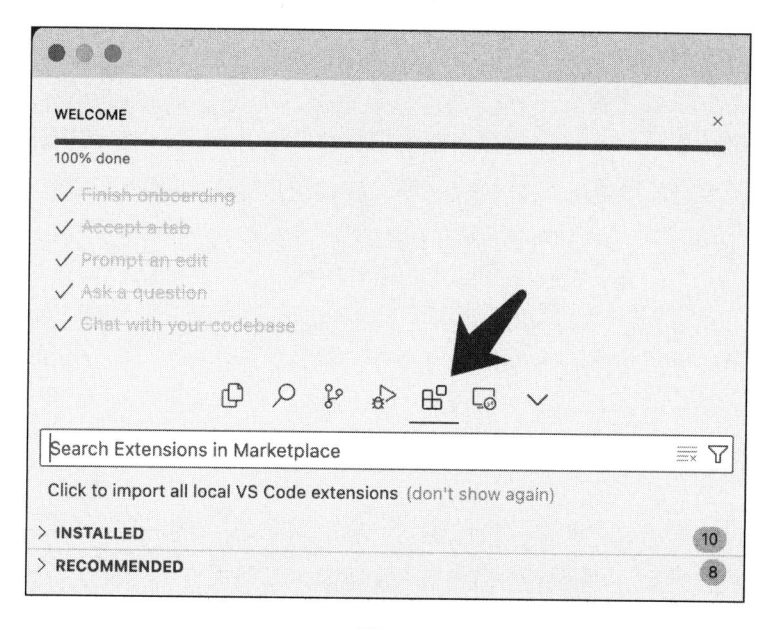

图 4-3

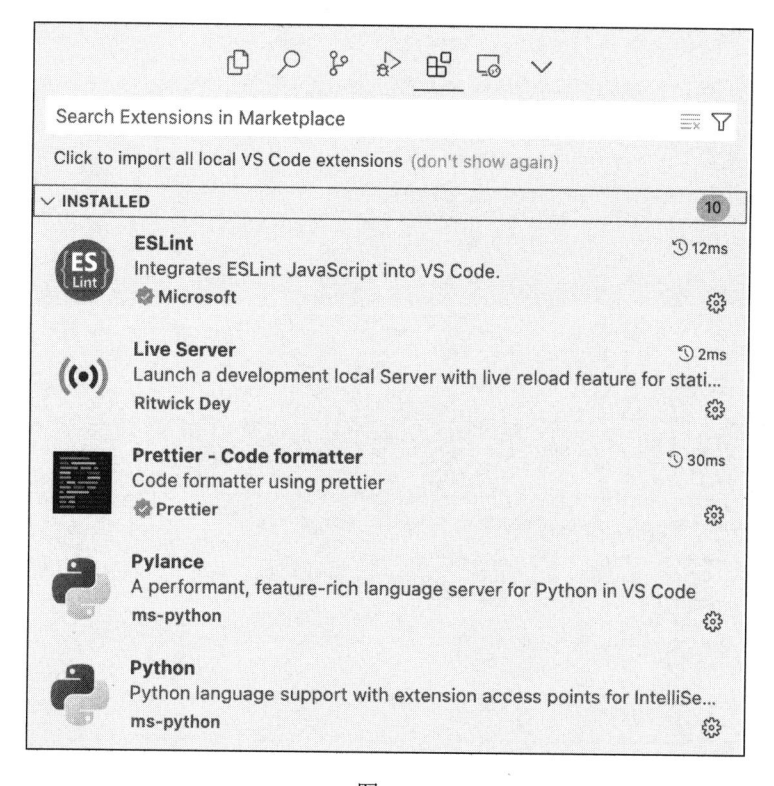

图 4-4

4.1.2 项目初始化

在完成环境准备工作后，我们需要初始化项目。首先，创建一个新的项目文件夹 portfolio 并使用 Git 进行版本控制初始化。在 Cursor 中，我们可以通过内置的终端依次执行以下命令：

```
# 得到当前的 Git 状态（Git 会告诉你接下来该干什么）
git status
# 初始化 Git 仓库
git init
```

执行上述命令后，我们就完成了项目的基本初始化。

下面详细解释这两个 Git 命令的作用。

（1）git status：这是一个非常有用的命令，用于查看当前 Git 仓库的状态。它会显示哪些文件已被修改但尚未提交、哪些文件尚未被 Git 追踪、当前所在的分支、是否有文件待提交。

（2）git init：这个命令用于在当前目录创建一个新的 Git 仓库。它会创建一个 .git 子目录（包含所有必要的仓库文件），初始化版本控制系统，使当前目录成为一个 Git 项目。

图 4-5 所示为执行 git status 命令后，控制台显示的结果。

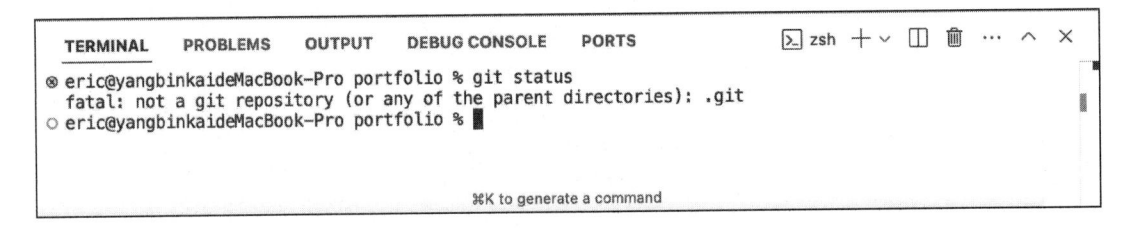

图 4-5

图 4-6 所示为执行 git init 命令后，控制台显示的结果。

图 4-6

这两个命令通常是 Git 管理新项目时先被执行的。git init 只需要被执行一次，而在后续的学习过程中我们会经常使用 git status 命令，甚至你在自学 Git 时，这个命令也是非常重要的。这里有一个小妙招：只要你不知道下一步该怎么做，就输入"git status"。

4.1.3 文件结构初始化

下面是见证奇迹的时刻，我们现在只有一个空的文件夹，什么文件都没有。我们将通过对话的方式，让 Cursor 自动创建核心文件。

想要与 Cursor 对话，我们只需要打开 AI 对话区，或者使用快捷键"Command + I"（macOS 系统）或"Ctrl + I"（Windows 系统）。通过这种方式，我们可以让 Cursor 帮助我们完成各种编程任务，比如生成代码结构、编写函数等，如图 4-7 所示。

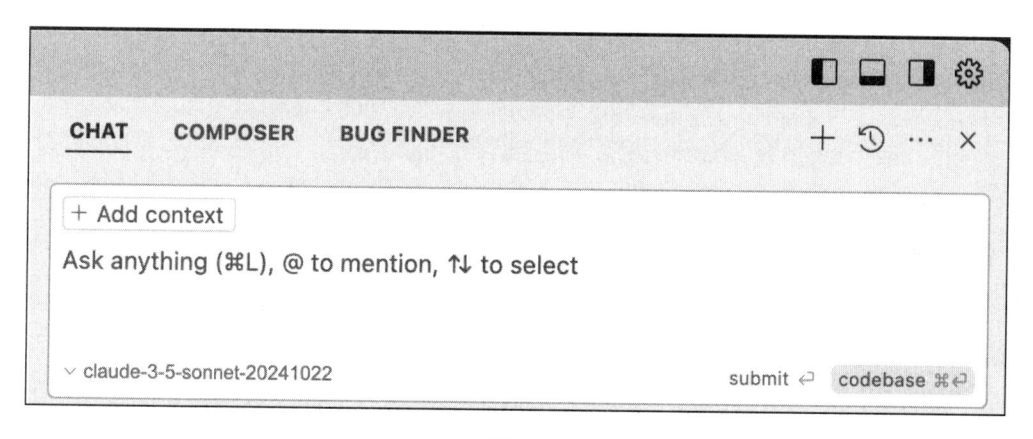

图 4-7

在 AI 对话区有三个子功能，分别是"CHAT"、"COMPOSER"和"BUG FINDER"。下面对它们的功能和用途做一下说明。

1．CHAT（聊天）

这是最基础的 AI 对话功能。你可以用自然语言与 Cursor 交流，询问编程相关问题，请求获取代码解释，或者寻求编程建议。它就像一个随时待命的编程导师，可以帮助你解决开发过程中遇到的各种问题。

2. COMPOSER（代码生成器）

这是一个强大的代码生成工具。你可以通过自然语言描述你想要实现的功能，它会为你生成相应的代码。它不仅能生成单个函数，还能创建完整的代码文件和项目结构，对于快速开发原型或者处理重复性的编码任务特别有用。

3. BUG FINDER（问题查找器）

这是一个智能的代码分析工具，能够帮助你发现代码中的潜在问题和 Bug。你可以让它检查特定的代码片段，它会指出可能存在的问题，并提供修复建议。这个功能对于代码审查和质量保证特别有帮助。

因为我们需要 Cursor 自动创建文件，写入代码内容，所以选择"COMPOSER"。在其下的对话框中输入下面这段提示词，从而生成项目所需的基本文件结构：

```
创建一个作品集网站项目的基本文件结构，包括：
1. index.html - 主页面，包含基本的 HTML5 结构
2. styles.css - 样式文件，包含网站的基本样式定义
3. main.js - JavaScript 文件，用于处理交互功能
4. images/ - 图资源文件夹
5. README.md - 项目说明文档

请确保：
- HTML 文件包含响应式设计的 meta 标签
- CSS 文件包含基本的重置样式
- JavaScript 文件包含基本的 DOM 操作示例
- README 文件包含项目描述和运行说明
```

这段提示词明确指定了我们需要的文件结构，并且对每个文件的基本要求都做了说明。通过这样的提示词，Cursor 就能够帮我们生成一个结构完整的项目框架。下面把这段提示词输入 Cursor 中，看一下生成的效果。在输入完提示词后，我们按回车键，Cursor 就会开始工作了，很快就生成了相关代码和文件，如图 4-8 所示。

在左侧的文件浏览区，我们发现已经创建了四个文件。文件名的颜色是绿色的，绿色代表新文件，文件名右边的"U"代表的是 Untracked，也就是未被 Git 追踪。

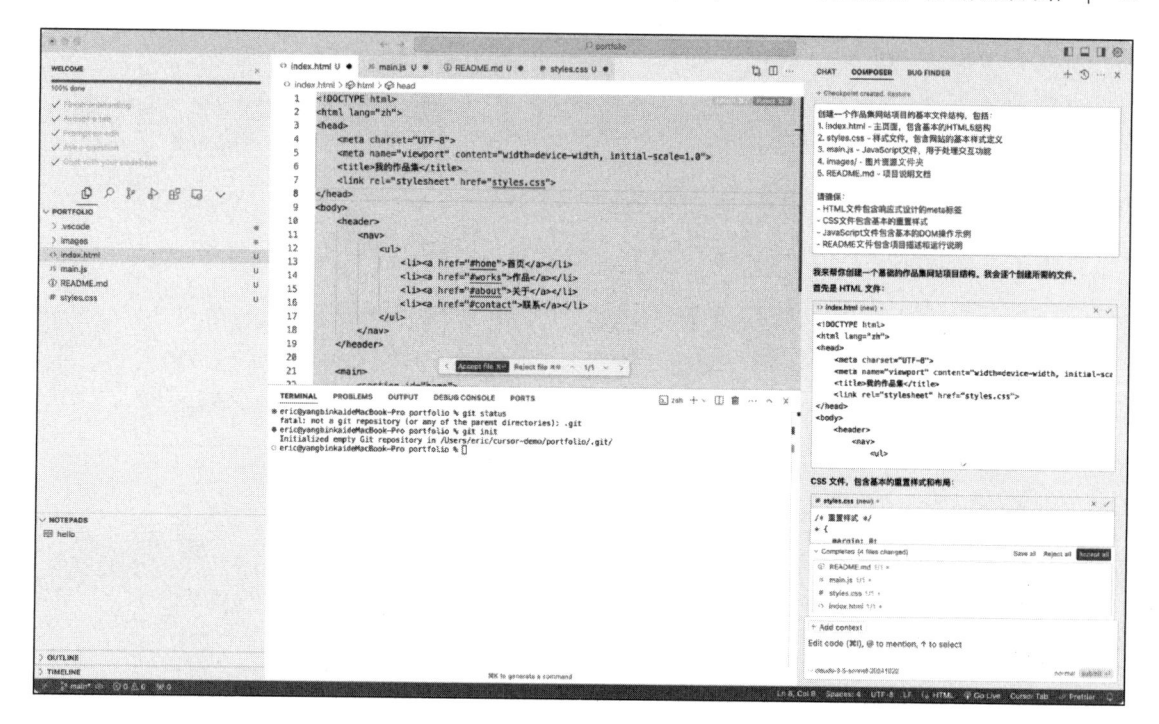

图 4-8

需要注意的是，这些文件还没有真正被创建出来，只是临时文件。因为我们还没有接受 Cursor 给我们的结果。我们对于 Cursor 做出的任何一项操作，都可以选择接受、拒绝或者重新生成。在 AI 对话区的最下方有修改记录汇总，会列举出在本次对话中 Cursor 所做的所有修改，包括新建文件、修改内容及删除操作。在确认这些修改符合我们的预期后，我们可以单击"Accept all"按钮来应用所有修改，也可以选择性地接受或拒绝某些特定的修改，如图 4-9 所示。

比如，当我选择 main.js 这个文件时，可以看到代码编辑区显示了本次修改的内容，如图 4-10 所示。

本次修改的内容会用不同颜色标记出来。这样做的好处就是方便我们对修改的内容做出判断，是应用修改，还是拒绝修改，也可以在代码编辑区的下方操作。"Accept file"表示应用文件修改，"Reject file"表示拒绝文件修改。

图 4-9

图 4-10

与此同时，我们再次观察 AI 对话区的右下角。在"main.js"的右边会有四个快捷操作按钮，从左到右分别是重新生成、拒绝文件修改、应用文件修改和展示 DIFF 视图，如图 4-11 所示。

下面对它们做一下解释。

重新生成是指针对本次对话的提示词，再生成一遍。

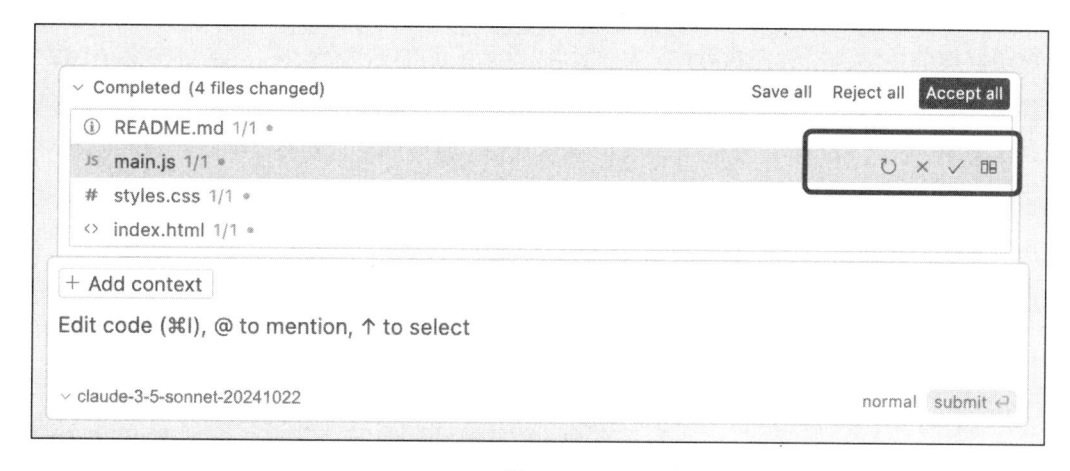

图 4-11

拒绝文件修改和应用文件修改就不介绍了，和代码编辑区的作用是一样的。

展示 DIFF 视图这项功能还是很有用的。它可以让我们清晰地看到具体的文件修改内容。在 DIFF 视图中，如图 4-12 所示，添加的内容会以绿色标记，删除的内容会以红色标记。这种直观的对比方式让我们能够更好地理解和确认每一处代码的修改。

图 4-12

对于同样的提示词，你在执行时，可能和我当前看到的结果不一样。这是由于 AI 模型的随机性和对上下文理解的差异造成的。每次生成的结果可能都会有细微的不同，但只要符合我们的基本要求，这些差异并不会影响项目的最终质量。重要的是，要确保生成的代码结构完整，功能正确，并且符合我们的开发需求。Cursor 不是万能的，甚至会生成错误的、半成品的结果。对于这种情况，我们需要保持警惕，要有判断力。当发现 Cursor 生成的代码存在问题时，我们可以通过重新生成、修改提示词，或者手动调整代码来优化结果。

比如，在这个例子中，Cursor 就给出了一个半成品的结果，如图 4-13 所示。

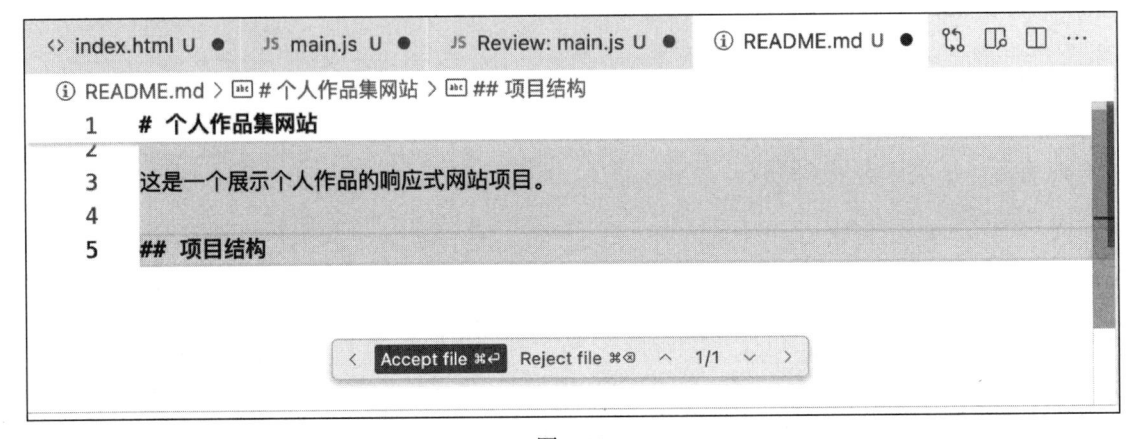

图 4-13

README.md 文件只生成了部分内容。此时，我在 AI 对话区单击这个文件，然后单击"Reapply"按钮，让 Cursor 重新生成。不过，单击几次后，发现生成的结果还是一样的，依然是断层的内容。通过观察 AI 对话区的输出内容，我发现，Cursor 在生成项目结构这段内容时产生了截断，因此后续的内容无法自动写到文件中。我们手动将其复制并粘贴，最终效果如图 4-14 所示。

到这里，Cursor 已经帮我们生成了我们需要的文件内容，但是没有生成 images 文件夹。不过，Cursor 在回复的过程中，提到了这部分，只不过需要我们手动创建，如图 4-15 所示。

我们复制这段命令，在控制台执行一下这段命令，在文件浏览区，images 文件夹也被创建出来了，如图 4-16 所示。

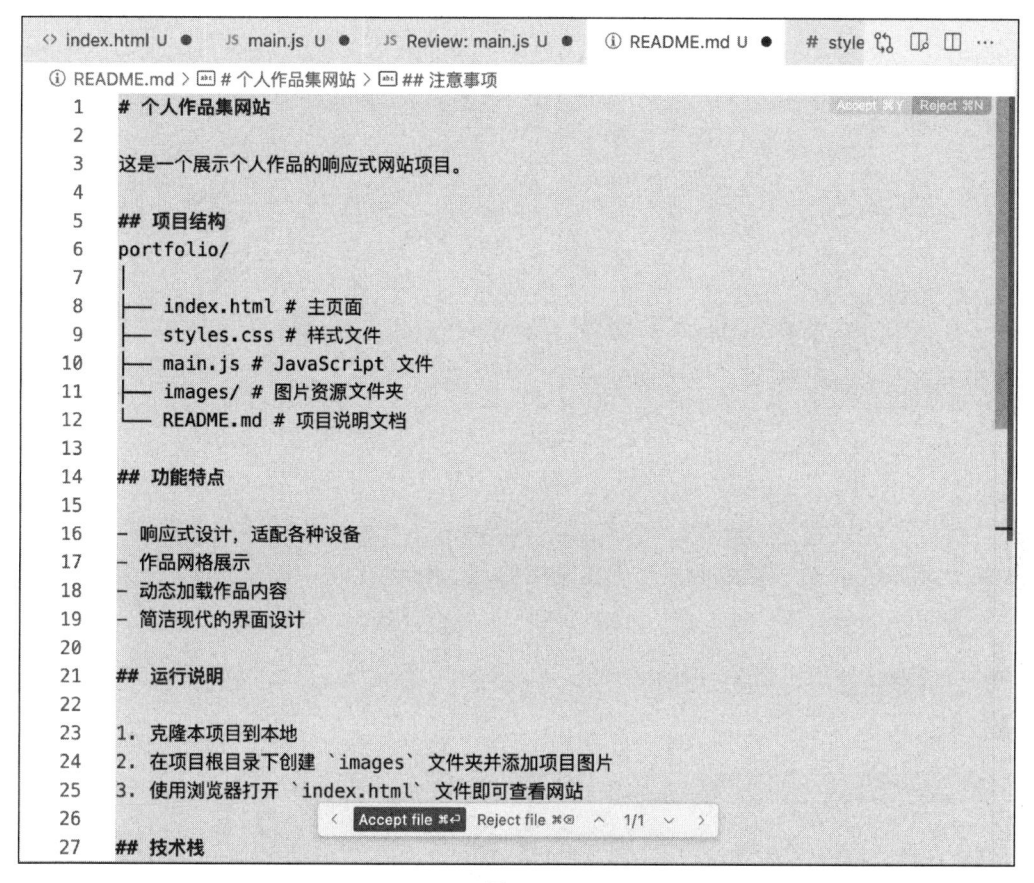

```
<> index.html U •        JS main.js U •        JS Review: main.js U •        ⓘ README.md U •        # style

ⓘ README.md > 🔖 # 个人作品集网站 > 🔖 ## 注意事项
 1   # 个人作品集网站
 2
 3   这是一个展示个人作品的响应式网站项目。
 4
 5   ## 项目结构
 6   portfolio/
 7   │
 8   ├── index.html      # 主页面
 9   ├── styles.css      # 样式文件
10   ├── main.js         # JavaScript 文件
11   ├── images/         # 图片资源文件夹
12   └── README.md       # 项目说明文档
13
14   ## 功能特点
15
16   - 响应式设计，适配各种设备
17   - 作品网格展示
18   - 动态加载作品内容
19   - 简洁现代的界面设计
20
21   ## 运行说明
22
23   1. 克隆本项目到本地
24   2. 在项目根目录下创建 `images` 文件夹并添加项目图片
25   3. 使用浏览器打开 `index.html` 文件即可查看网站
26
27   ## 技术栈
```

图 4-14

最后，你需要创建一个 `images` 文件夹来存储项目图片：

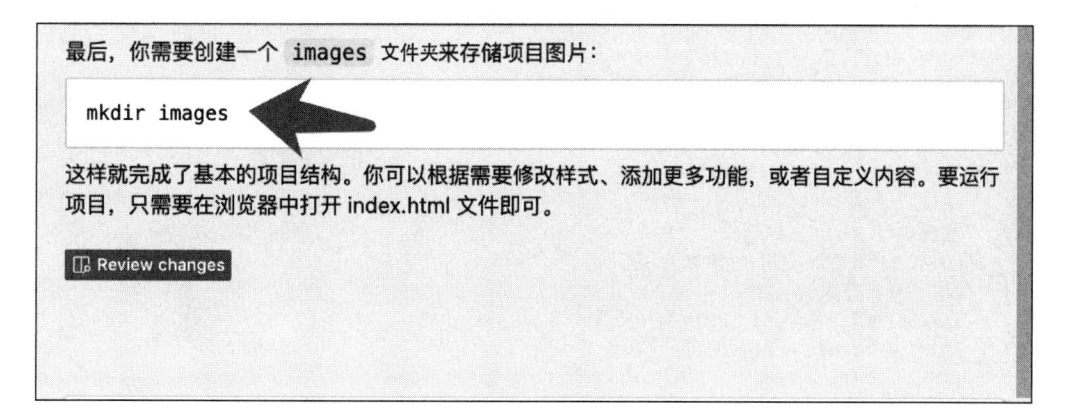

```
mkdir images
```

这样就完成了基本的项目结构。你可以根据需要修改样式、添加更多功能，或者自定义内容。要运行项目，只需要在浏览器中打开 index.html 文件即可。

图 4-15

图 4-16

到这里，你可能会说，Cursor 也不算很智能啊，还需要我们手动创建文件夹。其实这是因为 "COMPOSER" 面板在默认的情况下，使用的是 normal 模式，比较保守，只能对现有项目结构做文件级别的增、删、改、查。如果想让 Cursor 自己执行命令、创建目录等，比如上面这种情况，就需要切换到更高级的 agent 模式，如图 4-17 所示。这里有 normal 模式和 agent 模式的切换按钮。

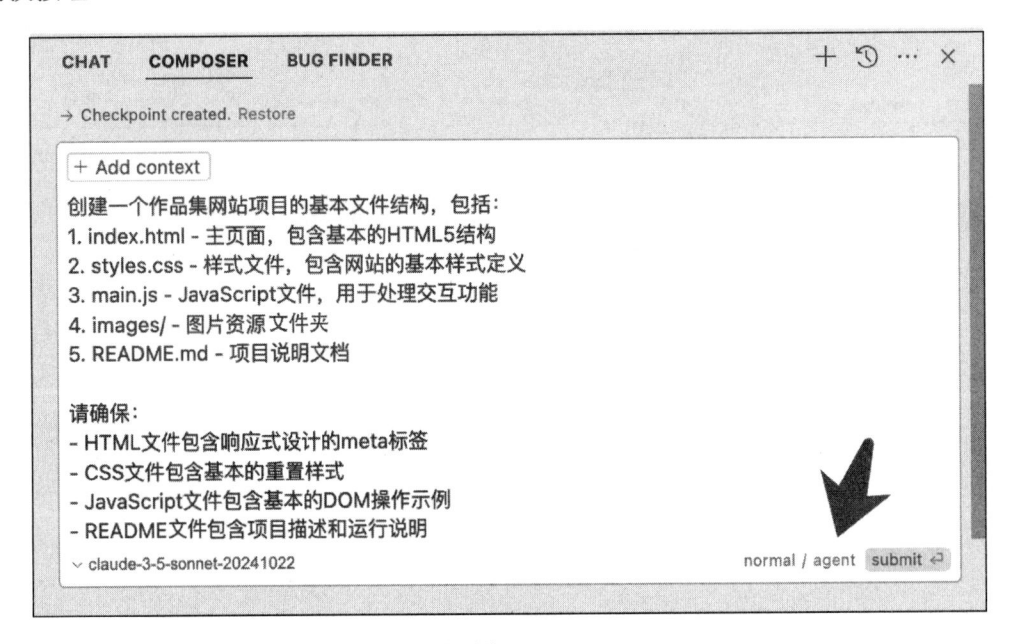

图 4-17

4.1.4 "COMPOSER"面板的 agent 模式

先单击 AI 对话区右下方的"Accept all"选项，接受 Cursor 做出的全部修改。然后，单击 AI 对话区顶部的加号图标，开启新一轮对话，如图 4-18 所示。

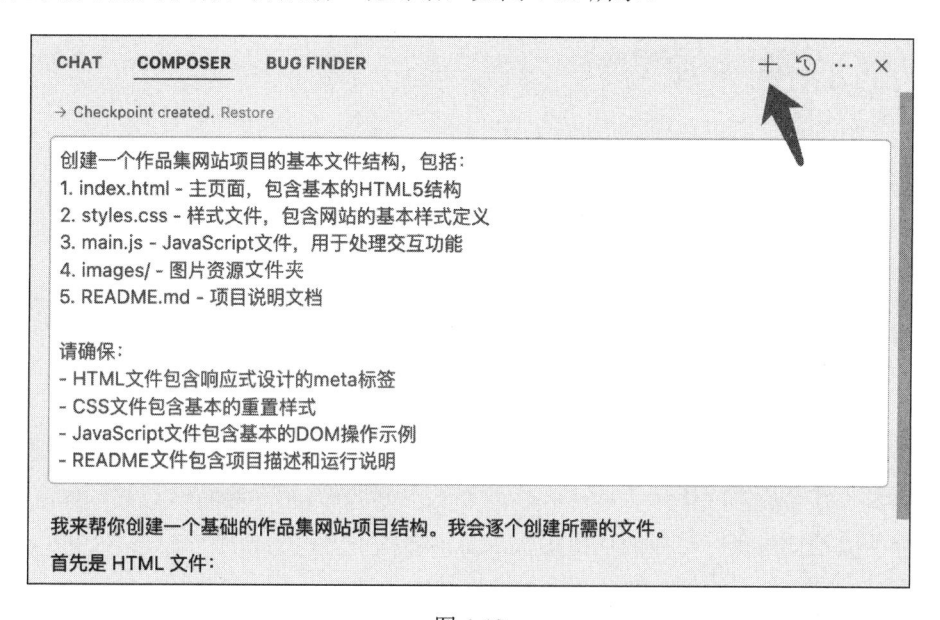

图 4-18

为什么要开启新一轮对话？这是因为每次对话都有其特定的上下文和目的。通过开启新一轮对话，我们可以保持思路清晰，同时避免之前的对话内容对新任务产生干扰。此外，新一轮对话也意味着全新的开始，可以让 Cursor 更专注地处理我们接下来提出的需求，如图 4-19 所示。

图 4-19

在开启新一轮对话后，我们将模式从 normal 切换为 agent。我们输入以下这段提示词，测试一下 agent 模式下的效果。

在 images 文件夹下，再创建一个 png 目录。在项目目录下再创建一个 fonts 目录

可以看到，Cursor 生成了对应的命令，如图 4-20 所示。

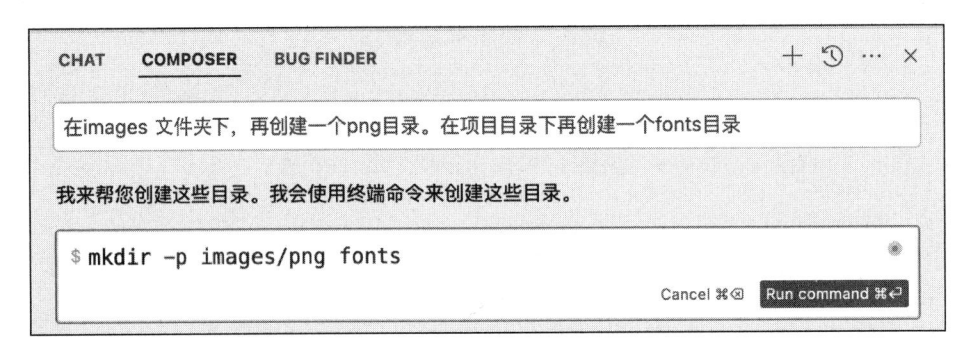

图 4-20

但是 Cursor 并没有自动执行，需要得到我们的允许才可以执行。单击"Accept all"选项，可以看到相关文件夹被创建出来了。与 normal 模式不同的是，在 agent 模式下 Cursor 会在生成对话的过程中提供行内执行命令的快捷操作，而不会在下方控制台执行命令，如图 4-21 所示。

对于后续的代码编写，我们继续沿用 agent 模式。刚才创建两个文件只是为了测试，我们不需要它们，手动删除它们。

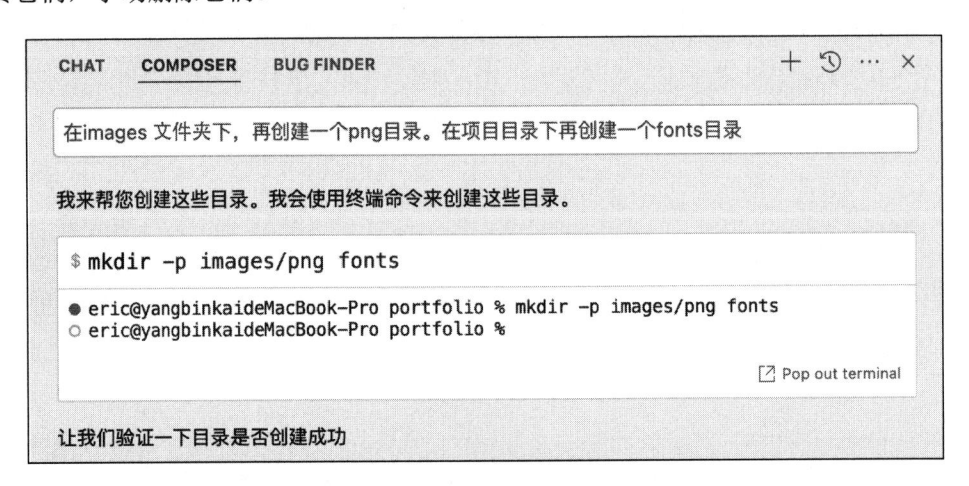

图 4-21

4.1.5 口语化的提示词 vs 规范化的提示词

你会发现我写的提示词似乎太正式了，一点也不口语化。这是因为在与 Cursor 交互时，提示词的表达方式会直接影响生成结果的质量。使用口语化的提示词偶尔也能达到我们要的效果，但是因为传递的信息太少或者太过宽泛，往往会导致 Cursor 生成的代码质量不够理想。相比之下，规范化的提示词能够清晰地传达我们的具体需求，包含必要的技术细节和约束条件，从而帮助 Cursor 生成更符合预期的高质量代码。下面看一下口语化的提示词和规范化的提示词的区别。

1. 口语化的提示词示例

"帮我写个登录页面吧，要有用户名和密码输入框，还要有一个登录按钮，样式要好看一点。"

这种提示词的特点如下：

（1）表达随意，不够精确。

（2）需求描述模糊，缺少具体细节。

（3）没有明确的技术规范要求。

（4）容易产生歧义或理解偏差。

2. 规范化的提示词示例

```
创建一个登录页面，要求：
1. HTML 结构：
   - 使用语义化标签
   - 包含 form 表单
   - 输入字段：用户名(type="text")和密码(type="password")
   - 提交按钮(type="submit")
2. CSS 样式：
   - 响应式设计（最小宽度 320px）
   - 使用 Flexbox 进行布局
   - 输入框圆角：4px
   - 配色方案：主色#007bff
3. JavaScript 功能：
   - 表单验证
   - 提交前数据检查
   - 错误提示显示
```

规范化的提示词的优势如下：

（1）需求明确，层次分明。

（2）包含具体的技术规范。

（3）提供详细的样式要求。

（4）便于 Cursor 准确理解和执行。

因此，为了获得更好的代码生成效果，建议使用规范化的提示词，清晰地说明技术要求和具体细节。这样不仅能提高 Cursor 的理解准确度，还能确保生成的代码更贴合实际需求。

关于如何写出规范化的提示词，这里分享一个实用技巧：在"CHAT"面板中与 Cursor 多次对话，找到最适合你的沟通方式。在描述需求时，要尽可能详细地说明你的想法，包括你希望 Cursor 完成的任务和不需要 Cursor 处理的部分。在描述完成后，你可以添加一句："帮我对以上内容进行提示词优化。"

这种优化方法不仅能帮你更准确地表达需求，还能让 Cursor 更好地理解你的意图。实践证明，规范化的提示词通常能带来更高质量的代码输出，尤其在处理复杂的编程任务时。现在，让我们继续探索 Cursor 的其他强大功能。

4.2 智能编写代码助手

Cursor 的智能编写代码助手是其核心的功能之一，它通过先进的 AI 技术为开发者提供全方位的编写代码支持。这个功能不仅能帮助开发者快速编写代码，还能实时提供代码优化建议，大大提高开发效率。下面详细介绍智能编写代码助手的主要特性和使用方法。

4.2.1 代码补全功能

Cursor 的代码补全功能是一个强大的智能辅助功能。Cursor 能够根据上下文理解开发者的编写意图，提供准确的代码编写建议。

以下是代码补全功能的主要特点。

（1）上下文智能理解：不仅能识别当前正在编写的代码，还能理解整个项目的上下文，提供更准确的补全建议。

（2）多语言支持：支持多种主流编程语言，包括但不限于 JavaScript、Python、Java 等，对每种语言都有针对性的补全规则。

（3）实时补全提示：在编写代码时实时显示补全建议，开发者可以通过快捷键快速选择合适的补全选项。

（4）代码片段补全：能够补全代码片段，如常用的函数结构、循环语句等，大大提高开发效率。

使用技巧如下。

（1）快捷键操作：使用 Tab 键快速接受 Cursor 给出的代码补全建议。

（2）精确触发：输入特定字符（如点号、括号等）可触发相应的代码补全提示。不过，现在 Cursor 越来越智能了，你打字、按回车键、在某处单击鼠标，或者输入空格，都有可能触发代码补全提示。

（3）自定义配置：可以根据个人习惯调整补全行为，如触发时机、显示方式等。如果你想要设置，那么可以单击"Cursor Settings"→"features"选项找到对应的选项，并做个性化配置。

不过，我建议你维持默认设置，如果你关闭了 Cursor 的代码补全功能，那么将会失去一个重要的编写代码助手，这可能会降低你的开发效率。此外，代码补全不仅是简单的代码片段补全提示，还包含智能理解上下文和 API 建议，这些都是提高代码质量的重要工具。

下面让我们测试一下代码补全功能。在"联系"节点后按回车键，Cursor 立即提供了代码补全建议，如图 4-22 所示。

例如，当我们在"作品展示"节点后按回车键后，代码补全提示也会被触发，如图 4-23 所示。这里的补全不仅是多行的，还会智能理解上下文。由于在页面的顶部导航设计中"作品"节点后面是"关于"节点，因此 Cursor 会相应地提供"关于"节点的代码补全建议，如图 4-24 所示。

当我们按 Tab 键接受 Cursor 的建议后，它会持续提供代码补全建议，就像收到了正反馈变得更自信一样。最终，我们无须手动编写任何代码，Cursor 就自动完成了整个页面的构建。图 4-23 和图 4-24 中框内的代码全部都是由 Cursor 的代码补全功能生成的。

```html
index.html U ●
index.html > html > body > header > nav > ul
<!DOCTYPE html>
<html lang="zh">
<head>
    <meta charset="UTF-8">
    <meta name="viewport" content="width=device-width, initial-scale=1.0">
    <title>我的作品集</title>
    <link rel="stylesheet" href="styles.css">
</head>
<body>
    <header>
        <nav>
            <ul>
                <li><a href="#home">首页</a></li>
                <li><a href="#works">作品</a></li>
                <li><a href="#about">关于</a></li>
                <li><a href="#contact">联系</a></li>
                <li><a href="#blog">博客</a></li>
            </ul>
        </nav>
    </header>
```

图 4-22

```html
index.html U ●
index.html > html > body > main > section#works > div.portfolio-grid
<html lang="zh">
<body>

    <main>
        <section id="home">
            <h1>欢迎来到我的作品集</h1>
            <p>这里展示了我的最新作品和项目</p>
        </section>

        <section id="works">
            <h2>作品展示</h2>
            <div class="portfolio-grid">
                <!-- 作品项目将通过 JavaScript 动态加载 -->
            </div>
        </section>

        <section id="about">
            <h2>关于我</h2>
            <p>我是一名前端开发工程师，热爱编程和设计</p>
        </section>

    </main>

    <footer>
        <p>&copy; 2024 我的作品集. 保留所有权利.</p>
    </footer>
```

图 4-23

```
 2    <html lang="zh">
 9    <body>
22        <main>
23            <section id="home">
24                <h1>欢迎来到我的作品集</h1>
25                <p>这里展示了我的最新作品和项目</p>
26            </section>
27
28            <section id="works">
29                <h2>作品展示</h2>
30                <div class="portfolio-grid">
31                    <!-- 作品项目将通过 JavaScript 动态加载 -->
32                </div>
33            </section>
34
35            <section id="about">
36                <h2>关于我</h2>
37                <p>我是一名前端开发工程师，热爱编程和设计</p>
38            </section>
39
40            <section id="contact">
41                <h2>联系我</h2>
42                <p>你可以通过以下方式联系我</p>
43                <ul>
44                    <li>邮箱：<a href="mailto:example@example.com">example@example.com</a></li>
45                    <li>电话：1234567890</li>
46                    <li>地址：中国北京</li>
47                </ul>
48            </section>
49        </main>
50
```

图 4-24

如果你想让代码补全更加精准，按照你的需要来实现，那么可以在你想要插入代码的地方，使用快捷键"Ctrl+K"或"Command + K"调出 Cursor 的 inline chat 功能。然后，你就得到了一个对话框，在其中输入你的需求，Cursor 就会照章办事了。使用 inline chat 功能有以下几个明显的优势：首先，你可以用自然语言精确描述你的需求，而不是依赖 Cursor 的猜测；其次，Cursor 能够根据你的具体要求提供更有针对性的代码补全建议；最后，这种交互方式让你能够随时调整和优化生成的代码，直到完全符合你的预期。

下面删除 Cursor 自己生成的联系方式的相关内容，然后使用 inline chat 功能向它发出指令。提示词如下：

帮我生成联系我的相关内容，电话 13900001111，邮箱是前面的电话@163.com，地址你就写我也住在地球上。

页面效果如图 4-25 所示。

```
<> index.html U
<> index.html > <> html > <> body > <> main
 2    <html lang="zh">
 9    <body>
22        <main>
28            <section id="works">
30                <div class="portfolio-grid">
31                    <!-- 作品项目将通过 JavaScript 动态加载 -->
32                </div>
33            </section>
34
35            <section id="about">
36                <h2>关于我</h2>
37                <p>我是一名前端开发工程师，热爱编程和设计</p>
38            </section>
39
40
41        </main>
42
43        <footer>
44            <p>&copy; 2024 我的作品集。保留所有权利。</p>
45        </footer>
46
47        <script src="main.js"></script>
48    </body>
49    </html>
```

帮我生成联系我的相关内容，电话13900001111，邮箱是前面的电话@163.com，地址你就写我也住在地球上。

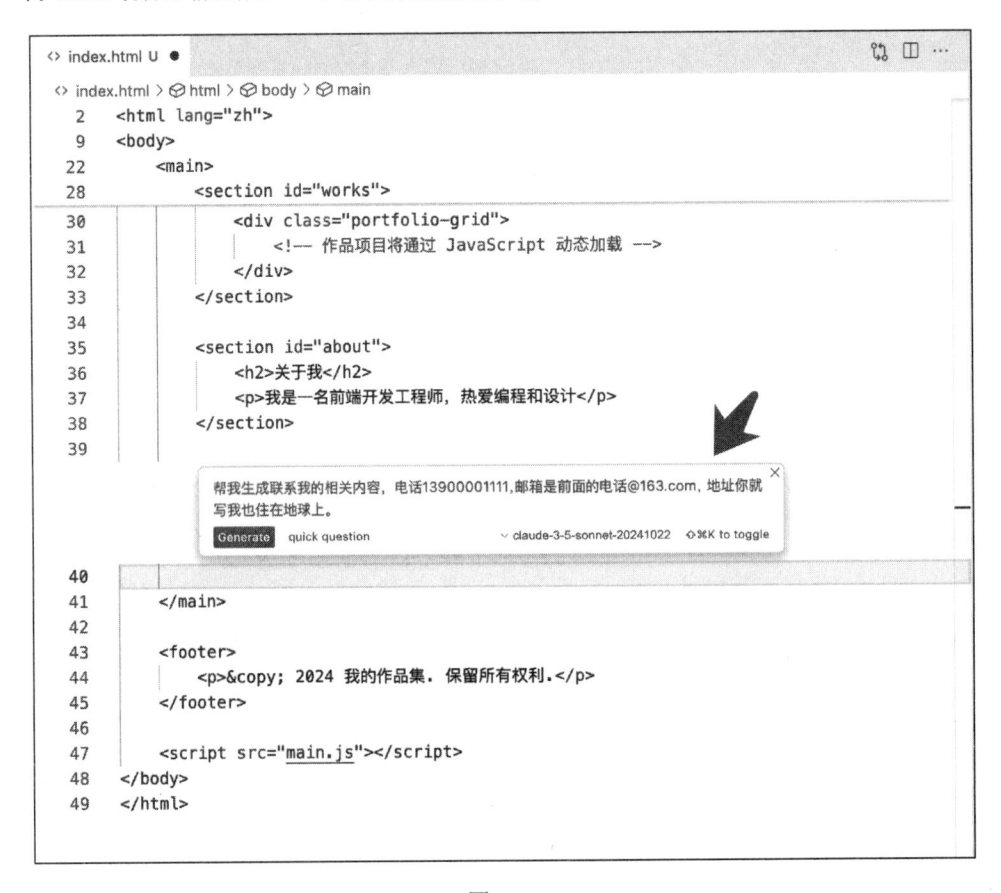

图 4-25

这段提示词，还是有点"小幽默"在里面的，并且有一些小障碍。我们按回车键，看一看 Cursor 能否真正理解我们的意图。可以看到，Cursor 完美地生成了我们想要的内容，如图 4-26 所示。

对于邮箱这一部分，它进行了上下文推理也是符合预期的。inline chat 功能依然沿用了 "Accept" 和 "Reject" 操作。我认为 Cursor 给出的结果是完全正确的，因此单击 "Accept" 选项，内容就被写入文件了。

同样，inline chat 功能也支持对选中的内容进行修改和优化。例如，在选中一段代码后，你可以要求 Cursor 对其进行重构、添加注释或改进性能。这种灵活的交互方式让开发者能够随时获得 Cursor 的智能建议，从而提高代码质量，如图 4-27 所示。

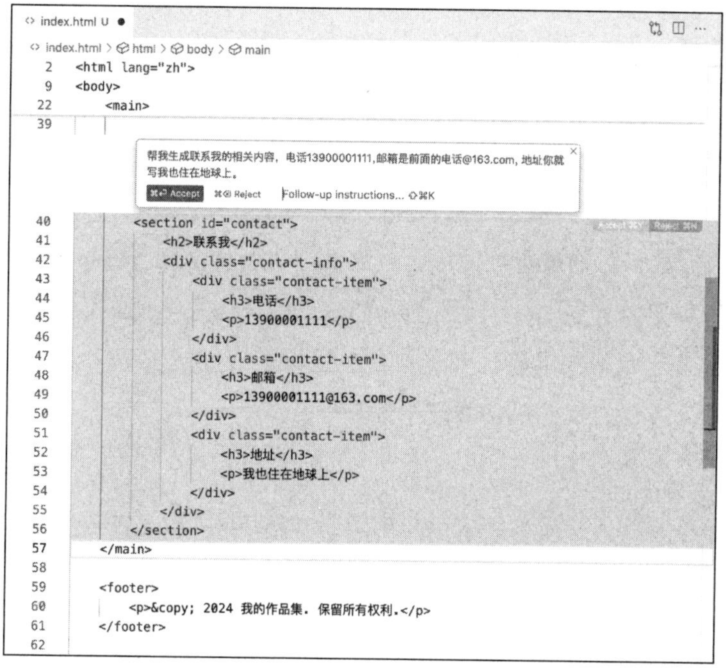
index.html U
index.html > html > body > main
<html lang="zh">
<body>
<main>
帮我生成联系我的相关内容，电话13900001111,邮箱是前面的电话@163.com，地址你就写我也住在地球上。
Accept
Reject
Follow-up instructions...
<section id="contact">
<h2>联系我</h2>
<div class="contact-info">
<div class="contact-item">
<h3>电话</h3>
<p>13900001111</p>
</div>
<div class="contact-item">
<h3>邮箱</h3>
<p>13900001111@163.com</p>
</div>
<div class="contact-item">
<h3>地址</h3>
<p>我也住在地球上</p>
</div>
</div>
</section>
</main>
<footer>
<p>© 2024 我的作品集. 保留所有权利.</p>
</footer>

图 4-26

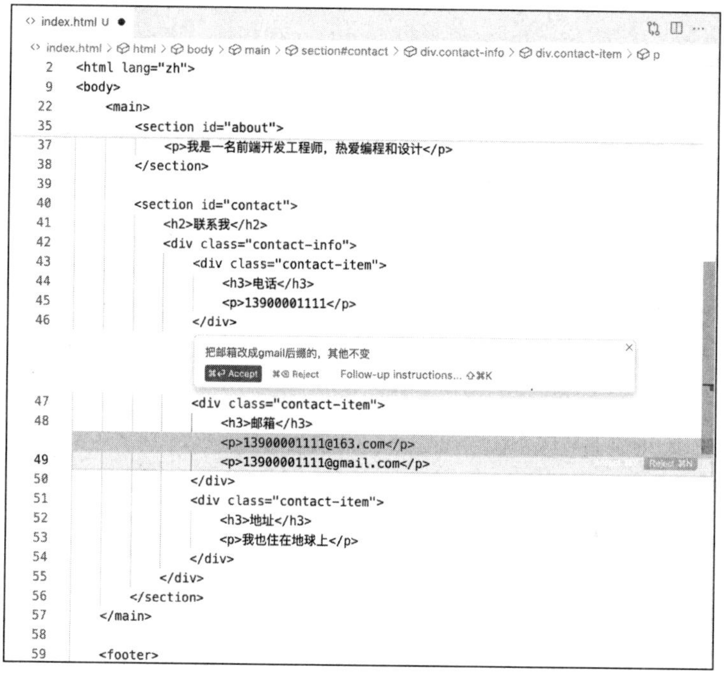
index.html U
index.html > html > body > main > section#contact > div.contact-info > div.contact-item > p
<html lang="zh">
<body>
<main>
<section id="about">
<p>我是一名前端开发工程师，热爱编程和设计</p>
</section>
<section id="contact">
<h2>联系我</h2>
<div class="contact-info">
<div class="contact-item">
<h3>电话</h3>
<p>13900001111</p>
</div>
把邮箱改成gmail后缀的，其他不变
Accept
Reject
Follow-up instructions...
<div class="contact-item">
<h3>邮箱</h3>
<p>13900001111@163.com</p>
<p>13900001111@gmail.com</p>
</div>
<div class="contact-item">
<h3>地址</h3>
<p>我也住在地球上</p>
</div>
</div>
</section>
</main>
<footer>

图 4-27

在输入提示词后，按回车键，我们就会看到代码在逐行改变，被修改的内容会呈现红底色，新写的内容会呈现绿底色，非常方便我们确认本次修改的范围。

代码补全的例子太多了，这里就不一一列举了。重要的是，要理解 Cursor 的代码补全功能不仅是简单的语法补全，还是一个智能的编程助手。Cursor 能够理解开发者的意图，并提供符合上下文的代码补全建议。通过合理使用这些功能，我们可以显著提高编码效率和代码质量。这一点在实际开发中尤为重要。当习惯了使用 Cursor 的代码补全功能后，你会发现它不仅加快了编码速度，还提高了代码的准确性和一致性。通过智能理解上下文，它能够帮助开发者避免常见的编码错误，并保持代码风格的统一性。

4.2.2 代码优化建议

Cursor 的代码优化建议是另一个强大的功能，它能够实时分析代码质量并提供改进建议。这个功能不仅能够识别潜在的 Bug 和性能问题，还能提供代码重构和最佳实践的建议。通过智能分析代码结构和模式，Cursor 能够帮助开发者编写更清晰、更高效的代码。

下面来看一看 Cursor 的代码优化建议功能的主要特点。
（1）代码智能分析：实时扫描代码，识别可能的性能瓶颈、安全漏洞和代码质量问题。
（2）上下文感知建议：根据项目的具体情况和编程语言特性，提供有针对性的优化建议。
（3）重构提示：自动识别可以重构的代码片段，并提供改进方案，帮助开发者提升代码的可维护性。

目前，我们的代码量很少，并且都是 Cursor 自动生成的。Cursor 会主动规避这些潜在的 Bug 和性能问题。我手动添加一段死循环代码。

```
function infiniteLoop() {
    while(true) {
        console.log("这是一个死循环");
    }
}
// 不要轻易运行这段代码！
```

把它手动放到 main.js 文件中，并在正常业务执行之前，调用这个方法，如图 4-28 所示。

```
<> index.html U      JS main.js U
JS main.js > @ document.addEventListener('DOMContentLoaded') callback > @ loadWorks > @ works.forEach() callback
  2   document.addEventListener('DOMContentLoaded', () => {
  4       const works = [
 12               description: '项目描述',
 13               image: 'images/project2.jpg'
 14           }
 15       ];
 16
 17       function infiniteLoop() {
 18           while(true) {
 19               console.log("这是一个死循环");
 20           }
 21       }
 22
 23       // 动态加载作品
 24       function loadWorks() {
 25           const worksGrid = document.querySelector('.works-grid');
 26
 27           works.forEach(work => {
 28               const workElement = document.createElement('div');
 29               workElement.className = 'work-item';
 30               workElement.innerHTML = `
 31                   <img src="${work.image}" alt="${work.title}">
 32                   <h3>${work.title}</h3>
 33                   <p>${work.description}</p>
 34               `;
 35               worksGrid.appendChild(workElement);
 36           });
 37       }
 38       infiniteLoop();
 39       loadWorks();
 40   });
```

图 4-28

它的作用是展示一个典型的性能问题场景。这段代码会导致浏览器页面卡死，从而让我们体验 Cursor 是如何识别和提示这类性能隐患的。下面来看一看 Cursor 会给出什么样的优化建议。我们在"COMPOSER"面板的对话框中询问 Cursor，提示词如图 4-29 所示。

按回车键，Cursor 尝试自主分析并解决问题。它很快就知道了问题所在，如图 4-30 所示。我们单击"Accept all"选项，Cursor 删掉了死循环方法，并且删除了相关调用。

这个优化示例展示了 Cursor 在代码质量方面的智能分析能力。通过及时发现并消除潜在的性能问题，Cursor 不仅帮助开发者避免了程序崩溃的风险，还提供了清晰的问题说明和解决方案。这种主动提供代码优化建议的功能，让开发者能够在问题产生实际影响之前就及时发现和修复它们。

图 4-29

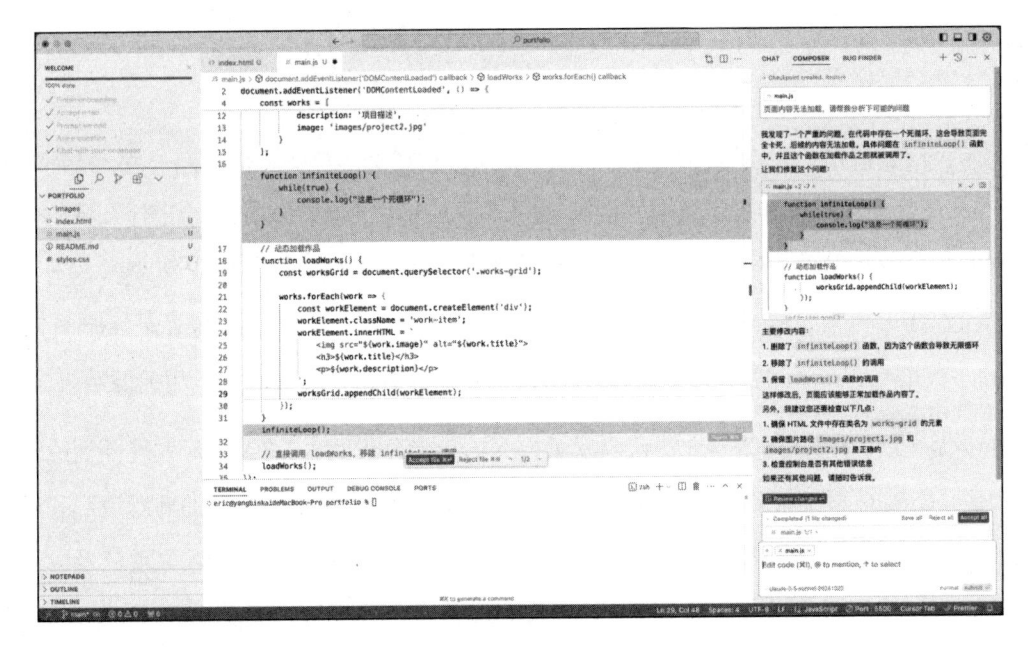

图 4-30

我手动添加死循环代码，只是用作一个简单的示例。在实际开发中，我们可能会遇到更复杂的性能问题，比如内存泄漏、算法效率低下或者资源使用不当等。Cursor 的优势在于它能够通过静态代码分析和 AI 推理，提前发现这些潜在的问题，并给出具体的优化方案。

4.3 实时预览与代码调试

4.3.1 实时预览

我们在前面安装了 Live Server，它是一个非常好的工具，可以让我们在开发过程中实时查看网页效果的变化。通过 Live Server，我们无须手动刷新浏览器，就能够即时看到代码修改后的效果。这不仅提高了开发效率，还让我们能够更快地进行样式调整和功能测试。

在文件浏览区中单击"index.html"选项。在代码编辑区，单击鼠标右键，选择"Open with Live Server"选项，如图 4-31 所示。

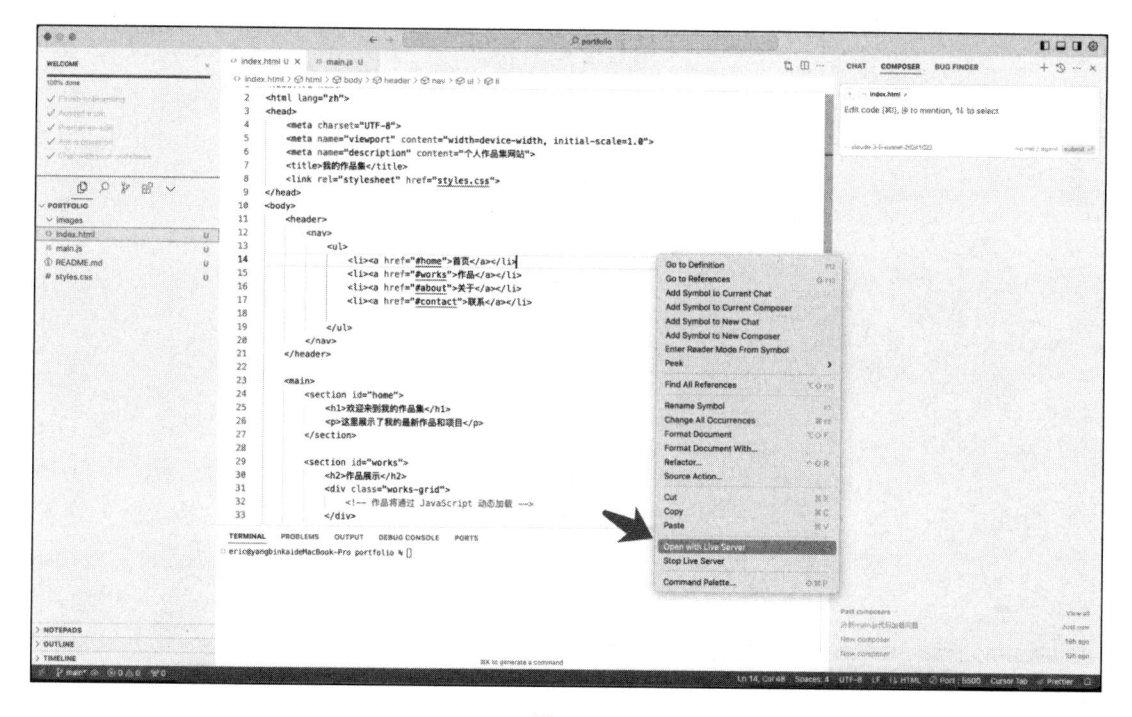

图 4-31

然后，Cursor 会自动打开本地电脑的默认浏览器，运行 index.html 页面。运行效果如图 4-32 所示。

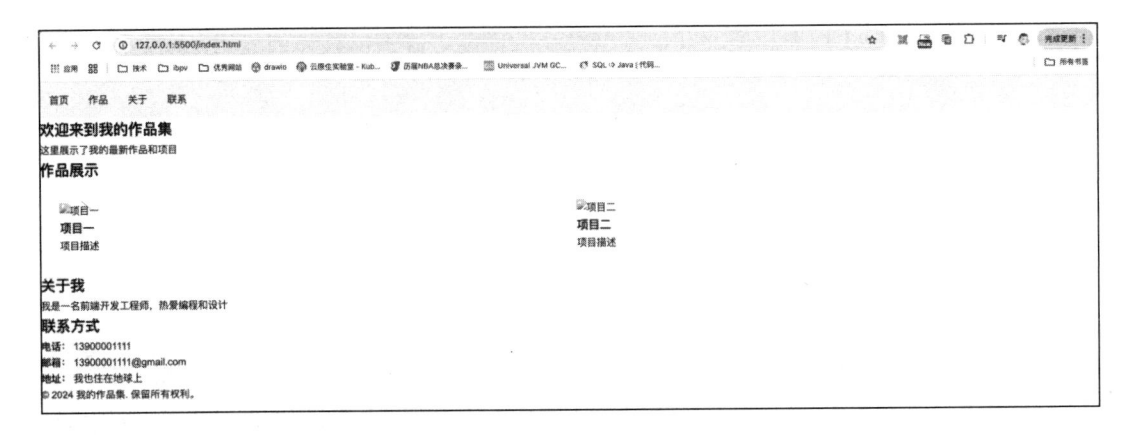

图 4-32

可以看到，图没有加载出来。我们来看 main.js 文件的代码如何实现这个逻辑，如图 4-33 所示。

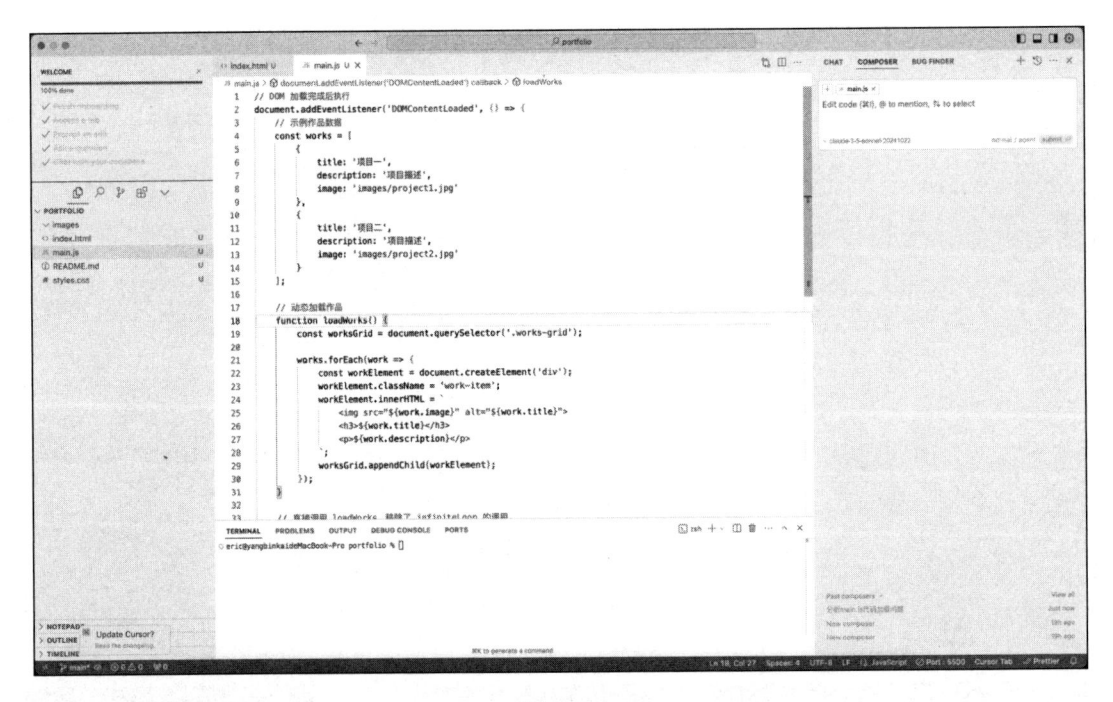

图 4-33

我们提前定义了一个 works 数组，需要准备对应的图、标题和简要描述。我找了几张图，放到 images 文件夹下。这些图都是我之前用 AI 工具生成的。我把它们从我的个人空间下载下来后，发现命名不统一，需要修改图的名字、后缀及相应的 JavaScript 代码。这在之前是不小的工作量，但是现在只需要对 Cursor 说出我们的需求，它就能帮我们轻松完成，如图 4-34 所示。以下是提示词：

```
帮我将 images 文件夹下的所有图文件，用数字序号重命名为 xx.png，数字序号从 01 开始依次递增。
同时你需要对 main.js 中的相应代码做出修改。
```

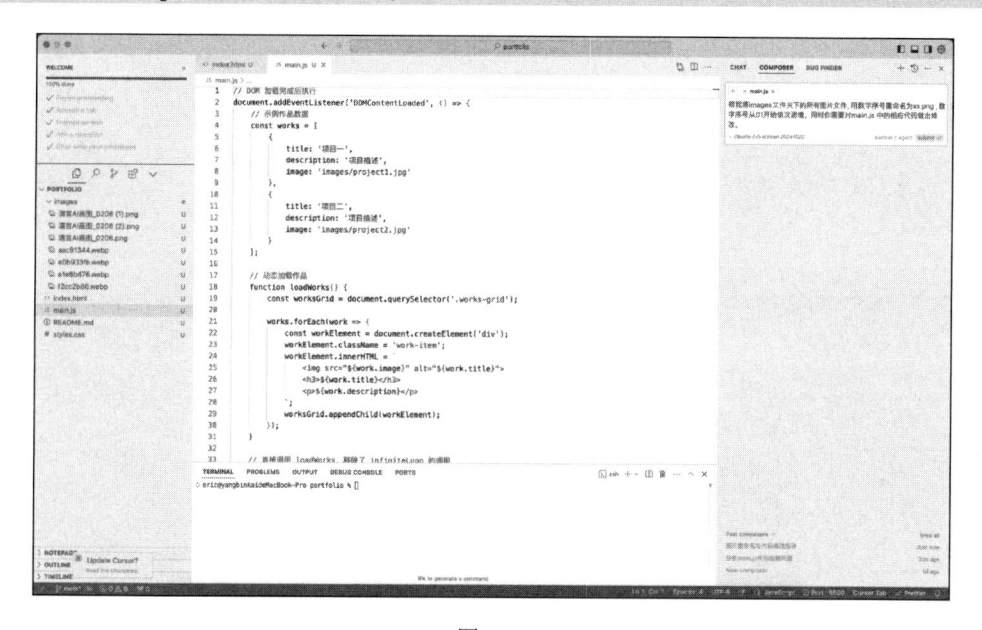

图 4-34

由于需要重命名文件，因此我们需要为 Cursor 提供文件上下文。单击箭头所指的加号按钮（如图 4-35 所示），然后按住 Ctrl 键（Windows 系统）或 Command 键（macOS 系统），再依次单击需要操作的图。这样做的好处就是，在一个弹窗页面就选择完所有的图，而不用针对每张图都单击加号按钮并选择。

选择"COMPOSER"面板的 agent 模式后，按回车键。Cursor 会首先列出 images 文件夹中的所有文件（如图 4-36 所示），并生成一段 Linux 命令。在执行这段命令后，文件夹中的文件就会完成重命名和文件后缀的统一。然后，Cursor 会自动更新 main.js 文件中的相关代码。整体效果符合预期。我们单击"Accept"选项。

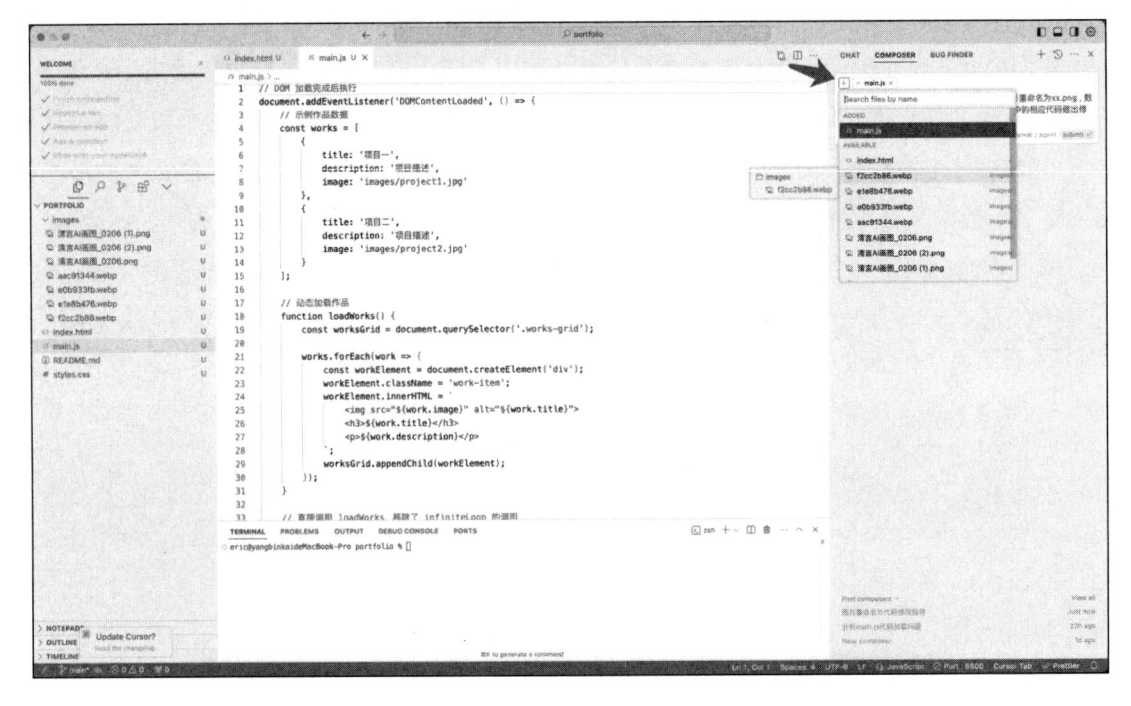

图 4-35

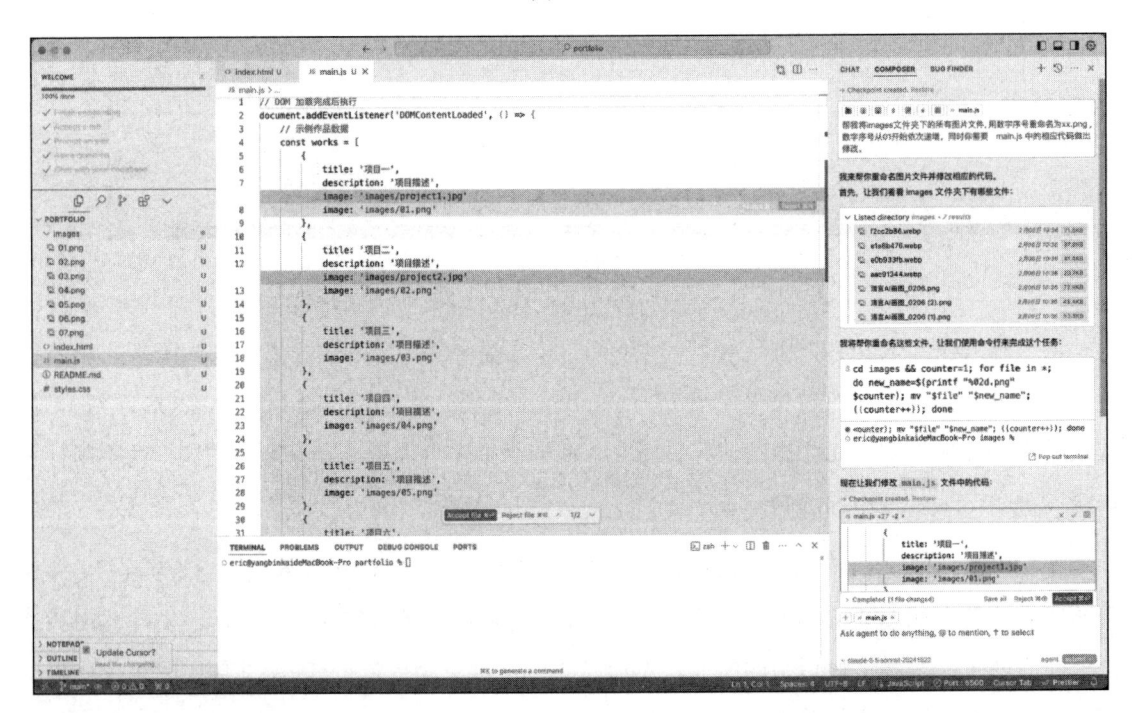

图 4-36

此时，我们回到浏览器，不用重复打开 index.html 页面，因为我们已经安装了 Live Server，它会自动监测文件变化并实时刷新页面。我们可以看到，现在图已经正常显示出来了。这种实时预览功能极大地提高了前端开发的效率，让我们能够即时看到修改的效果。不过，这个排版布局，真丑啊，如图 4-37 所示。我们让 Cursor 做一下美化。

图 4-37

我们将 index.html 页面的内容截图，并将其粘贴到"COMPOSER"面板的对话框中。截图会自动上传给 Cursor，然后我们就可以通过提示词让 Cursor 帮我们优化页面的排版布局，如图 4-38 所示。

页面布局有些乱，请你根据我给你的网页截图，做出优化和调整。
我希望每个作品单独一行展示，整体的浏览方式是从上到下。
整体居中排列，在手机和 PC 设备都可以完美显示。

Cursor 很快就给出了优化后的代码。它不仅修改了 CSS 样式，还调整了 HTML 结构，如图 4-39 所示。

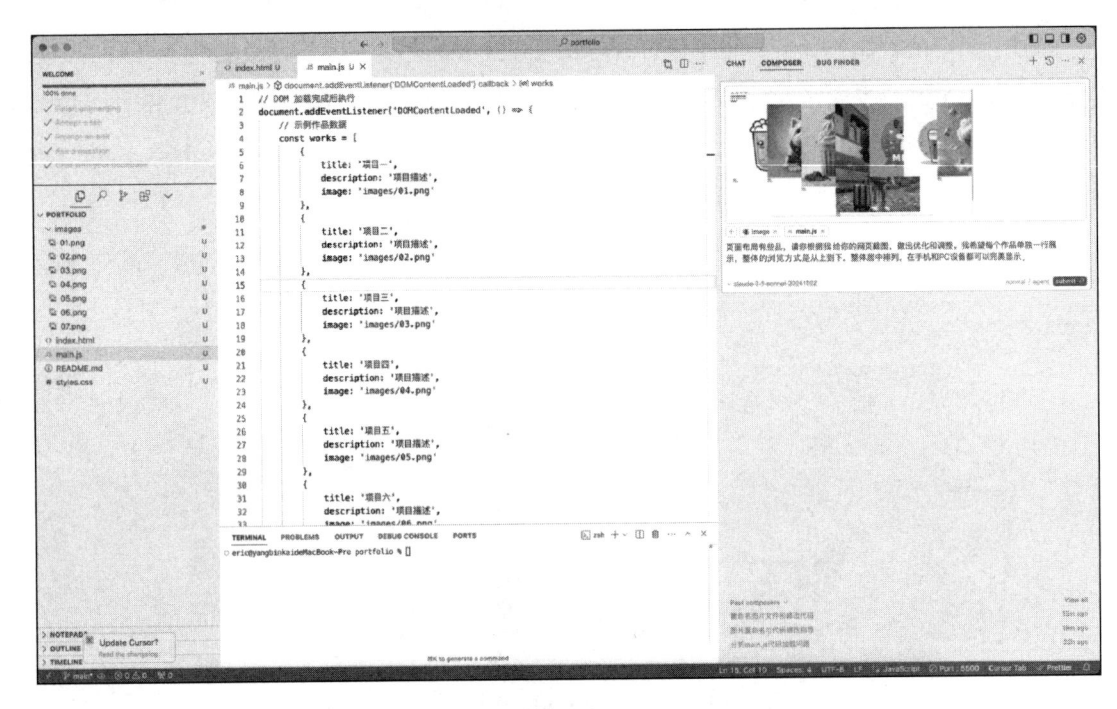

图 4-38

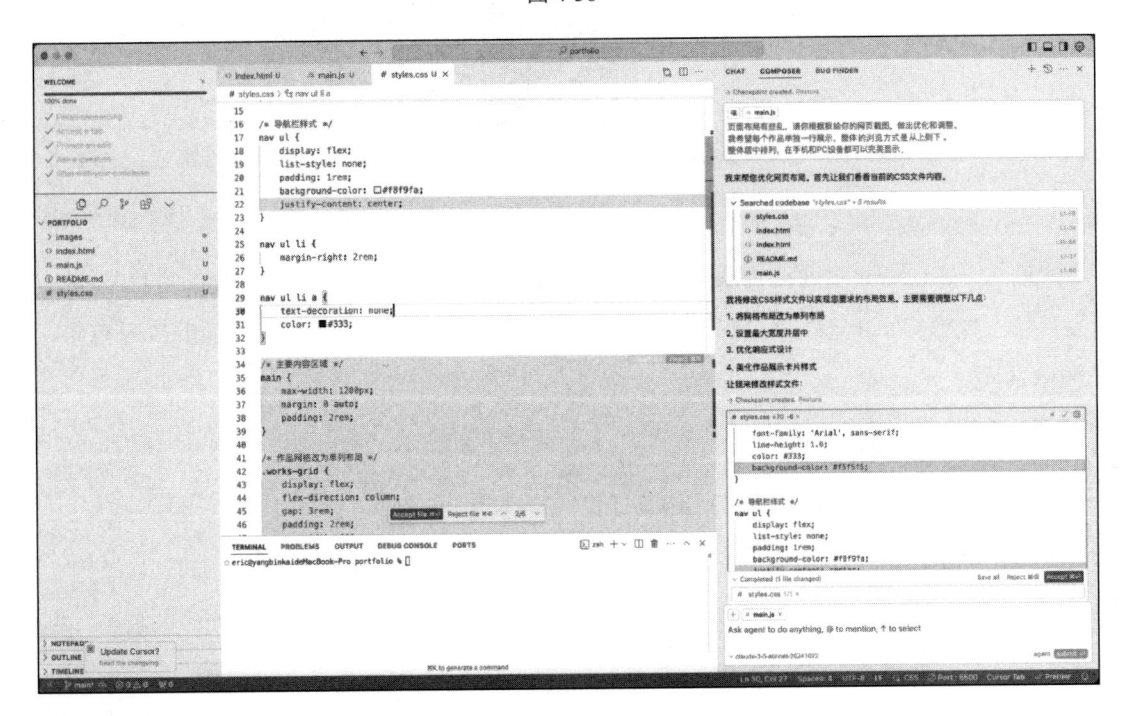

图 4-39

新的 CSS 样式让作品展示变得美观且具有响应式布局。页面布局整齐有序，在 PC 端和手机上都能呈现出美观大方的效果。图 4-40 所示为 PC 端的效果。

图 4-40

图 4-41 所示为用浏览器并模拟手机上的效果。

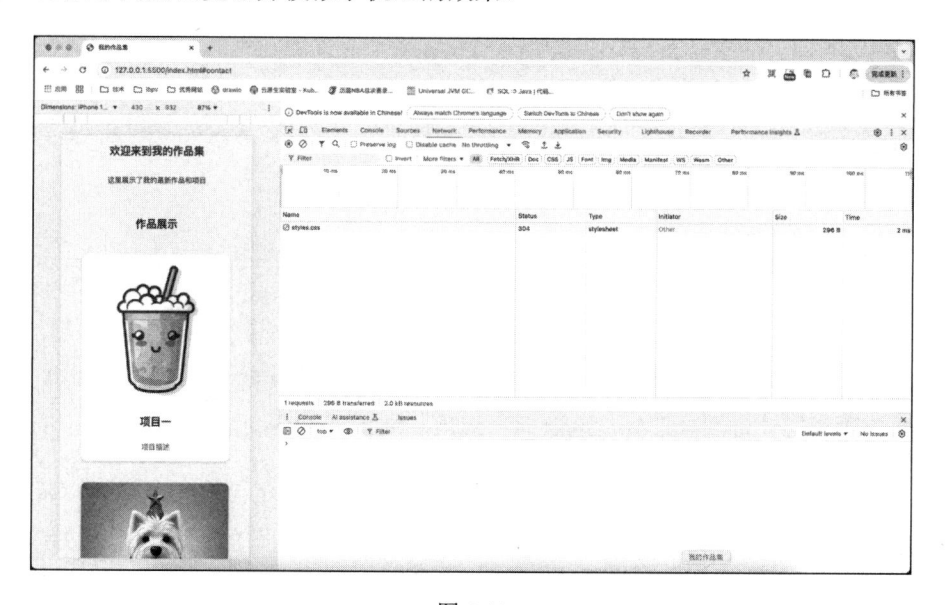

图 4-41

4.3.2 代码调试

代码调试是开发过程中不可或缺的环节，Cursor 为我们提供了强大的调试工具和功能。本节会逐步演示代码调试环节。因为我们这次做的是一个单页面项目，运行在本地浏览器上，所以先用浏览器自带的调试工具小试牛刀。大部分软件的调试页面和交互逻辑都是相通的。在浏览器运行页面的前提下，按 F12 键，打开浏览器的开发者工具。然后，选择"Sources"选项，如图 4-42 所示。

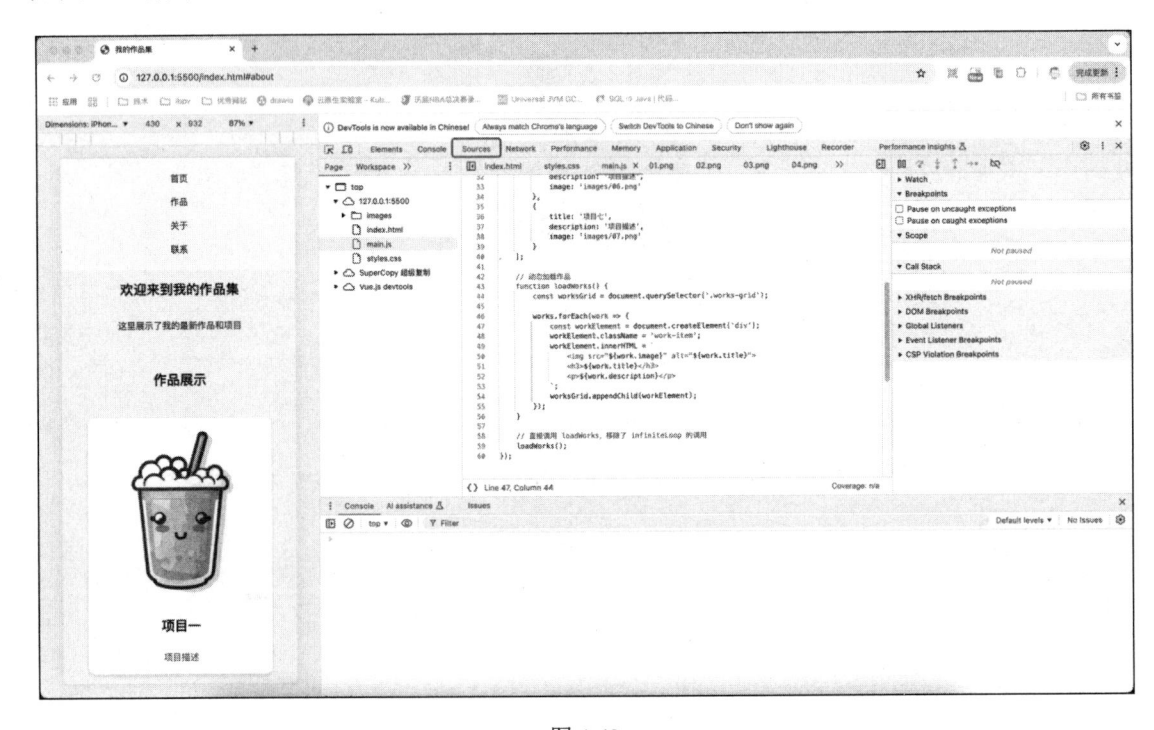

图 4-42

这里不仅能看到控制台输出，还能设置断点进行单步调试。Page 面板展示了我们的项目加载到浏览器的所有文件资源。选择"main.js"选项，如图 4-43 所示。

可以看到，在代码编辑区列出了 main.js 文件的全部代码，这里的内容和我们在 Cursor 中打开的本地文件内容是一样的。我们在第 44 行打一个断点，这里的行号你自己决定即可，因为 Cursor 生成的代码可能不一样。然后，刷新这个页面。可以看到，代码运行到断点处就停顿了，左侧的作品集页面也没有继续往下加载，如图 4-44 所示。

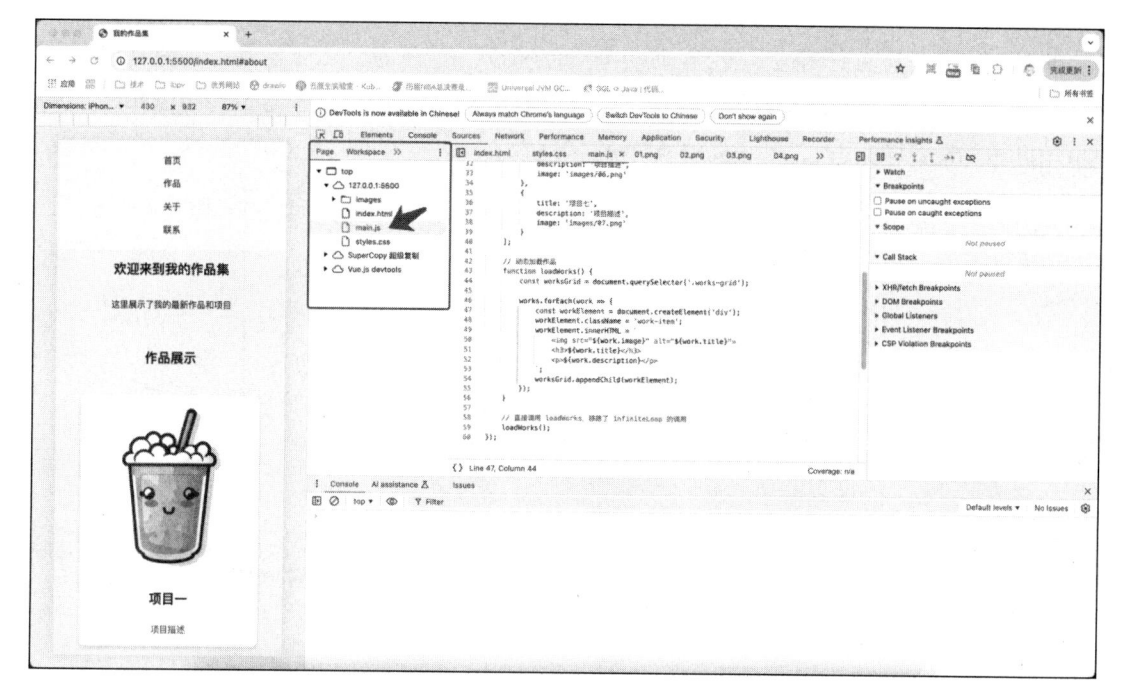

图 4-43

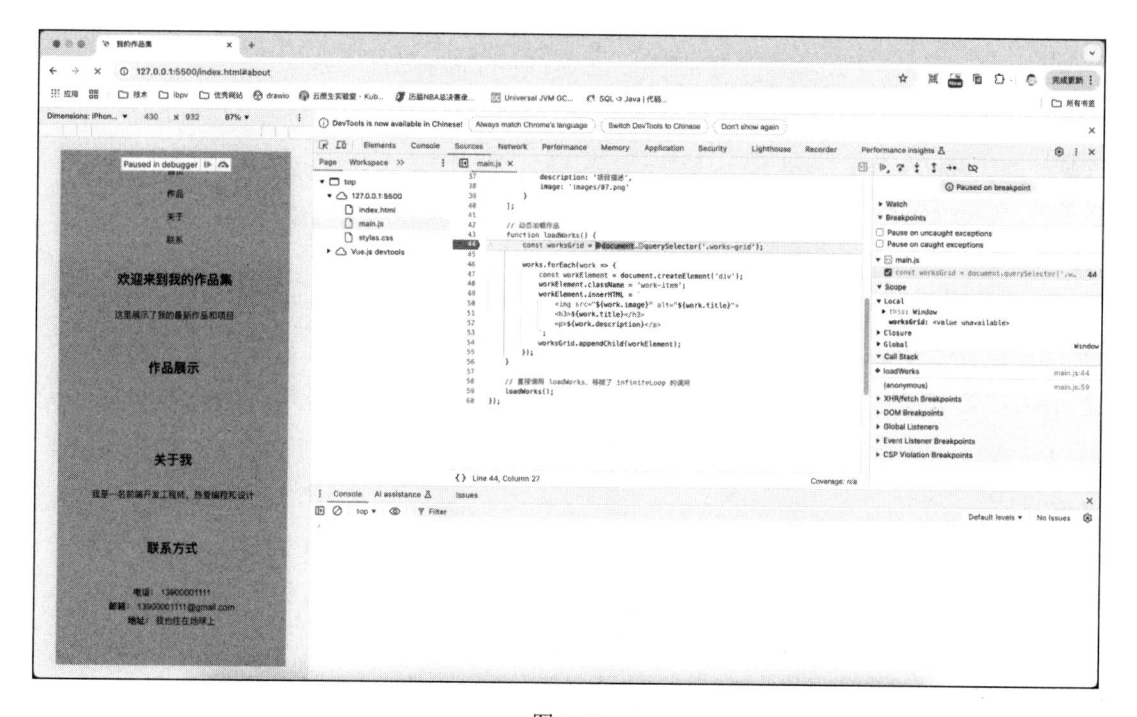

图 4-44

此时，我们在页面右侧可以看到，断点调试的快捷按钮从左到右依次是继续执行（Resume script execution）、跨过（Step over）、步入（Step into）、步出（Step out）、按运行顺序执行（Step）和停用断点（Deactivate breakpoints），如图4-45所示。

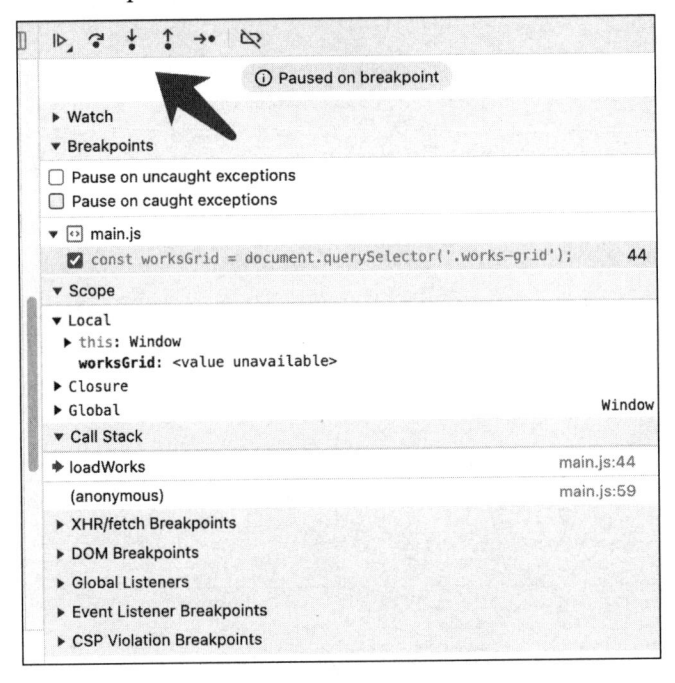

图4-45

这些按钮让我们能够精确控制代码的执行流程，逐步检查变量的值和程序的状态。在"Scope"面板中，我们还可以查看当前作用域内的所有变量值，这对于定位和解决代码问题非常有帮助。我们单击继续执行按钮，代码会执行并停顿在第46行，如图4-46所示。

此时，如果我们想要看循环内部的执行情况，就需要单击步入或者按运行顺序执行按钮。我们单击步入按钮。此时，光标就进入了循环内部。可以观察到当前元素work的内部信息息，如图4-47所示。

在观察一两个元素的组装后，我们觉得这段代码的逻辑是符合预期的，这时想要快速执行完下面的代码，可以单击继续执行按钮。这样会省掉中间的执行过程，直接跳转到下一个断点，如果没有多余断点了，就会直接执行完所有代码，并完成页面的加载和渲染，如图4-48所示。

第 4 章　Cursor 项目初探：个人作品集网站 | 69

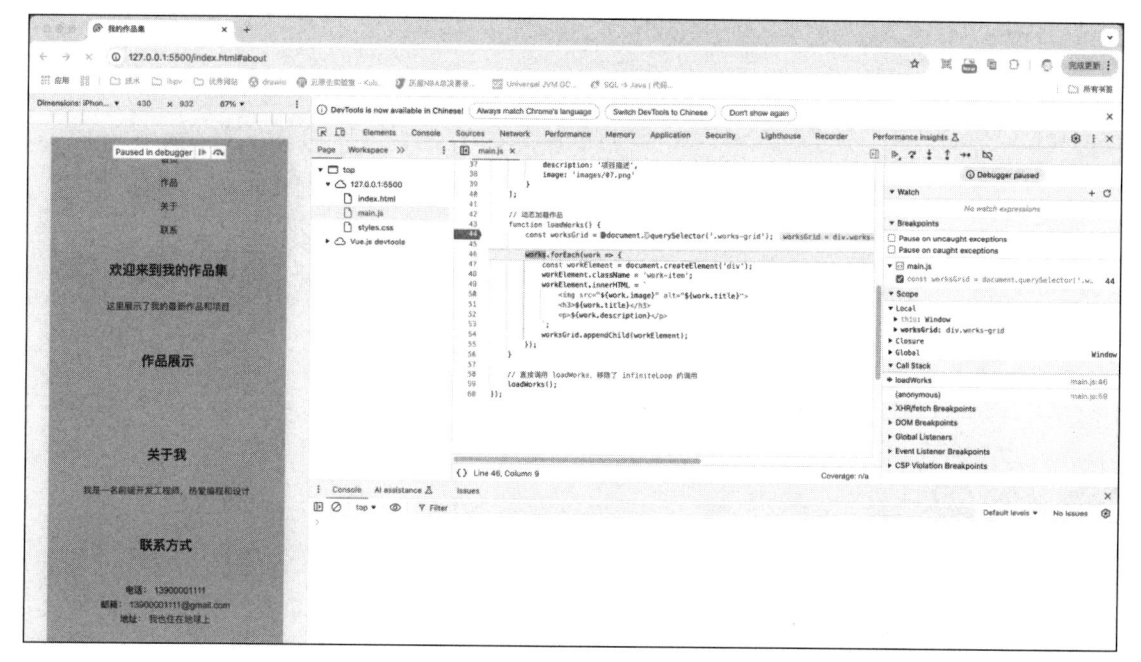

图 4-46

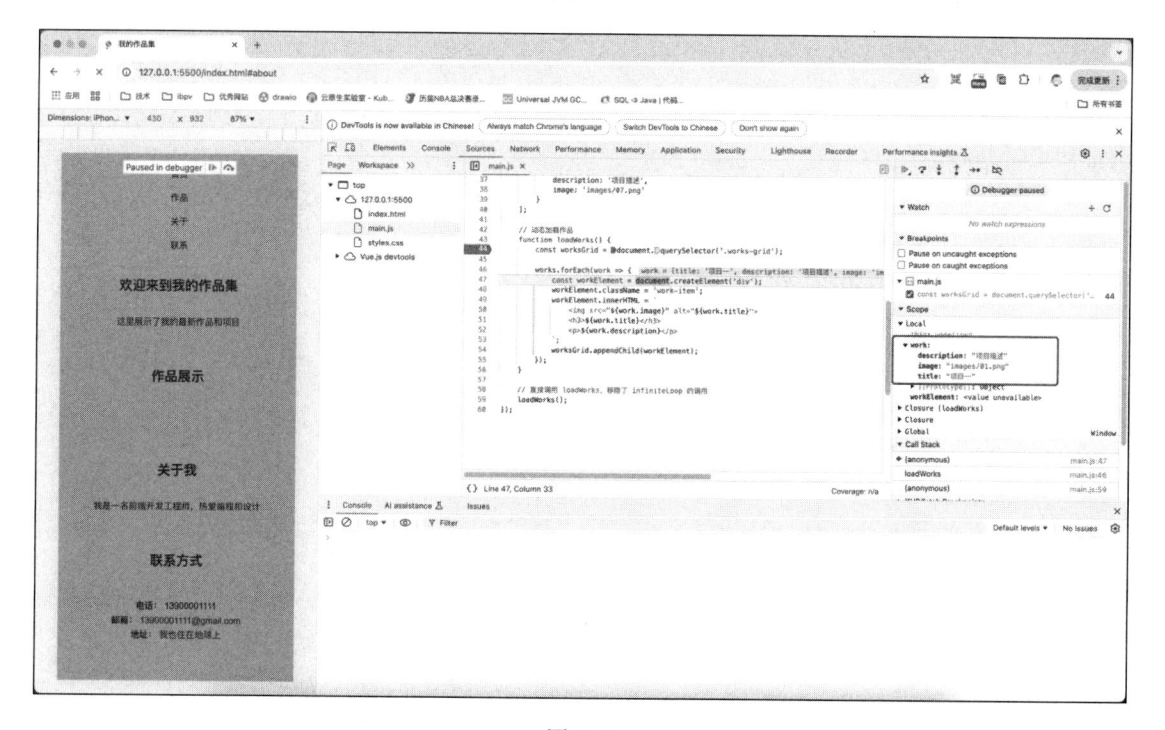

图 4-47

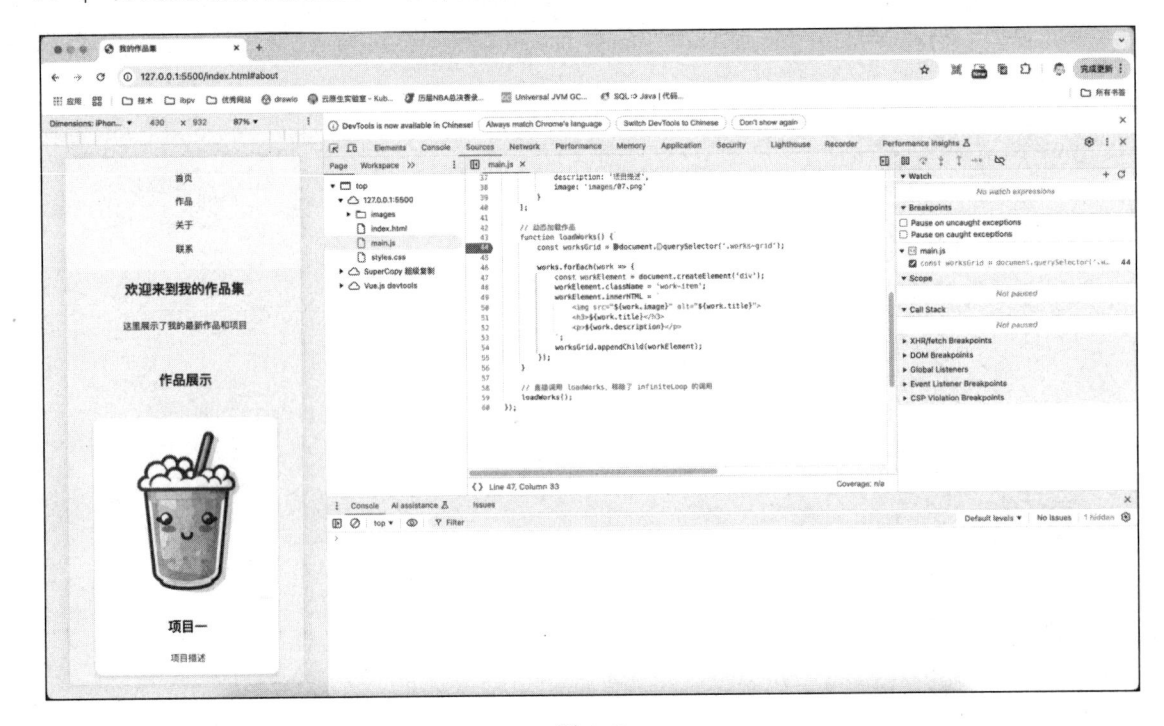

图 4-48

至此，我们已经掌握了浏览器调试面板的基本使用方法。在 5.4 节中，我们将演示 Cursor 内部的调试功能。

4.3.3 让 Cursor 消除 Bug

我手动制造一个 Bug，看一看 Cursor 是如何高效定位 Bug 并消除的。我埋了两颗"雷"，如图 4-49 所示。

首先让作品元素为空，其次注释了一段代码。我们打开浏览器看一下代码执行的效果。因为我们安装了 Live Server，所以修改完代码，就能看到最新的效果，并且因为刚才我们在 main.js 文件的代码中打了断点，所以代码执行到断点行停住了，如图 4-50 所示。

下面继续让代码执行。毫无疑问，程序报错了，页面的左侧没有加载出任何作品的图和文字。与此同时，在"Console"面板打印出了程序报错的堆栈信息，并且在代码编辑区，浏览器的调试工具定位到了出错的具体行号，如图 4-51 所示。

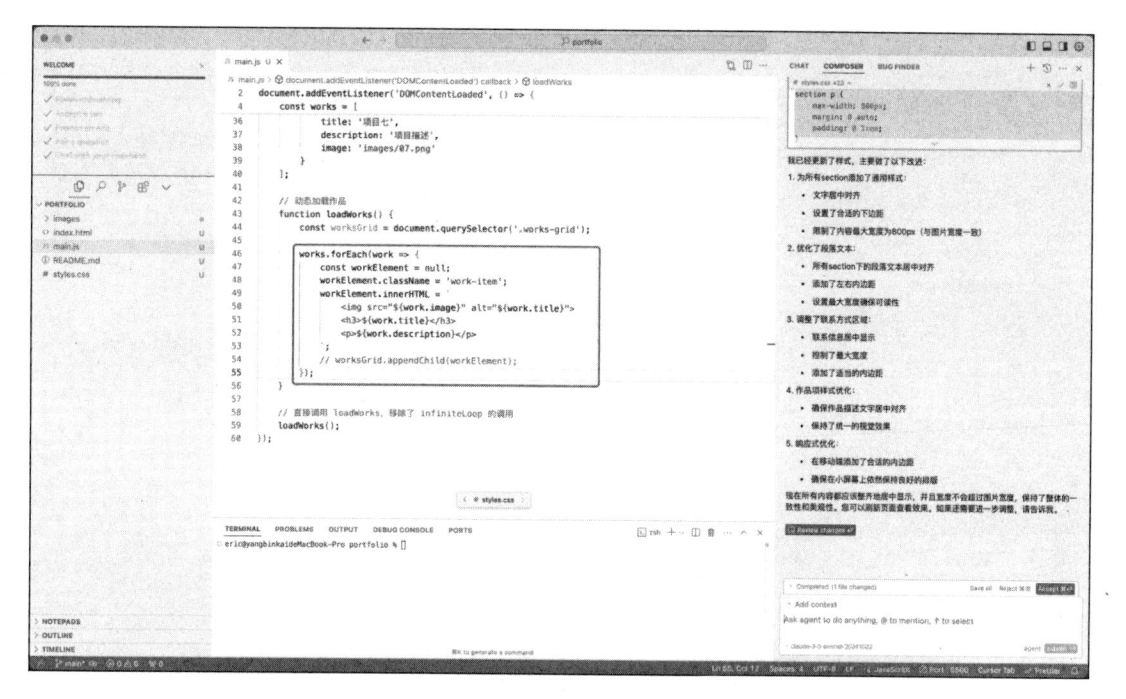

图 4-49

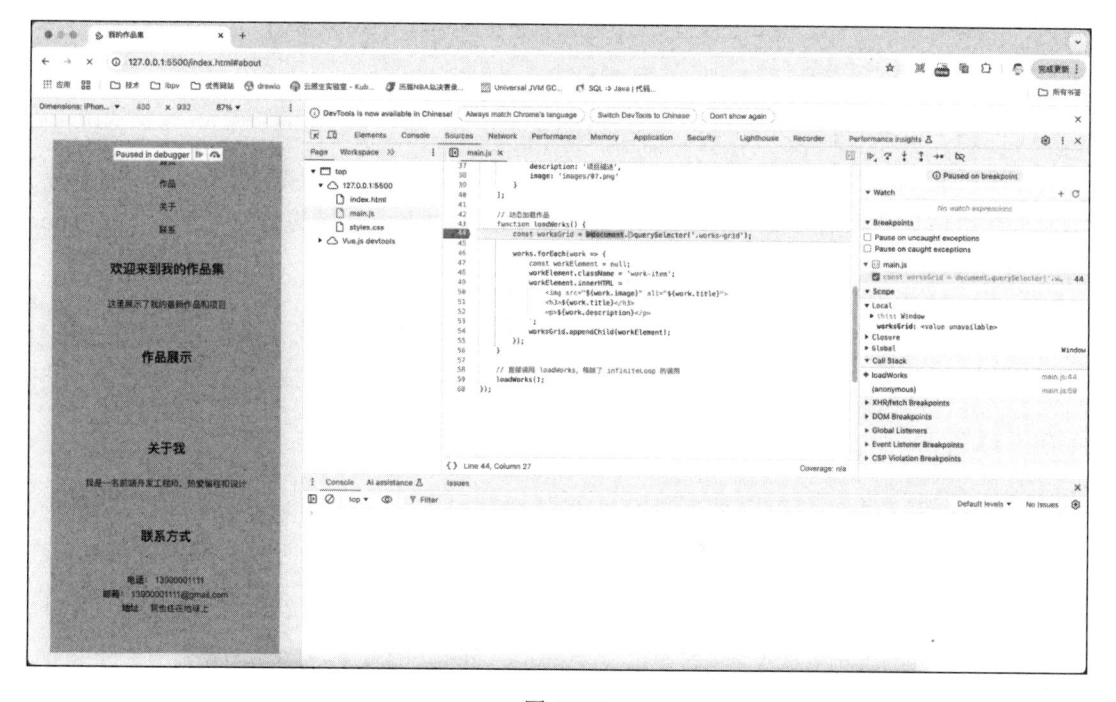

图 4-50

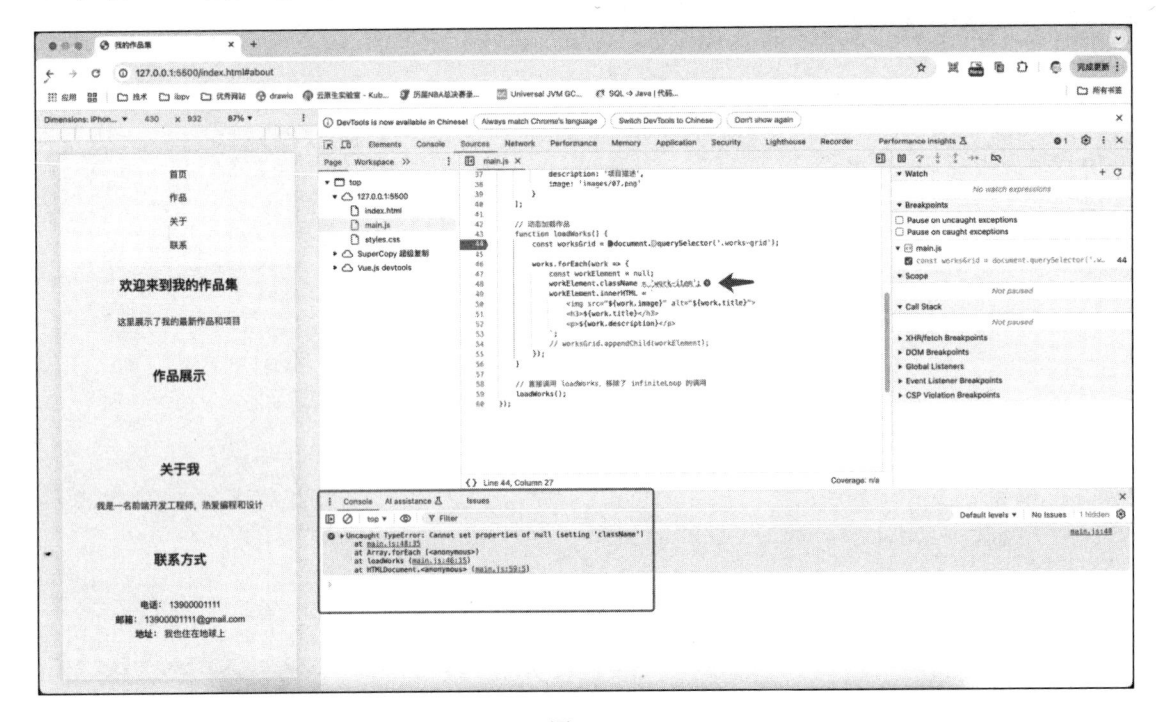

图 4-51

到这里，我们可以看到代码调试其实是一个很有趣的过程。在这些调试工具的辅助下，解决问题的思路变得更加清晰、明确。下面来消除 Bug，哦，我说错了，是让 Cursor 来消除 Bug。操作很简单，我们直接复制"Console"面板中的报错信息，打开 Cursor，在 AI 对话区粘贴刚才复制的报错信息，让它解决一下，如图 4-52 所示。这里需要注意的是，我们要添加 main.js 文件作为上下文。

在编写好提示词并做好上下文准备工作后，我们提交，看一看 Cursor 处理的效果怎么样。不出意外，Cursor 会解决所有问题，不仅仅是这一行的报错。代码执行完毕后，得到的处理结果如图 4-53 所示。

Cursor 很快定位到了问题所在，即把 workElement 设置为 null，所以程序会报空指针异常。Cursor 给出了修改方案，并且还发现了我注释代码的 Bug，否则即使消除了把 workElement 设置为 null 的问题，后续作品也是无法展示的，因为没有将其添加到页面元素里。不得不说 Cursor 定位问题、解决问题的能力还是很强的。我们采用 Cursor 的方案，打开浏览器看一下页面是否完整显示。

图 4-52

可以看到，页面已经完整显示出来了，并且在"Console"面板中也没有任何报错信息了，如图 4-54 所示。

通过这个案例，我们可以看到 Cursor 不仅能快速定位代码问题，还能提供全面的解决方案。它不仅消除了表面的错误，还能深入分析潜在的问题，这种智能化的调试体验大大提高了开发效率。这让我们在处理复杂的代码问题时，能够更加得心应手。

在这个调试过程中，我们不仅体验了浏览器的开发者工具的强大功能，还看到了 Cursor 如何与这些工具完美配合，帮助开发者快速定位和解决问题。这种智能化的开发体验，让编程工作变得更加高效和愉悦。通过实际操作，我们也掌握了一些实用的调试技巧，这些技巧对今后的开发工作将会非常有帮助。

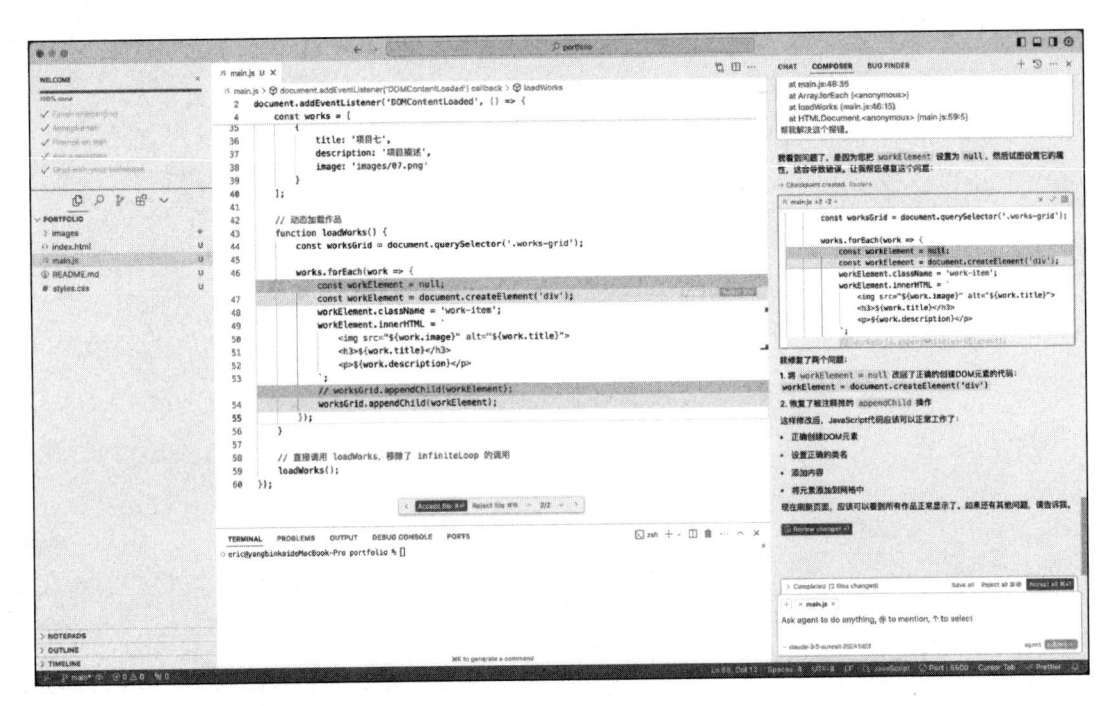

图 4-53

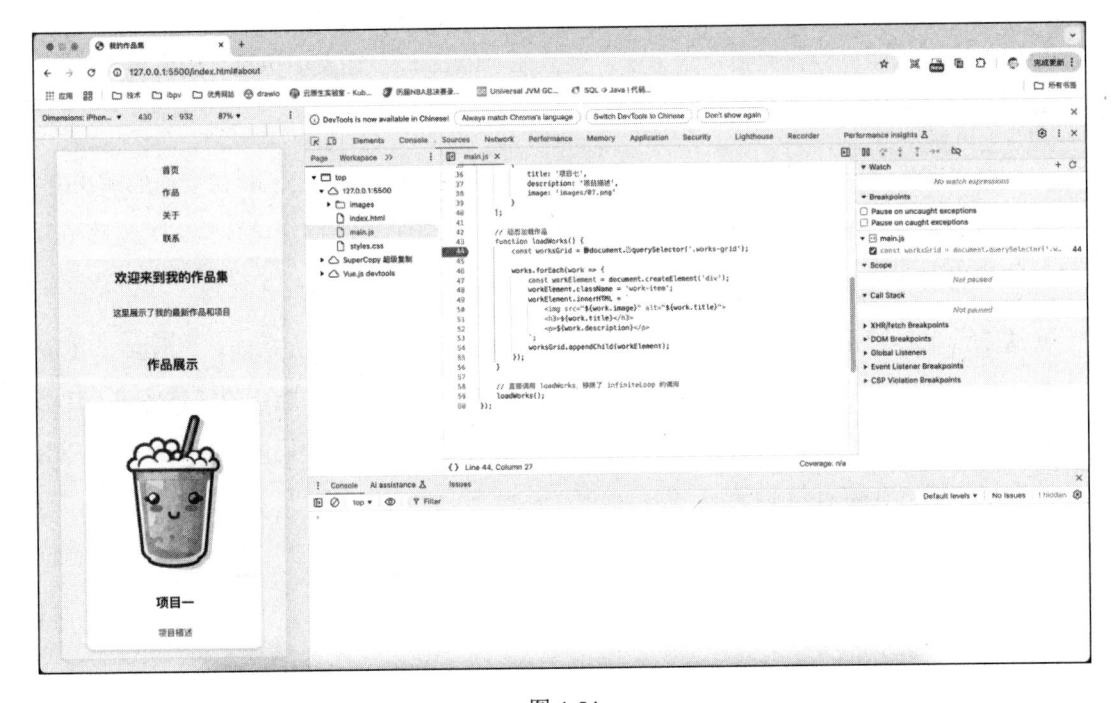

图 4-54

4.4 与版本控制系统集成

在软件开发过程中，版本控制系统是一个不可或缺的工具。它能够帮助我们追踪代码变更、管理不同版本的代码，并且支持多人协作开发。Cursor 深度集成了版本控制系统 Git，为开发者提供了直观的图形页面和便捷的操作方式。通过 Cursor 的版本控制功能，我们可以更加高效地管理代码仓库，实现团队协作开发。

4.4.1 Git 基础配置

在 Cursor 中进行 Git 操作非常直观和便捷。首先，我们可以通过"SOURCE CONTROL"面板（如图 4-55 所示）查看文件的变更状态，包括新增、修改和删除。对于需要提交的变更，只需要在变更文件旁边单击"+"选项将其添加到暂存区，然后输入提交信息即可完成代码提交。

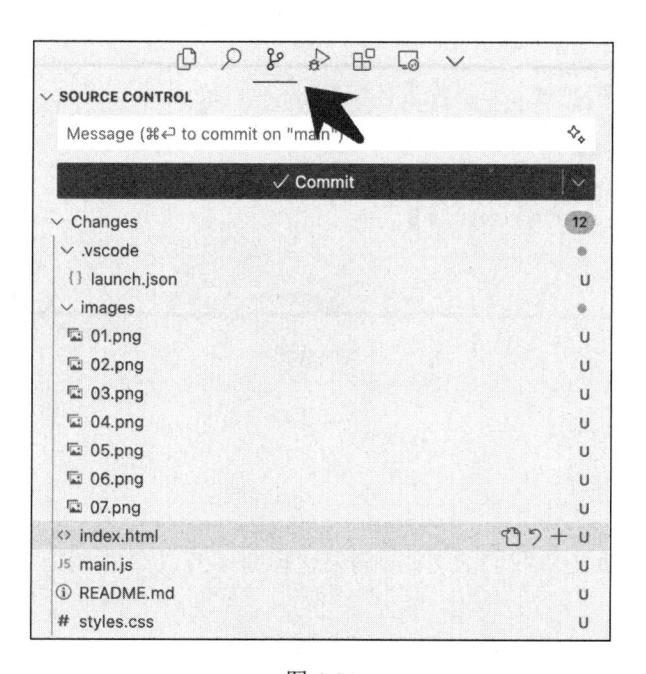

图 4-55

通过 Cursor 的 GUI 页面，我们还可以轻松地进行查看提交历史、创建分支、合并代码等操作。

如果第一次使用 Git，那么请先配置全局的用户名和邮箱（将以下命令中的用户名和邮箱替换成你自己的）。

```
git config --global user.name "Your Name"
git config --global user.email "youremail@yourdomain.com"
```

打开控制台，输入上面的命令。在配置完成后，可以通过以下命令确认这些信息：

```
git config --list
```

比如，我在控制台输入上面命令后，会得到如图 4-56 所示的结果。这样做的好处是可以让 Git 知道谁在进行代码提交，便于在多人协作项目中追踪每个变更代码的作者。同时，这些信息会显示在提交历史中，帮助团队成员更好地理解代码变更的来源。这些身份信息会被永久保存，除非手动修改，否则在后续的所有 Git 操作中都会使用这些身份信息。

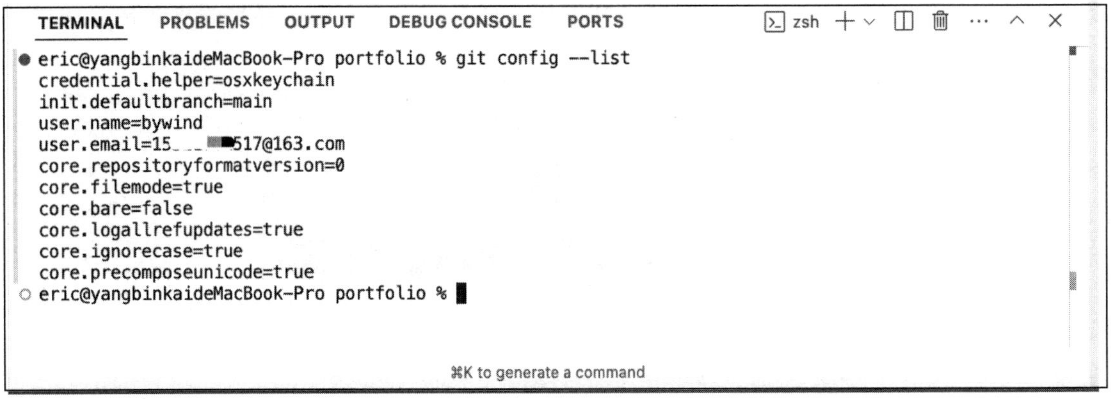

图 4-56

4.4.2　Git 实操

接下来，我们让 Git 追踪我们的文件。需要选择图 4-57 中箭头所指的图标，打开 Git 面板。

第 4 章　Cursor 项目初探：个人作品集网站 | 77

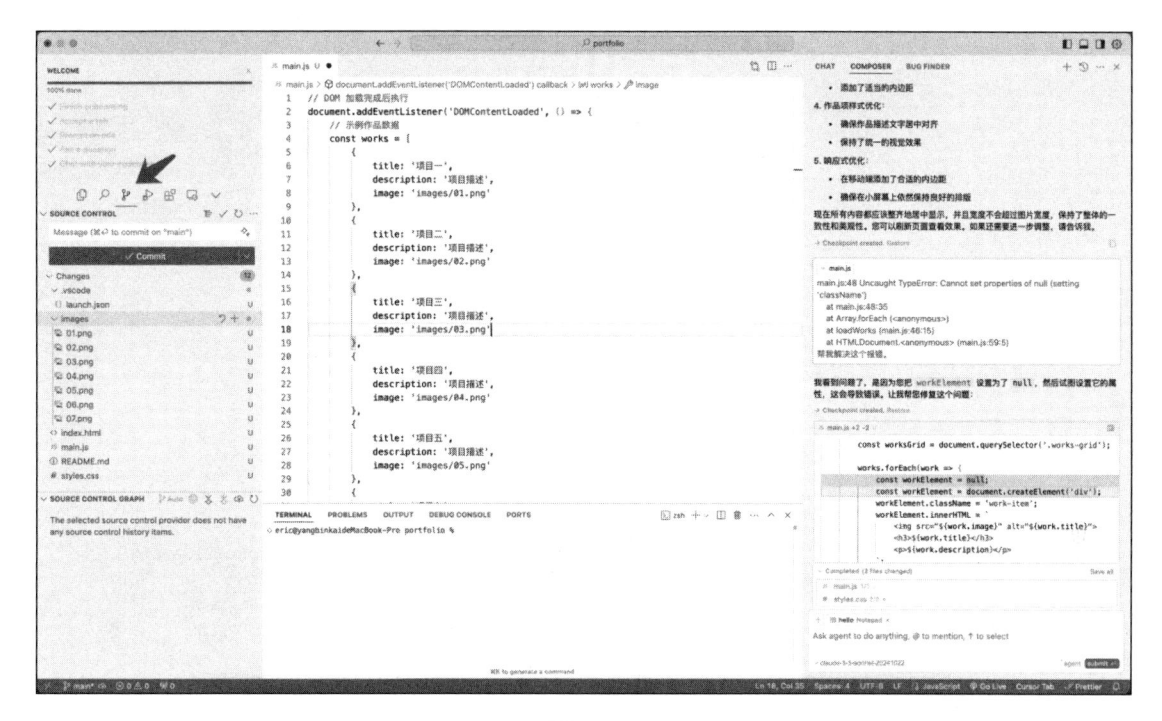

图 4-57

在这里可以看到，基于上次版本产生的变更都在 Changes 目录下，包括新增的文件、图和修改的文件内容。我们需要进行 Commit 操作，将变更提交到本地仓库。当光标悬浮在待提交的文件上时，会出现如图 4-58 所示的几个图标。第一个图标用于打开文件，可以在代码编辑区查看文件内容；第二个图标用于回退变更，单击该图标后文件会还原到上一个版本（如果是新文件则会被删除，所以需谨慎使用）；加号图标用于将变更文件添加到暂存区（Stage area）。暂存区是 Git 中的一个过渡阶段。它让我们在将文件提交到本地仓库之前有一次确认的机会。

我们将这些文件加入暂存区。在这里可以对某个文件进行操作，也可以把光标悬浮到 Changes 目录上，针对下属的所有文件、目录做统一操作，如图 4-59 所示。我们把所有的文件都加入暂存区。

这样一来，Changes 目录下的内容就不见了，取而代之的是 Staged Changes 目录下多了很多内容，如图 4-60 所示。

图 4-58

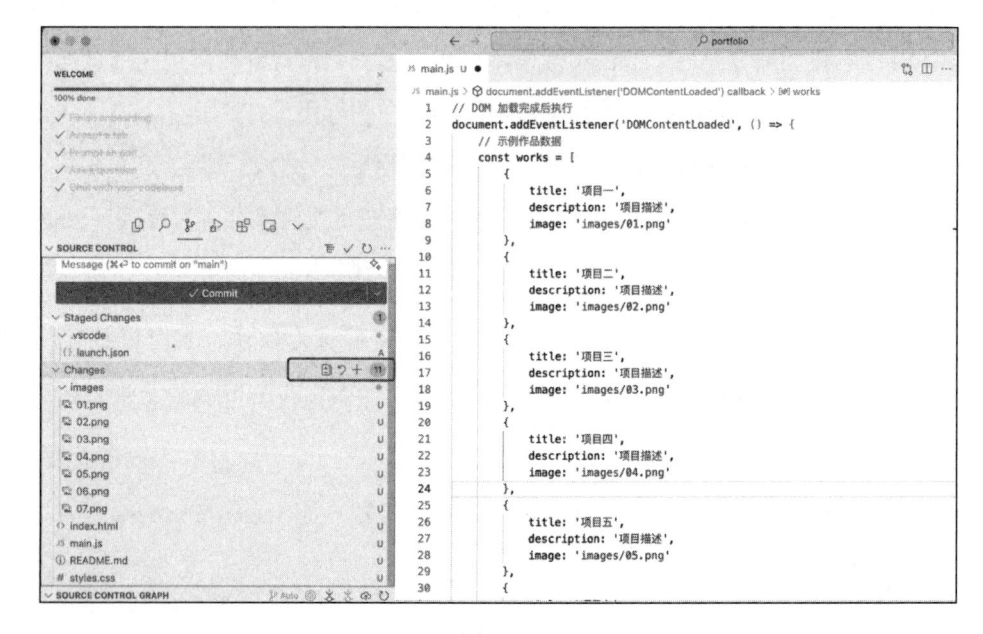

图 4-59

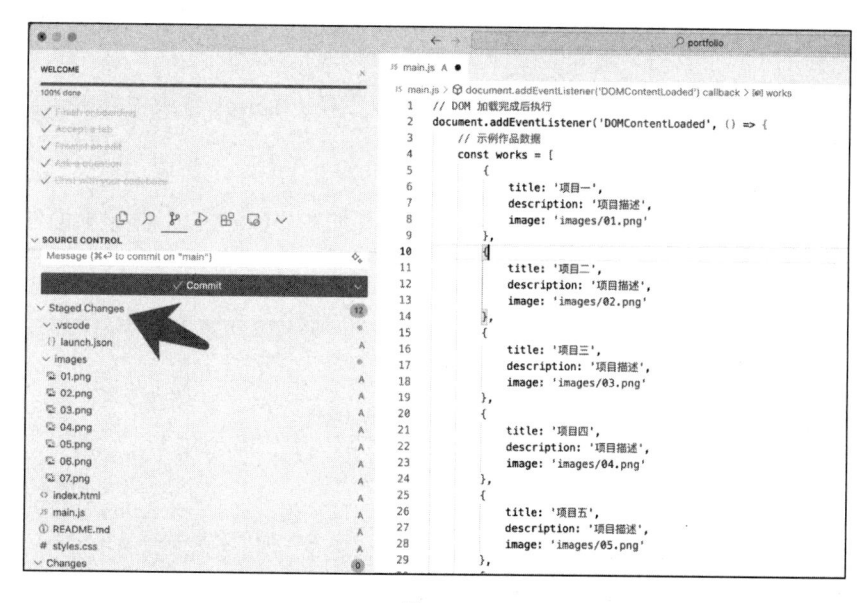

图 4-60

前面说过，暂存区是一个二次确认的地方，如果在这时反悔了，不想提交某些变更内容，那么可以将其从暂存区中退出，如图 4-61 所示。我将光标悬浮在某个文件上，就会出现这几个图标。

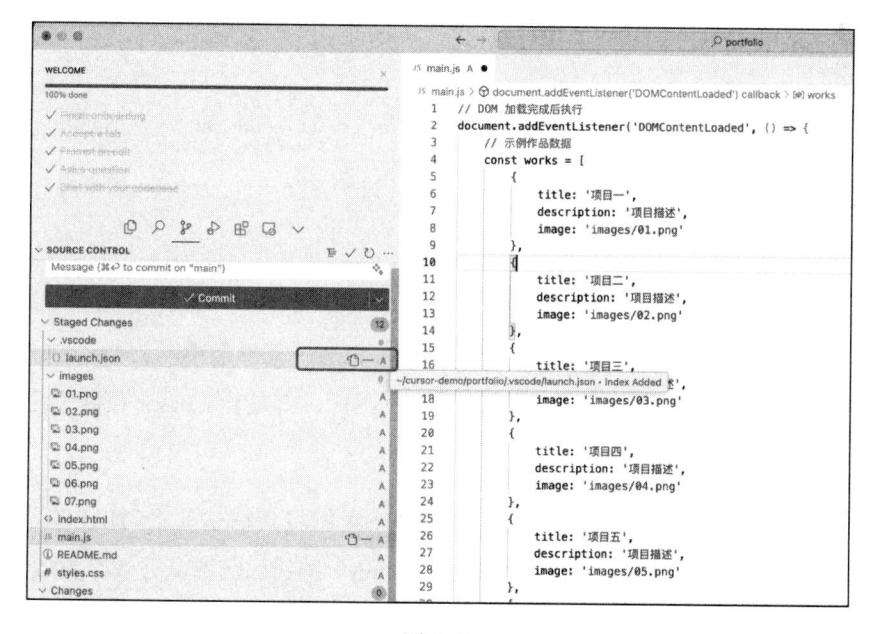

图 4-61

第一个图标用于打开文件，它的功能和之前 Changes 目录下的功能一致，我们不赘述了。它旁边的减号图标用于退出暂存区。这样，你就又可以在 Changes 目录中看到退出的文件了。

接下来，我们需要把暂存区的所有内容都提交到本地仓库，这需要用到"Commit"按钮。Git 要求在每次提交时都需要给出一定的文字说明，我们在"Commit"按钮上面的输入框内写上本次修改的相关信息，如图 4-62 所示。

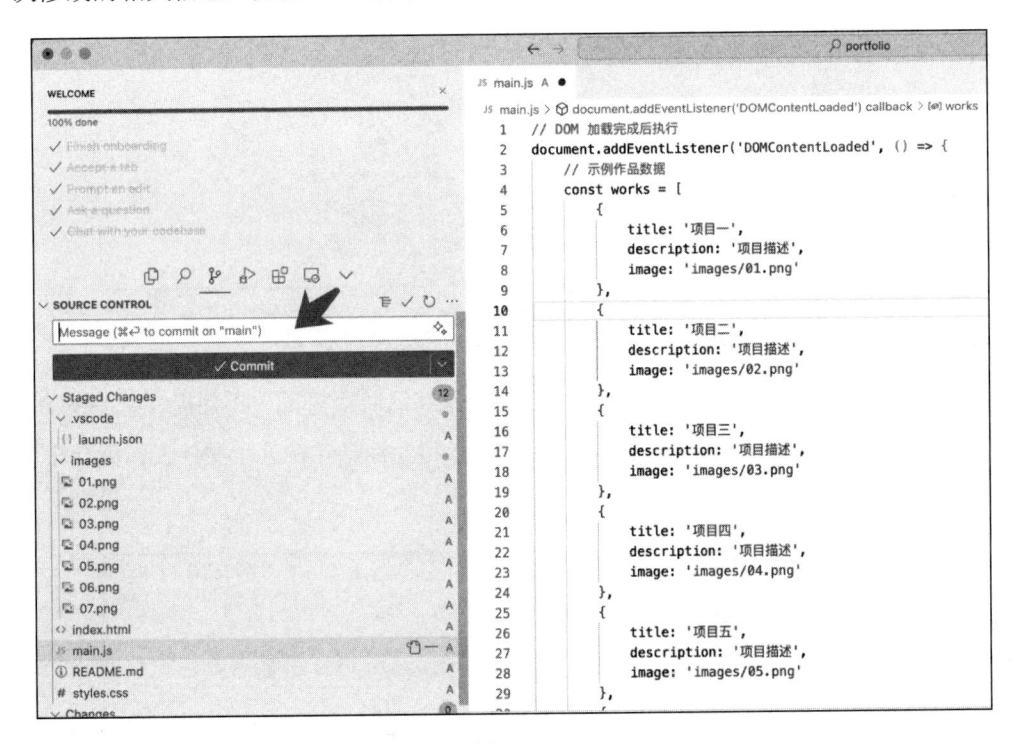

图 4-62

不用长篇大论，只需要描述清楚你都做了哪些事情。比如，实现了什么新功能、消除了什么 Bug 或者优化了哪些模块等。如果你实在不知道怎么写，或者懒得写，那么也可以让 Cursor 代劳。在"commit message"输入框的右边，有一个图标，就是让 Cursor 帮我们生成提交信息的，如图 4-63 所示。

不过，这里生成的内容是英文的，但是也好办。我们将其粘贴到"CHAT"面板的对话框中，让 Cursor 将其翻译成中文。最后，单击"Commit"按钮，就完成了本次提交，如图 4-64 所示。

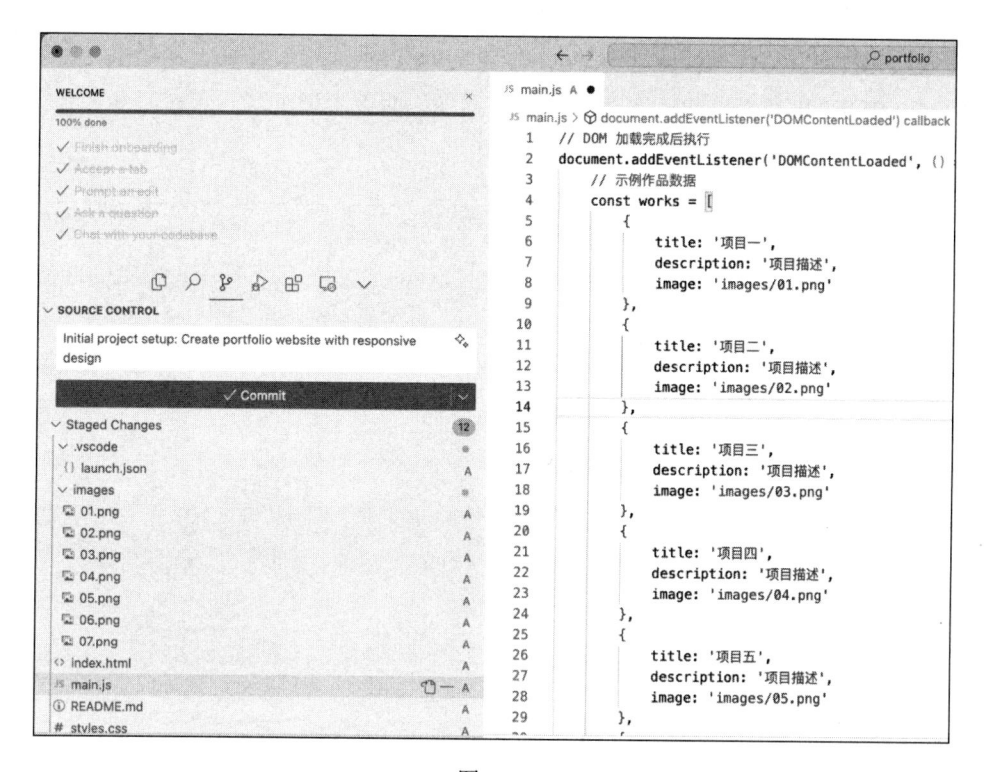

图 4-63

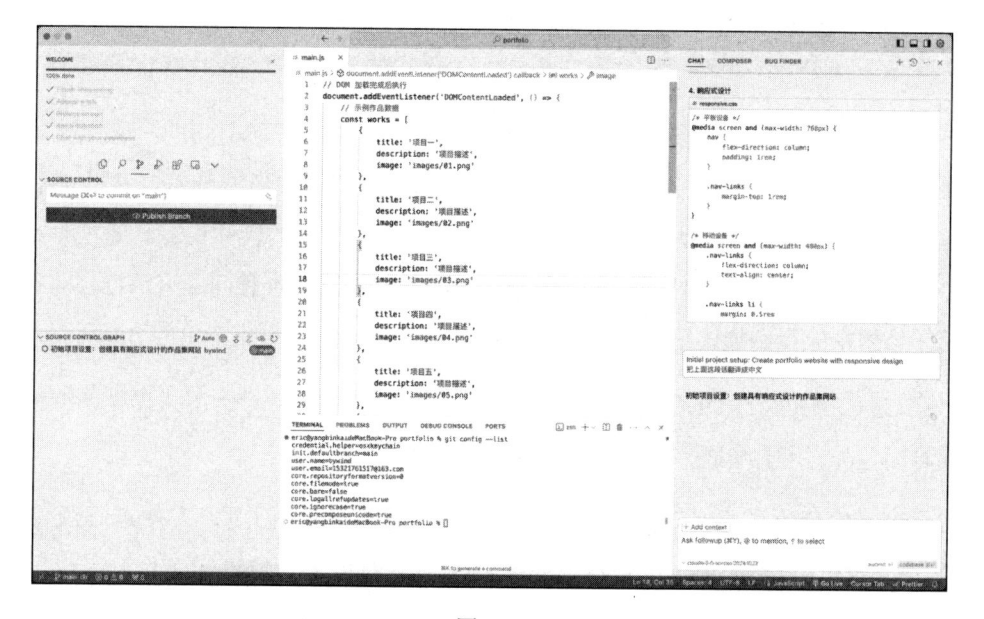

图 4-64

在你提交完毕后，Changes 目录和 Staged Changes 目录的内容就都不存在了，而是在下方的"SOURCE CONTROL GRAPH"（版本控制路线图）面板中增加了一条新记录。其标题就是我们刚才编写的"commit message"，如图 4-65 所示。

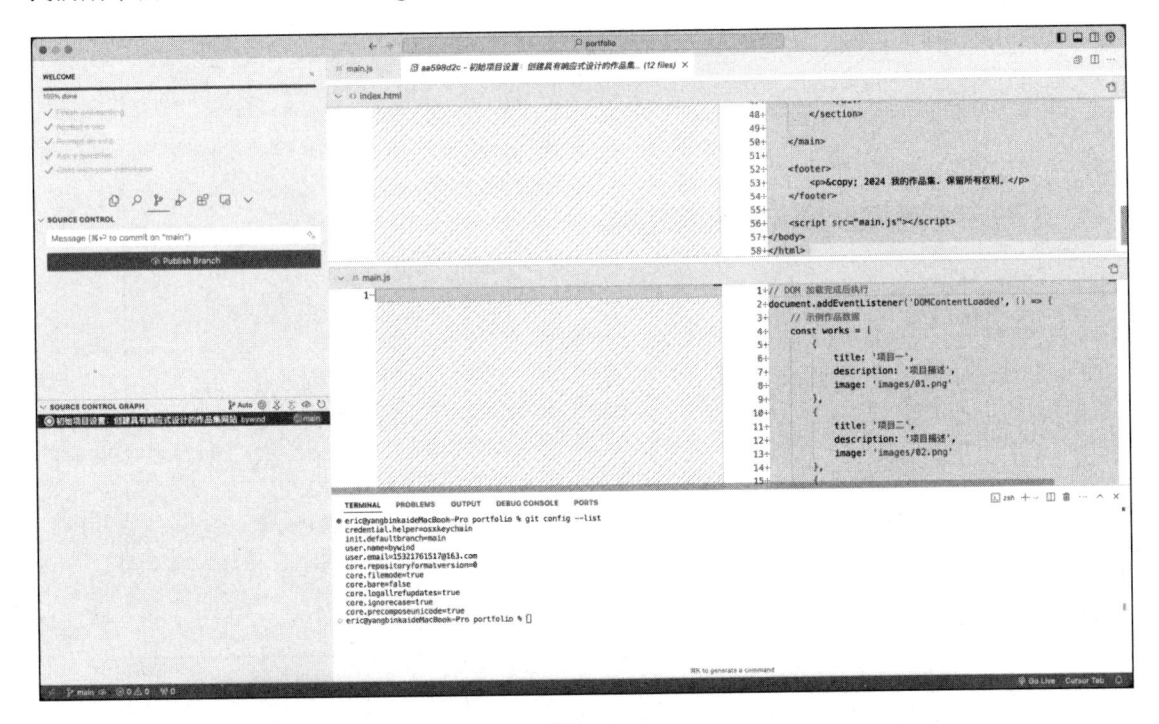

图 4-65

当单击每条提交记录时，在代码编辑区都会显示提交记录中所有变更文件的前后版本对比。这样一个 DIFF 视图，可以让我们清晰地了解每次代码变更的具体内容。通过对比视图，我们可以逐行查看代码的修改、添加和删除情况，这对于代码审查和问题追踪特别有帮助。这种直观的差异展示让我们能够更好地理解代码演进的过程，确保每次变更的合理性。

在"SOURCE CONTROL"（版本控制）面板中，我们还可以看到每次提交的详细信息，包括提交时间、作者和具体的代码变更内容，如图 4-66 所示。

通过这种可视化的方式，我们可以清晰地了解项目的演进历史，方便进行版本回溯和代码审查。对于团队协作来说，这种直观的版本控制页面极大地提高了工作效率。

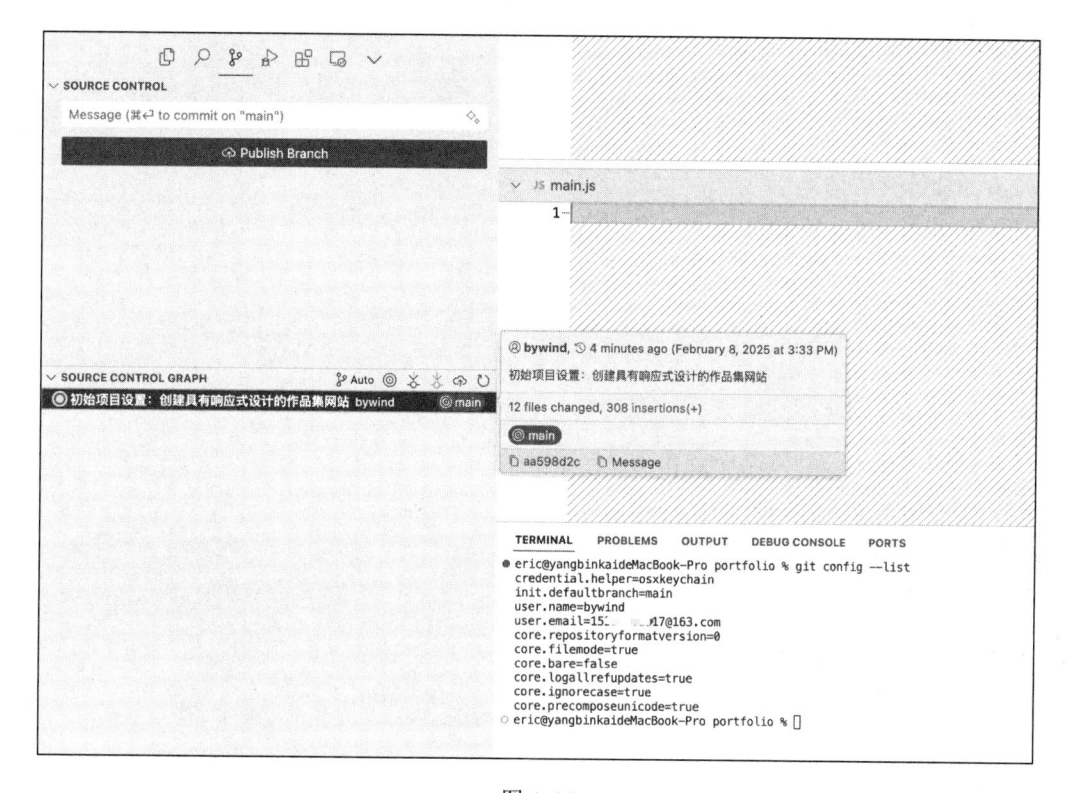

图 4-66

4.5　项目优化

到这里，我们已经完成了个人作品集网站项目的基础部分。虽然核心的作品展示功能已经实现，但还有许多值得细化和充实的地方。

作为练习作业，建议你完成以下功能模块。

1. "关于"模块的实现

（1）添加个人简介和展示技能。

（2）设计专业经历时间线。

（3）整合个人成就和展示证书。

2. "联系"模块的实现

（1）创建联系表单，包含姓名、邮箱和留言功能。

（2）添加社交媒体链接。

（3）集成地图显示位置信息。

3. 项目整体优化建议

（1）添加页面过渡动画效果。

（2）进一步优化移动端响应式布局。

（3）实现深色、浅色模式切换功能。

（4）添加多语言支持（中文、英文等）。

在实现这些功能模块时，你可以充分运用已学到的以下技能。

（1）使用 Cursor 生成基础代码框架。

（2）让 Cursor 协助解决开发过程中遇到的技术难题。

（3）使用 Cursor 优化代码结构和性能。

（4）使用 Cursor 生成注释和文档。

完成这些扩展功能不仅能让你的个人作品集更加完整和专业，还能帮助你在实践中掌握更多 Cursor 的高级用法。在开发过程中遇到的问题和解决方案，都是宝贵的学习资源，能帮助你更好地理解如何利用 Cursor 提高开发效率。

实战篇

第 5 章 Cursor 项目进阶：销售数据分析（后端 Python 部分）

之前已经展示了如何通过自然语言让 Cursor 生成代码。不过，这些基础的代码生成功能只是 Cursor 强大能力的冰山一角。在本章中，我们将深入介绍 Cursor 更高级的代码生成特性，包括如何处理复杂的业务逻辑、如何生成完整的项目结构，以及如何让 Cursor 更准确地理解我们的开发需求。通过掌握这些进阶技巧，你将能够更好地利用 Cursor 提高开发效率。

在本章中，我们将通过一个 Python 项目来展示 Cursor 的高级代码生成功能。这个项目将涵盖从数据处理到 Web API 开发的多个方面，让你能够全面了解 Cursor 在复杂项目开发中的应用。通过这个实例，你将学习如何更有效地利用 Cursor 来处理真实世界的编程挑战。

5.1 项目简介

本项目名为 SalesAnalyzer。它是一个基于 Python 开发的销售数据分析系统，旨在高效处理和分析销售数据。该系统通过读取 CSV 文件中的销售数据，使用 Pandas 库进行数据清洗、汇总和统计，自动计算各产品及区域的销售总额。同时，我还设计了一套规则体系，能根据统计结果匹配合适的促销策略与优惠折扣，为制定营销方案提供决策支持。

我计划将 SalesAnalyzer 设计为前后端分离的项目，后端专注于业务逻辑处理，前端负责数据可视化展示。前端页面将采用 Vue.js 框架开发，结合图表库展示各类销售数据分析结果。通过直观的图表和数据面板，用户可以快速掌握销售趋势和关键指标。

本项目使用 FastAPI 框架构建 RESTful API，提供销售概况、产品详情、区域销售汇总和智能折扣建议等多个数据查询 API。项目架构清晰地分为数据处理层、业务逻辑层和 API 层，便于后期扩展和维护。

　　SalesAnalyzer 不仅能清晰地展示销售数据，还展现了数据处理、业务逻辑和 Web API 的完美结合。这个系统也是 Cursor 自动生成代码在实际项目中应用的典范。坦白地说，我本身是一名 Java 程序员，虽然懂一些 Python 语言，但在实际工作中用得很少，主要在做一些小项目时才会用。至于 Pandas、FastAPI 这些 Python 框架，我也只是听说过，从未实际使用过。前端的 Vue.js 框架就更没用过。不过，有了 Cursor 这个强大的 AI 辅助编程助手，我完全不用担心这些技术栈的问题。通过与 Cursor 的对话交互，我可以快速学习和掌握这些框架的使用方法。这种边学边做的方式不仅帮助我快速完成项目开发，还能让我在实践中积累宝贵的经验。

5.2　后端Python项目搭建

　　首先，我们来实现这个项目的后端部分。我们将使用 Python 和 FastAPI 框架来构建一个强大的 RESTful API 服务。

5.2.1　高效沟通的技巧

　　在与 Cursor 进行有效沟通时，以下几点技巧尤为重要。

1. 明确描述需求

　　在向 Cursor 描述需求时，应该尽可能具体和清晰，需要详细说明项目背景和目标，明确指出使用的技术栈和框架版本，提供具体的功能描述和预期结果，说明性能要求和限制条件。

2. 分步骤引导

　　需要将复杂的开发任务分解为多个小步骤，逐步引导 Cursor 完成：先让 Cursor 生成基础框架，然后逐步添加具体功能，最后进行优化和完善。

3. 提供上下文信息

在请求帮助时，需要提供以下必要的上下文信息：相关代码片段、错误信息、已尝试过的解决方案、项目的具体约束条件。

4. 迭代优化

需要通过持续地对话来优化代码：对生成的代码进行审查、提出具体的修改建议、要求 Cursor 解释关键逻辑、循序渐进地完善功能。

5. 有效反馈

需要为 Cursor 提供以下清晰的反馈意见：指出代码中的具体问题、说明期望的修改方向、确认是否满足需求、提供实际运行结果。

掌握这些沟通技巧，能够显著提高与 Cursor 协作的效率，获得更好的开发体验。在实际项目开发中，良好的沟通不仅能帮助我们更快地获得所需的代码，还能确保生成的代码更符合项目需求。你在与 Cursor 沟通时，可以时不时地回看前面总结的技巧，我也会在后续的项目实战过程中践行这些技巧。

5.2.2 项目结构

首先，我们需要创建一个清晰的项目结构，这里包含了各个包、组件，以及用到的 Python 框架、技术选型。但是我对 Python 的数据分析框架和 Web 框架不熟悉。这时，我们可以询问 Cursor，让它来推荐。我们在 AI 对话区打开"CHAT"面板，然后告诉 Cursor 我们想要做什么事情，如图 5-1 所示。提示词如下。

```
我需要开发一个销售数据分析系统，主要功能包括数据处理、统计分析和 API。
请推荐合适的 Python 框架和技术栈，并帮助我搭建基础项目结构。
系统需要处理 CSV 格式的销售数据，进行数据清洗和分析，最后通过 Web API 框架提供查询 API。
请帮我细化开发步骤，以便后续和你沟通时，能够一步一步实现。
```

可以看到，Cursor 很快就给出了技术方案和开发步骤，如图 5-2 所示。

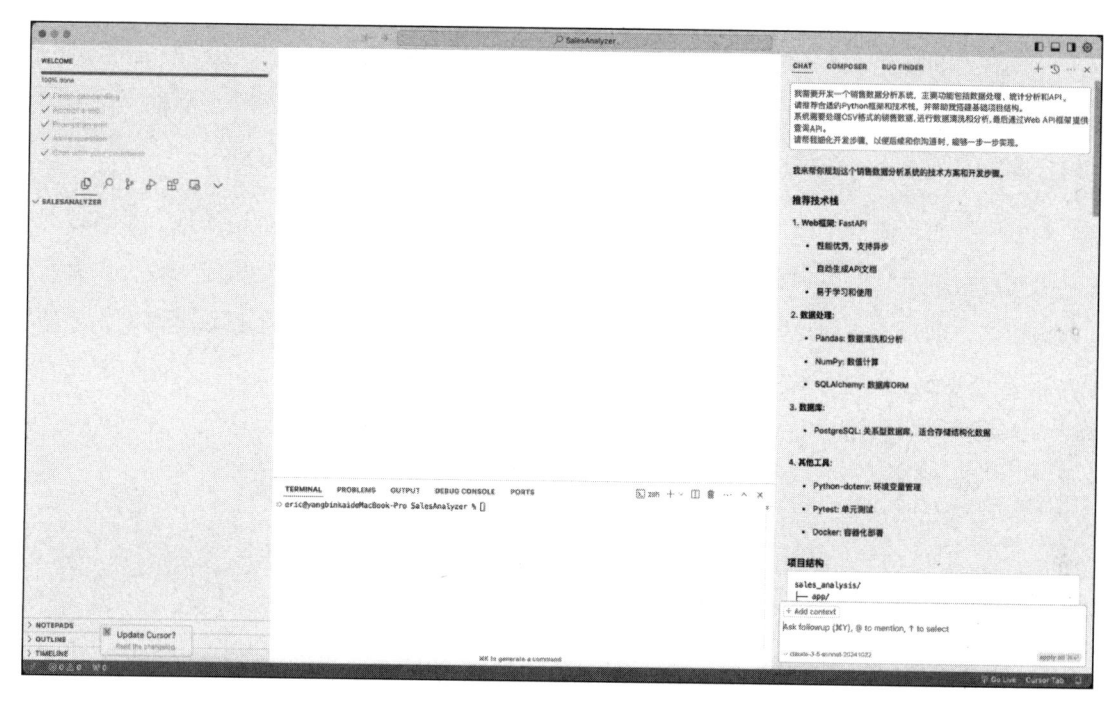

图 5-1

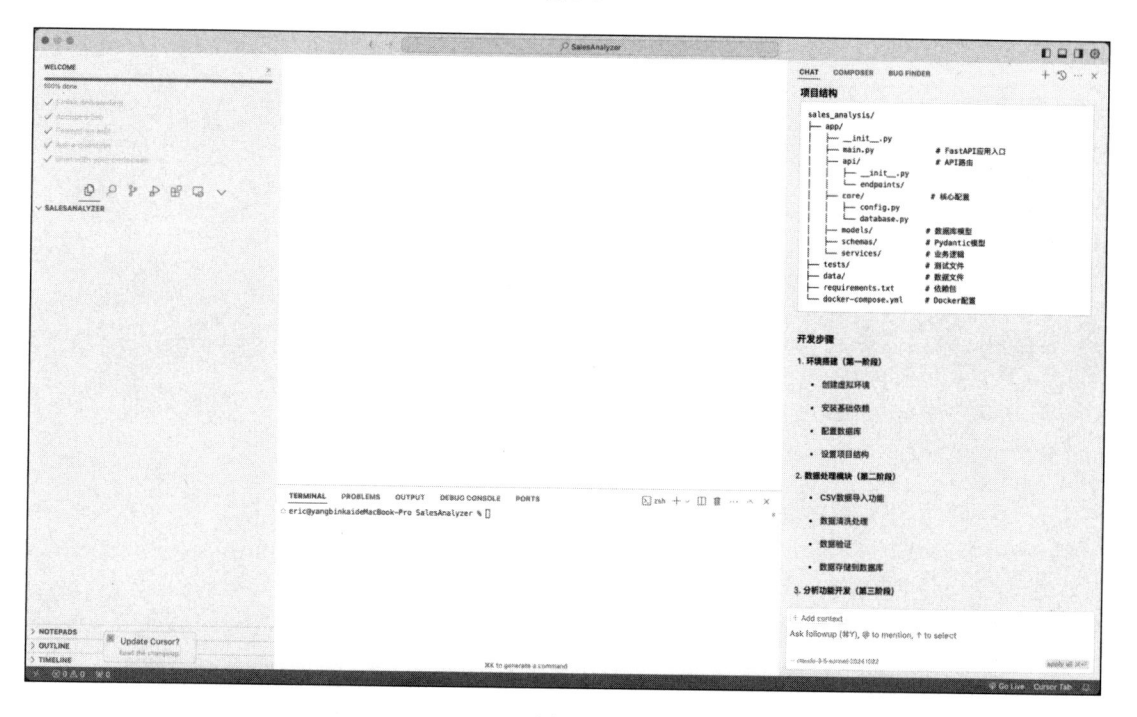

图 5-2

"CHAT"面板提供了一种交互式、多轮对话场景。与"COMPOSER"面板最大的不同是，在"CHAT"面板中，Cursor 不会修改任何代码，而是预演可能需要修改什么文件、可能需要用到什么技术等，所以在使用"CHAT"面板时，我们完全不必有任何负担。

你可以把它当成一个结伴编程的老大哥，有啥不懂的，或者觉得不合适的地方都可以对它说。比如，它希望我们用到 PostgreSQL 和 Docker 这两项技术。我本人觉得没必要，因为我暂时只想让这个项目在本地电脑运行，而且我的本地电脑已经安装了 MySQL 数据库，我希望它可以沿用。现在，我对它提要求，让它按照我的想法来改。提示词如下：

```
感谢你的建议！不过我想做一些调整：
1. 我希望使用 MySQL 而不是 PostgreSQL，因为我在本地电脑已经安装了 MySQL
2. 暂时不需要 Docker，我们先在本地开发运行即可
3. 其他的技术选型都很好，我们继续使用 FastAPI 和 Pandas

请帮我调整项目结构和依赖配置来适配这些变更内容。
```

Cursor 很快就做出了调整。从它的回应中可以看到，Cursor 不仅能够理解我们的需求变更，还能够灵活地调整建议，这正是 Cursor 最宝贵的特质之一。

以下内容是我截取的对话原文。

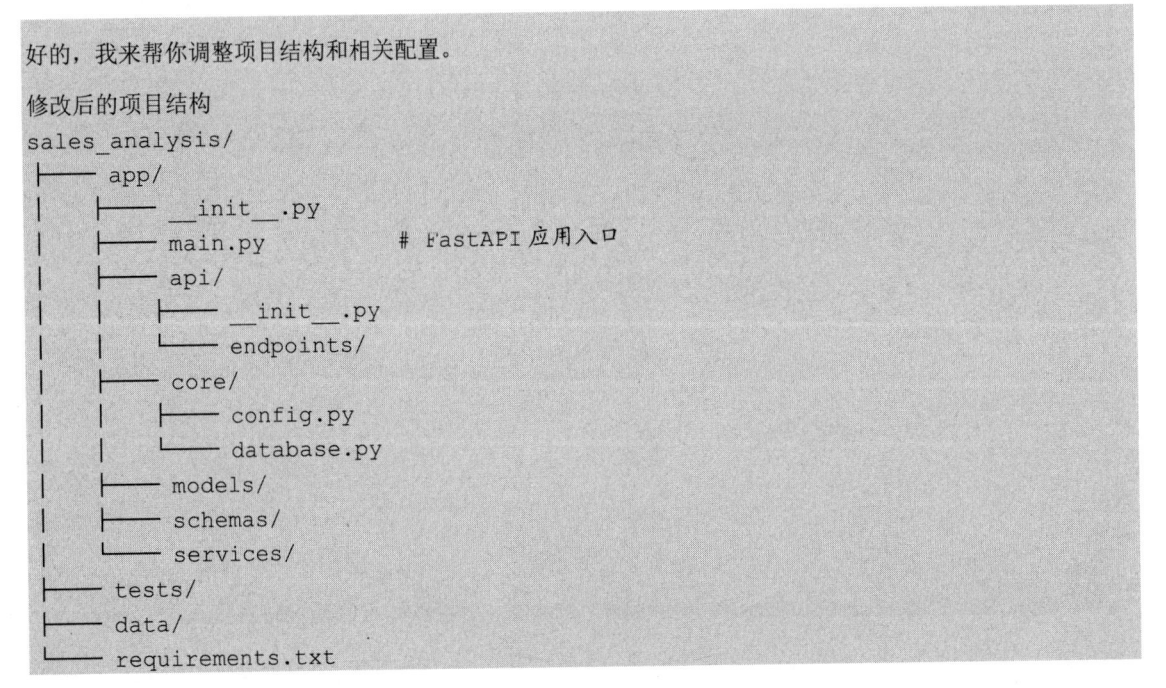

```
好的，我来帮你调整项目结构和相关配置。
修改后的项目结构
sales_analysis/
├── app/
│   ├── __init__.py
│   ├── main.py              # FastAPI 应用入口
│   ├── api/
│   │   ├── __init__.py
│   │   └── endpoints/
│   ├── core/
│   │   ├── config.py
│   │   └── database.py
│   ├── models/
│   ├── schemas/
│   └── services/
├── tests/
├── data/
└── requirements.txt
```

依赖配置

创建 `requirements.txt` 文件：

```
fastapi>=0.104.0
uvicorn>=0.24.0
pandas>=2.1.0
numpy>=1.24.0
sqlalchemy>=2.0.0
mysqlclient>=2.2.0
python-dotenv>=1.0.0
pydantic>=2.4.0
pytest>=7.4.0
```

基础配置文件

创建环境变量文件 `.env`：

```
DATABASE_URL=mysql://user:password@localhost:3306/sales_db
API_V1_STR=/api/v1
PROJECT_NAME=sales_analysis
```

更新数据库配置：

```python
from pydantic_settings import BaseSettings
from typing import Optional

class Settings(BaseSettings):
    PROJECT_NAME: str = "销售数据分析系统"
    API_V1_STR: str = "/api/v1"
    DATABASE_URL: str = "mysql://user:password@localhost:3306/sales_db"

    class Config:
        env_file = ".env"

settings = Settings()
```

修改数据库连接配置：

```python
from sqlalchemy import create_engine
from sqlalchemy.ext.declarative import declarative_base
from sqlalchemy.orm import sessionmaker
from app.core.config import settings
```

```python
# 为MySQL添加字符集配置
SQLALCHEMY_DATABASE_URL = settings.DATABASE_URL
engine = create_engine(
    SQLALCHEMY_DATABASE_URL,
    pool_pre_ping=True,
    pool_recycle=3600,
    # MySQL特定配置
    connect_args={
        "charset": "utf8mb4"
    }
)

SessionLocal = sessionmaker(autocommit=False, autoflush=False, bind=engine)
Base = declarative_base()

def get_db():
    db = SessionLocal()
    try:
        yield db
    finally:
        db.close()
```

启动步骤

1. 创建虚拟环境：

```
python -m venv venv
source venv/bin/activate  # Linux/Mac
# 或
venv\Scripts\activate  # Windows
```

2. 安装依赖：

```
pip install -r requirements.txt
```

3. 配置数据库：

- 在MySQL中创建数据库：

```
CREATE DATABASE sales_db CHARACTER SET utf8mb4 COLLATE utf8mb4_unicode_ci;
```

- 修改 `.env` 文件中的数据库连接信息

4. 运行应用：

```
uvicorn app.main:app --reload
```

下一步建议

1. 首先确认 MySQL 的连接配置是否正确
2. 我们可以开始设计销售数据的数据模型
3. 然后实现 CSV 数据导入功能

你想从哪个部分开始？需要我详细说明数据模型的设计吗？

CHAT 只提供了预演，并不会写代码。我们可以让它按照 COMPOSER 能够理解的方式，帮我们生成提示词，然后让 COMPOSER 一步一步实现。提示词如下：

现在的技术选型我很满意。
请帮我把实现细节细化一下，并生成 COMPOSER 可以理解的提示词，以便后续项目实现

以下是我截取的 Cursor 回复原文，你可以看一下 Cursor 的表现。

我来帮你把项目实现细节拆分成更具体的步骤，并按照实现顺序组织。
1. 基础框架搭建
步骤1.1: 创建项目结构
```
mkdir sales_analysis
cd sales_analysis
# 创建所需目录
mkdir -p app/api/endpoints app/core app/models app/schemas app/services tests data
```
步骤1.2: 创建虚拟环境和安装依赖
```
python -m venv venv
source venv/bin/activate  # Linux/Mac
pip install -r requirements.txt
```
2. 数据模型设计
步骤2.1: 创建基础数据模型
```python
from sqlalchemy import Column, Integer, String, Float, DateTime, ForeignKey
from sqlalchemy.orm import relationship
from app.core.database import Base

class Product(Base):
    __tablename__ = "products"

    id = Column(Integer, primary_key=True, index=True)
    name = Column(String(100), nullable=False)
    category = Column(String(50))
    price = Column(Float, nullable=False)
```

```python
class Sale(Base):
    __tablename__ = "sales"

    id = Column(Integer, primary_key=True, index=True)
    product_id = Column(Integer, ForeignKey("products.id"))
    quantity = Column(Integer, nullable=False)
    sale_date = Column(DateTime, nullable=False)
    total_amount = Column(Float, nullable=False)
```
3. 数据处理服务
步骤3.1：CSV数据处理服务
```python
import pandas as pd
from sqlalchemy.orm import Session
from app.models.sales import Product, Sale
from datetime import datetime

class DataProcessor:
    @staticmethod
    def process_csv(file_path: str, db: Session):
        df = pd.read_csv(file_path)
        # 数据清洗和转换逻辑
        # 将处理后的数据保存到数据库
```
4. API开发
步骤4.1：创建API路由
```python
from fastapi import APIRouter, Depends, HTTPException
from sqlalchemy.orm import Session
from app.core.database import get_db
from app.services.data_processor import DataProcessor

router = APIRouter()

@router.get("/sales/summary")
def get_sales_summary(db: Session = Depends(get_db)):
    # 实现销售汇总统计
    pass

@router.get("/sales/trend")
def get_sales_trend(start_date: str, end_date: str, db: Session = Depends(get_db)):
    # 实现销售趋势分析
    pass
```
5. 数据分析服务
步骤5.1：创建分析服务
```python
import pandas as pd
```

```python
from sqlalchemy.orm import Session
from app.models.sales import Sale, Product

class SalesAnalytics:
    @staticmethod
    def calculate_summary(db: Session):
        # 实现销售汇总统计逻辑
        pass

    @staticmethod
    def analyze_trends(db: Session, start_date: str, end_date: str):
        # 实现销售趋势分析逻辑
        pass
```

实现顺序和提示词

1. 设置项目基础结构

请帮我创建 sales_analysis 项目的基础目录结构，包括所有必要的空文件。

2. 创建数据库配置

请帮我实现 MySQL 数据库配置文件，包括 database.py 和 config.py，需要支持环境变量配置。

3. 实现数据模型

请帮我实现销售数据分析系统的 SQLAlchemy 数据模型，包括产品表和销售记录表。

4. 实现数据处理服务

请帮我实现 CSV 数据处理服务，包括数据清洗和导入数据库的功能。

5. 实现 API 路由

请帮我实现销售数据分析系统的 FastAPI 路由，包括数据导入、查询和分析 API。

6. 实现数据分析服务

请帮我实现销售数据分析服务，包括销售汇总、趋势分析等功能。

测试数据示例

创建示例 CSV 文件 `data/sample_sales.csv`：

```
product_id,product_name,category,price,quantity,sale_date
1,产品A,电子,99.9,2,2024-01-01
2,产品B,服装,199.9,1,2024-01-02
```

下一步建议

1. 我们可以从创建项目基础结构开始
2. 然后实现数据库配置
3. 接着是数据模型的实现

你想从哪个部分开始？每个步骤我都可以提供详细的代码实现。

5.2.3 代码生成

接下来,我们打开"COMPOSER"面板开始进行生成代码的工作。由于"CHAT"面板后续可能会用于其他场景的对话,因此我们把它的生成步骤复制并粘贴到"NOTEPADS"中,如图 5-3 所示。

图 5-3

这是 Cursor 新添加的功能,用于做一些文字记录和上下文复用。在 5.3.1 节会详细介绍它的使用技巧,在此暂时不展开介绍。新建一个 Notepad,取名为"chat message"。然后,我们复制"CHAT"面板中给出的实现步骤,粘贴到这个 Notepad 里。我们在"COMPOSER"面板中分步实现时,就可以随时打开 Notepad 进行查看了。

我们先让 Cursor 帮我们创建代码结构。提示词如下。

```
请帮我创建 sales_analysis 项目的基础目录结构,包括所有必要的空文件。
目录是这样的:
sales_analysis/
├── app/
```

```
|   ├── __init__.py
|   ├── main.py              # FastAPI 应用入口
|   ├── api/
|   |   ├── __init__.py
|   |   └── endpoints/
|   ├── core/
|   |   ├── config.py
|   |   └── database.py
|   ├── models/
|   ├── schemas/
|   └── services/
├── tests/
├── data/
└── requirements.txt
```

其中 requirements.txt 内部的依赖是这样的：

```
fastapi>=0.104.0
uvicorn>=0.24.0
pandas>=2.1.0
numpy>=1.24.0
sqlalchemy>=2.0.0
mysqlclient>=2.2.0
python-dotenv>=1.0.0
pydantic>=2.4.0
pytest>=7.4.0
```

在输入完毕后，Cursor 很快给出了响应结果。我们在执行命令时要记得选择 agent 模式。这样，Cursor 会帮助我们执行一些命令，比如创建文件夹等，如图 5-4 所示。

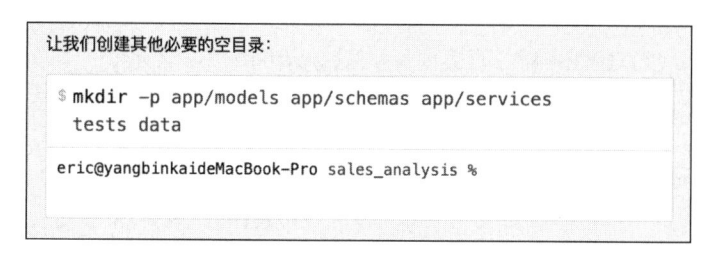

```
让我们创建其他必要的空目录：

$ mkdir -p app/models app/schemas app/services
  tests data
eric@yangbinkaideMacBook-Pro sales_analysis %
```

图 5-4

此时，Cursor 已经生成了对应的完整目录结构、配置代码等，如图 5-5 所示。

很多人看到这里，可能会有疑问，明明我们可以直接在"COMPOSER"面板中与 Cursor 对话，为什么还要先在"CHAT"面板中做一次预演呢？这个问题很好！通过在"CHAT"面板中进行预演,我们可以更好地梳理项目的整体结构和实现步骤,让后续的代码生成更加有条理和准确。"CHAT"面板就像我们的项目规划助手,帮助我们在正式开发前厘清思路,避免在实际编码时走弯路。同时,这种预演也让我们能够提前发现潜在问题,生成更精准的提示词,以便在"COMPOSER"面板中使用。

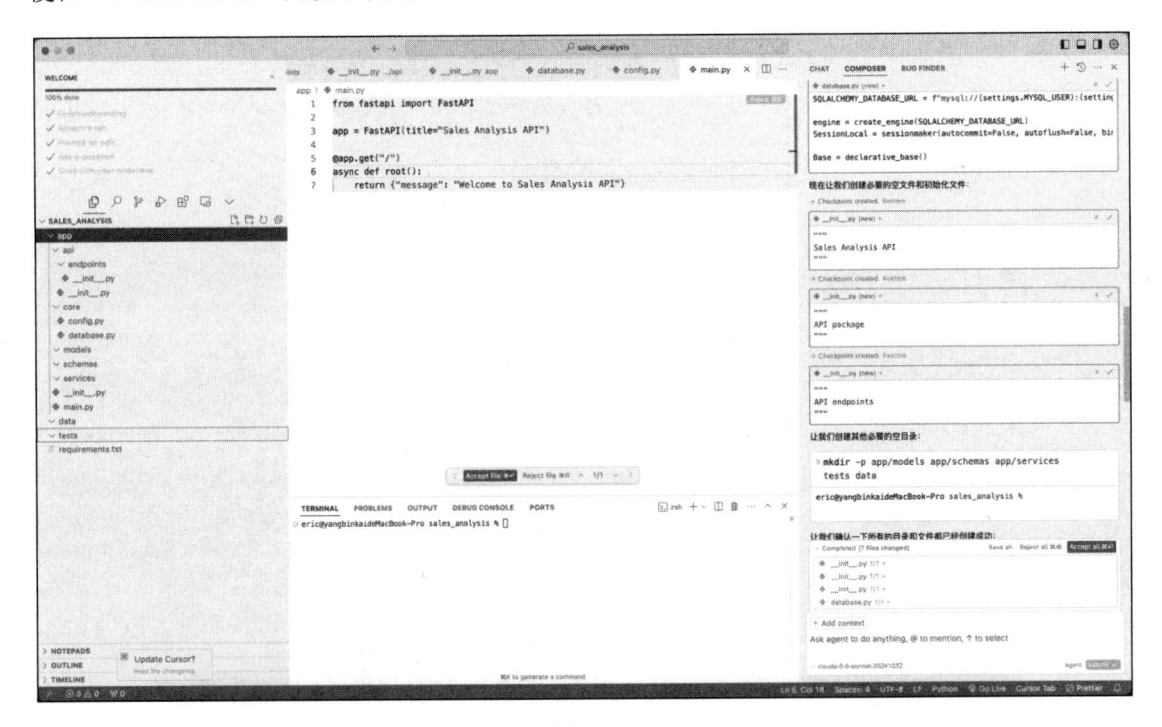

图 5-5

假设我刚才在"COMPOSER"面板中输入的提示词如下。

请帮我创建 sales_analysis 项目的基础目录结构,包括所有必要的空文件。

它就会生成一套全新的技术方案和实现步骤,就连项目文件结构也和在"CHAT"面板中生成的不一样。所以,为了限制或者说规范"COMPOSER"面板的生成内容,我们需要把在"CHAT"面板中已经确定好的内容尽可能多地输入"COMPOSER"面板中。

另外,在涉足一些新技术、新领域时,我们不知道应该怎么去做一个项目,因为一切都是未知的。利用"CHAT"面板可以把庞大的项目拆分成一个一个的小项目。这种方式不仅让我们的开发更有条理,还能帮助我们更好地理解和掌握新技术。通过"CHAT"面板中的预演,我们可以提前发现潜在的技术难点和实现细节,为后续的代码编写做好充分准备。这也是一种非常实用的学习方法，特别适合初学者在面对陌生技术栈时使用。

5.2.4 修改配置信息

前面已经提到，我在本地电脑已经安装了 MySQL 数据库。现在，我需要做的就是告诉 Cursor 我的真实的 MySQL 用户名和密码，让它来修改连接信息。我可以这样对 Cursor 说，提示词如下。

```
以下是我的真实的MySQL连接信息，请帮我做对应文件的修改
localhost:3306
用户名：root
密码：root
```

在执行完毕后，可以看到 Cursor 找到了目标文件，并做出了相应的修改，如图 5-6 所示。

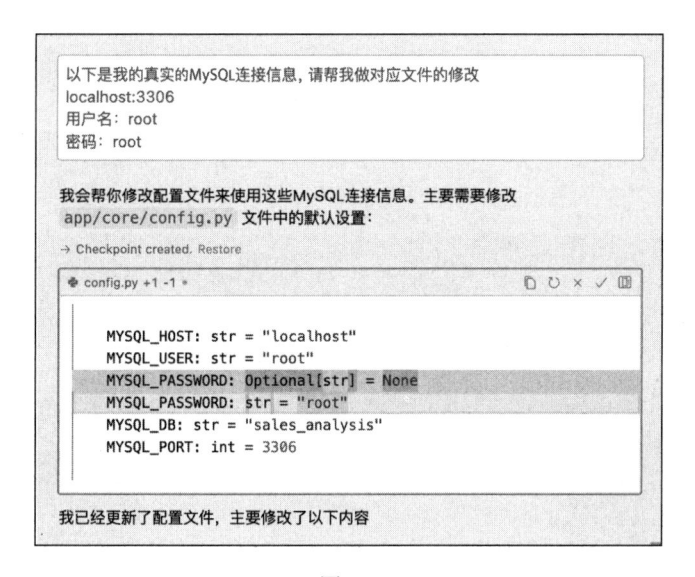

图 5-6

接下来，我们应用 Cursor 的修改。

打开 MySQL 数据库管理软件 Navicat，新建一个名为 "sales_analysis" 的数据库，如图 5-7 所示。

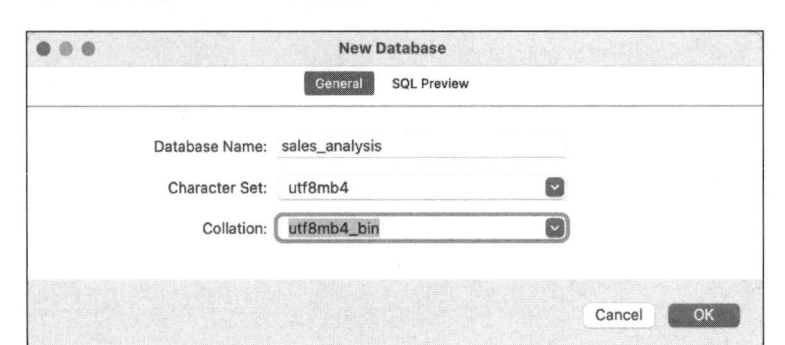

图 5-7

5.2.5 搭建运行环境

后端项目的运行需要 Python 环境。我们先从 Python 官网下载并安装 Python。

如图 5-8 所示，我们将光标悬浮于"Downloads"菜单上，就可以看到适合本机系统的下载按钮了。

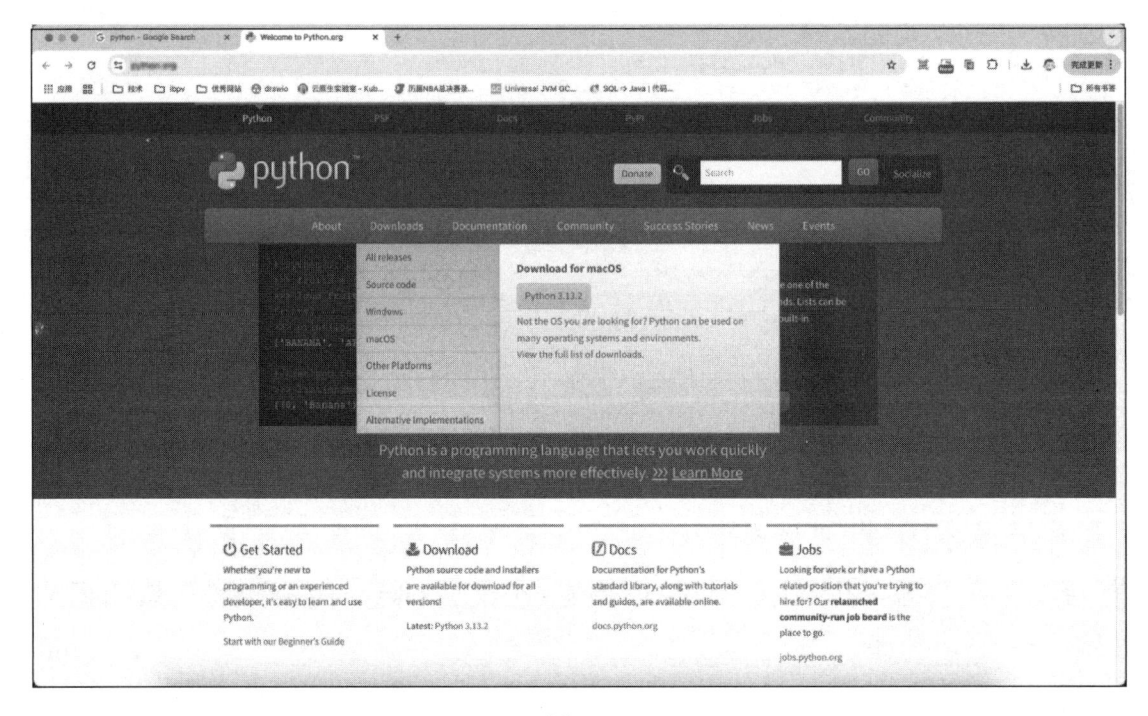

图 5-8

将 Python 下载到本地，然后跟随安装指引进行安装即可，如图 5-9 所示。

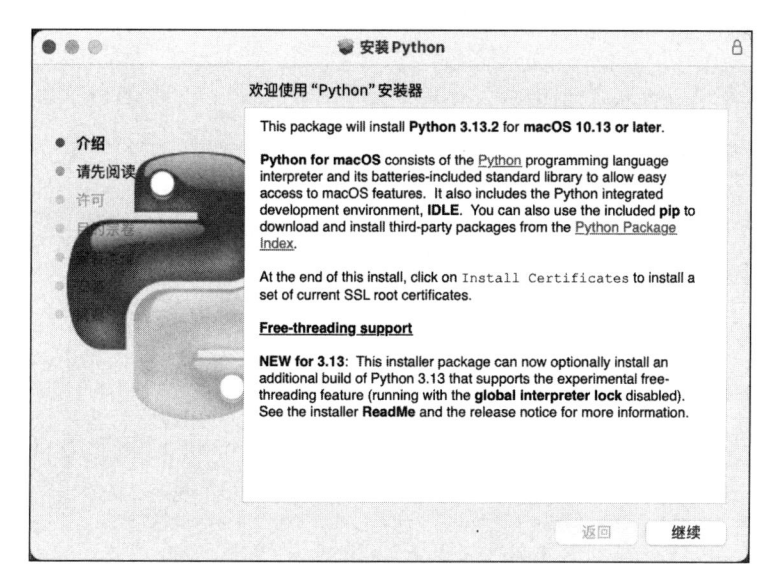

图 5-9

在安装完毕后，我们需要在控制台查看 Python 的安装情况，如果看到类似于图 5-10 所示的输出内容，就证明已经安装成功了。

图 5-10

这里分享一个小技巧。我下载完 Python 并安装后打开控制台，一开始输入的是"python"，但是系统提示找不到这个命令，如图 5-11 所示。

图 5-11

接下来，我直接把这段系统提示信息输入 Cursor。注意：我此时打开的是"COMPOSER"面板，并且使用的是 agent 模式。

图 5-12 所示为 Cursor 的输出内容。这种学编程、改 Bug 的体验真的太爽了。

图 5-12

5.2.6　运行后端项目

现在，我们来运行后端项目。按照之前"CHAT"面板中的步骤，我们应该创建一个虚拟的 Python 运行环境。这也是 Python 社区推荐的做法，运行环境和项目是配套的，这样方便管理与区分。我们输入以下提示词：

帮我创建虚拟环境和安装依赖

以下是 Cursor 的回复原文，你可以看一下在"COMPOSER"面板的 agent 模式下，Cursor 可以自行解决遇到的问题，直到最后安装成功。

我来帮你创建虚拟环境并安装依赖。首先让我查看一下项目的依赖文件。
Read file: requirements.txt
好的，我看到了项目的依赖文件。我将帮你执行以下步骤：

1. 创建虚拟环境
2. 激活虚拟环境
3. 安装依赖

让我们开始执行这些命令：

```
python -m venv venv
eric@yangbinkaideMacBook-Pro sales_analysis % python -m venv venv
zsh: command not found: python
eric@yangbinkaideMacBook-Pro sales_analysis %
```

看起来系统没有找到 python 命令。在 macOS 系统中，我们应该使用 python3 命令。让我们修改命令重试：

```
python3 -m venv venv
```

很好，虚拟环境已经创建成功。现在让我们激活虚拟环境并安装依赖：

```
source venv/bin/activate && pip install -r requirements.txt
```

看起来遇到了 SSL 证书验证的问题。这在 macOS 系统中是一个常见问题。让我们先信任 Python 的证书，然后再尝试安装依赖：

```
/Applications/Python\ 3*/Install\ Certificates.command
```

让我们尝试使用 `--trusted-host` 参数来绕过 SSL 验证：

```
pip install --trusted-host pypi.org --trusted-host files.pythonhosted.org -r requirements.txt
```

太好了！所有的依赖都已经成功安装完成。让我们总结一下已完成的操作：
1. 创建了名为 `venv` 的 Python 虚拟环境
2. 激活了虚拟环境
3. 成功安装了所有项目依赖

现在你的开发环境已经准备就绪。每次开始开发时，只需要运行 `source venv/bin/activate` 来激活虚拟环境即可。

需要注意的是，pip 有一个新版本可用。如果你想更新 pip，可以运行：

```
pip install --upgrade pip
```

你还需要其他帮助吗？

对于中间报错过程中控制台输出的错误信息，我就不写出来了，因为它们太长了。但是你应该可以感受到 agent 模式的强大，因为省去了 normal 模式下我们反馈问题的步骤，这又是一个提高效率的手段。

5.2.7　免费版 vs 付费版

接下来，我们询问一下 Cursor 如何运行项目。可是，在我输入完提示词后，Cursor 弹出了如图 5-13 所示的提示。因为我是非 Pro 用户，所以我的免费额度已经用完了。

图 5-13

为了进一步验证这一点，我打开 Cursor 官方网站，单击"Settings"面板。可以看到，Premium models 的 50 次免费额度已经全部消耗完了，gpt-4o-mini 和 cursor-small 模型的 200 次免费额度还没有使用，如图 5-14 所示。

我在写本书时，特地用了一个新邮箱来申请 Cursor 账号。如果你跟着本书的节奏一步一步实操，那么估计也已经遇到了这个免费额度耗尽的问题。

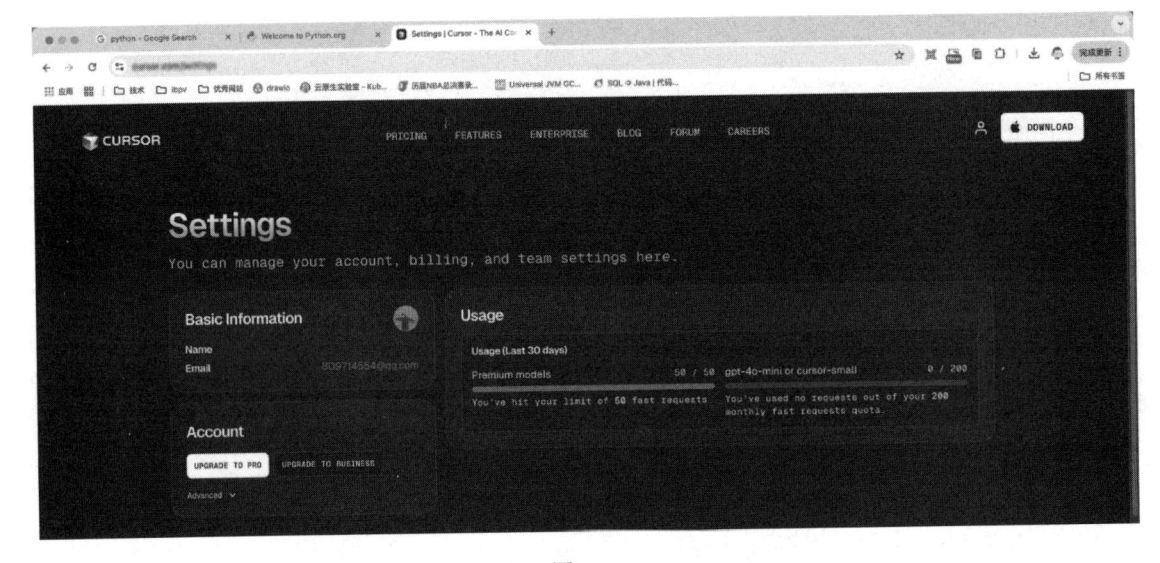

图 5-14

下面来看一下如何解决这个问题。首先，我们来看一下 Cursor 免费版和付费版的区别，如图 5-15 所示。

下载后默认使用的就是 Hobby 套餐。这是可以直接上手使用的，不过有一定的免费额度和使用期限，而且它的推理和代码补全速度是三种套餐中最慢的。下面来看一下如何升级到 Pro 套餐。

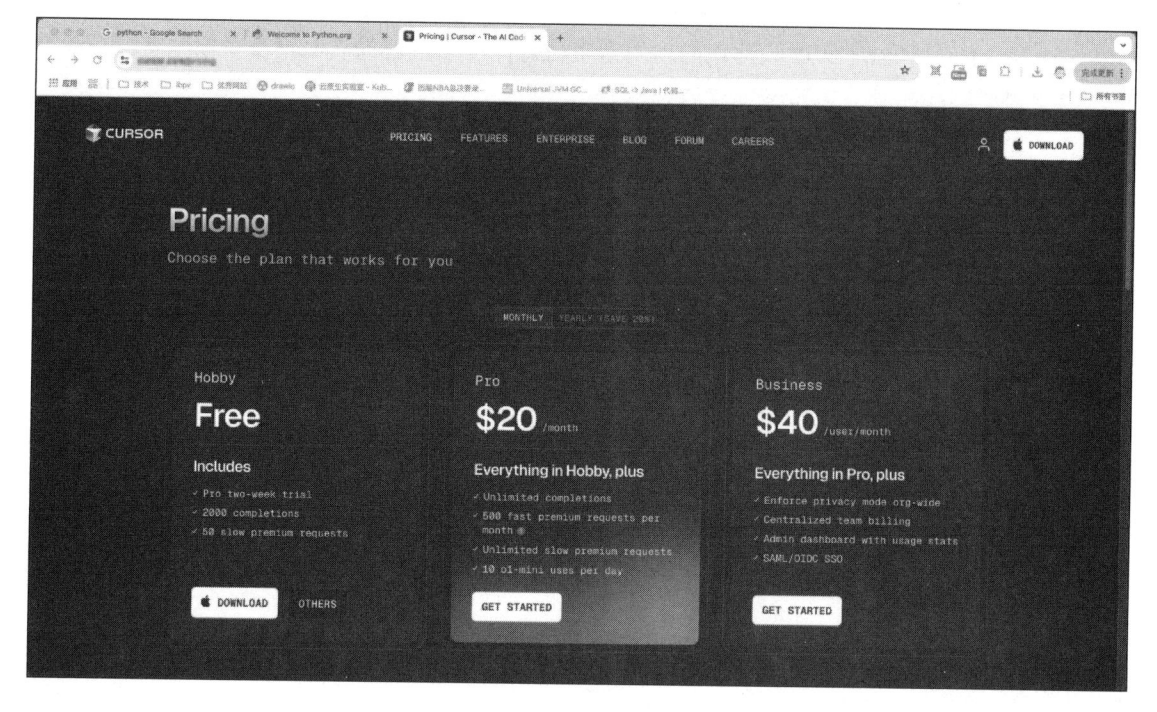

图 5-15

单击"GET STARTED"按钮，会跳转到如图 5-16 所示的支付页面。

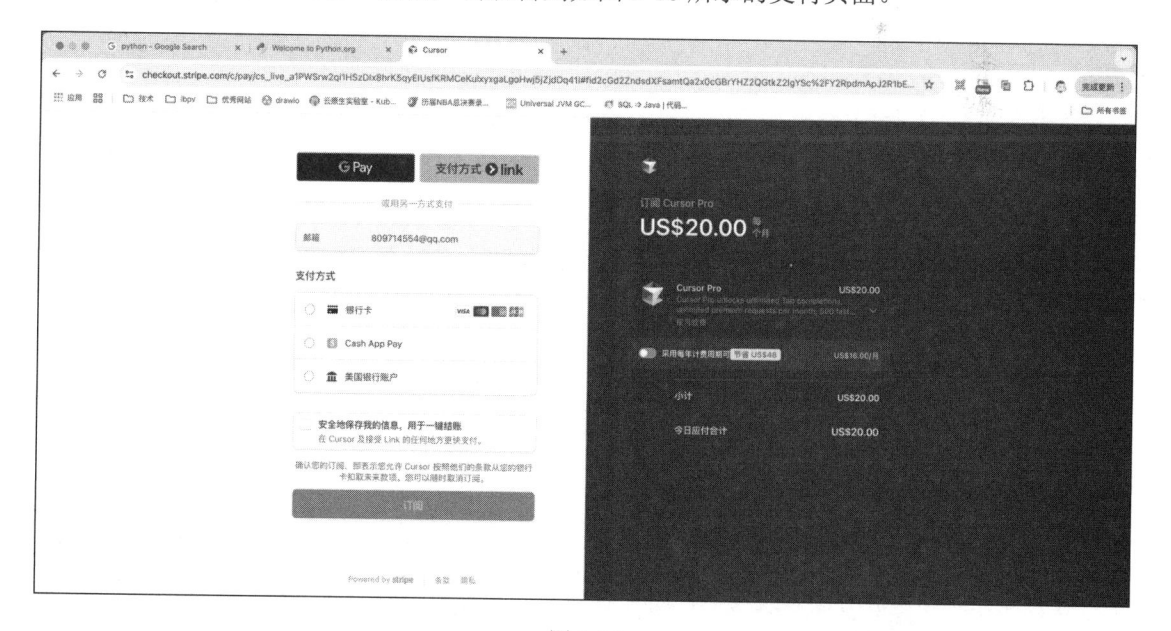

图 5-16

它支持 Visa、Master 和银联标识的信用卡支付。你按照自己的实际情况，填写支付信息即可。这里需要提醒的是，一定要注意资金安全。

当然，我们在电商网站搜索 "Cursor pro 充值"，也会满意而归。我就不过多介绍了。相信你可以用自己觉得合适的方法继续使用 Cursor。

当然，除了购买套餐，Cursor 也可以配置模型。这比较适合那些已经为某个大模型付费了，又不想在 Cursor 这里重复付费的用户。图 5-17 所示为 Cursor 目前内置的模型。在你购买了 Pro 套餐后，这些模型是可以直接使用的。

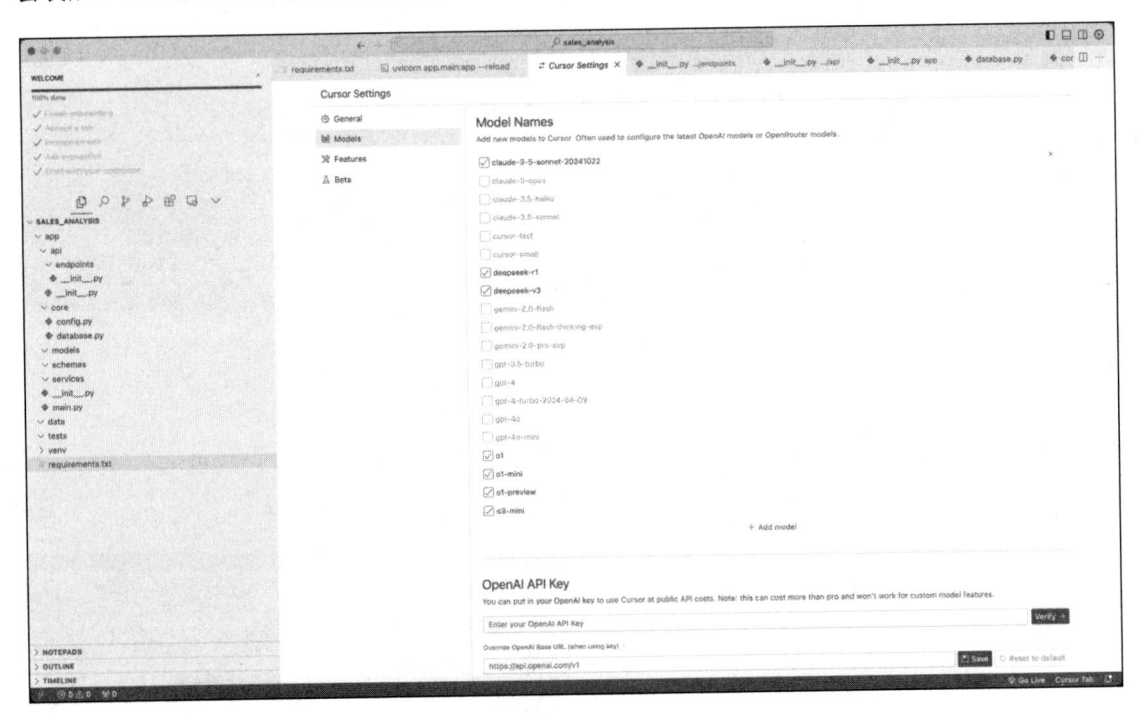

图 5-17

5.2.8　在 Cursor 中配置和使用 DeepSeek

下面介绍如何配置 DeepSeek。我刚开始写本书时想配置的是 ChatGPT，但是 DeepSeek 横空出世，以优秀的性能和完全免费的特点，迅速在开发者社区中获得了广泛关注。DeepSeek 不仅在代码理解和生成方面表现出色，而且对中文的支持非常好。这让我决定改变原计划，转而介绍如何在 Cursor 中配置和使用 DeepSeek。

首先，我们需要登录 DeepSeek 官网，在第一次登录时需要注册账号，按照指引操作即可。然后，单击页面右上角的"API 开放平台"链接，如图 5-18 所示。

图 5-18

我们需要配置 API key 供后续在 Cursor 中调用。先单击"API keys"选项，再单击"创建 API key"按钮，如图 5-19 所示。[①]

在弹出的对话框中，给当前新建的 API key 取一个名字，单击"创建"按钮，如图 5-20 所示。

最后，我们会得到 DeepSeek 分配的 API Key。我们一定要及时将其复制，否则后续就看不到了，只能重新创建，如图 5-21 所示。

现在，我们回到 Cursor 进行 DeepSeek 的集成。如果我们的 Cursor 版本是最新的，那么会发现 Cursor 自身已经提供了对 DeepSeek 的支持，如图 5-22 所示。Cursor 也内置了其他模型，在付费版本下是可以随意使用的。如果我们需要自己配置，就单击"Add model"选项。

---

① 本书图中的"帐户"应为"账户"。

图 5-19

图 5-20

第 5 章　Cursor 项目进阶：销售数据分析（后端 Python 部分）　　109

图 5-21

图 5-22

我们为新添加的模型填写名字"deepseek-chat"，按回车键就将其自动添加进来了。然后，去掉其他用不上的模型即可，如图 5-23 所示。不过，你也不用担心，这个模型列表一直都在，你在后期可以随时回来调整。

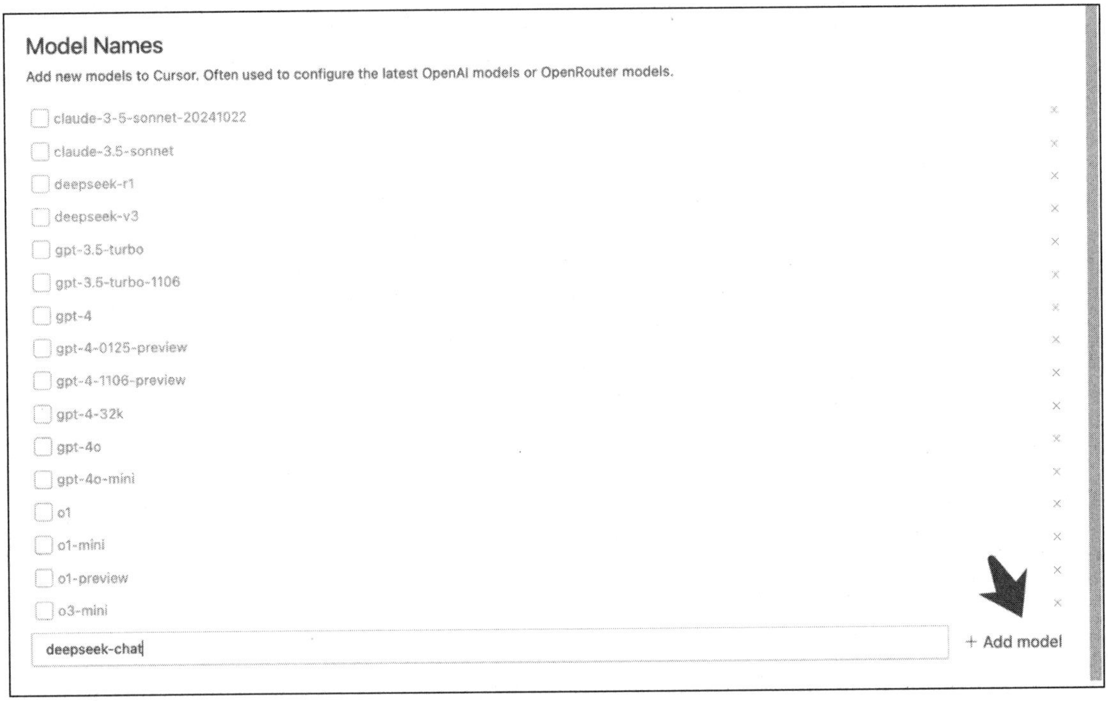

图 5-23

下面需要配置 API Key。这里采用 OpenAI 的兼容模式，如图 5-24 所示。最后，单击"Verify"按钮，Cursor 没有弹出任何报错信息，就表示配置成功了。

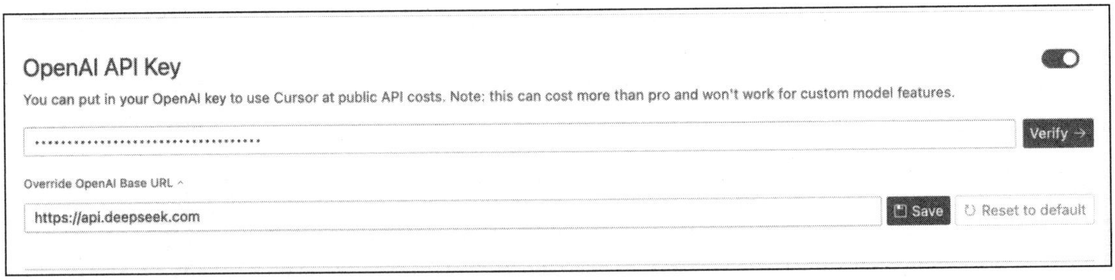

图 5-24

第 5 章　Cursor 项目进阶：销售数据分析（后端 Python 部分） | 111

下面在 AI 对话区测试一下 DeepSeek 的使用效果。打开"CHAT"面板，可以发现刚才配置的模型已经出现了。单击模型名称可以进行切换，如图 5-25 所示。

我们尝试问它一个问题，看一下它的回答效果，如图 5-26 所示。

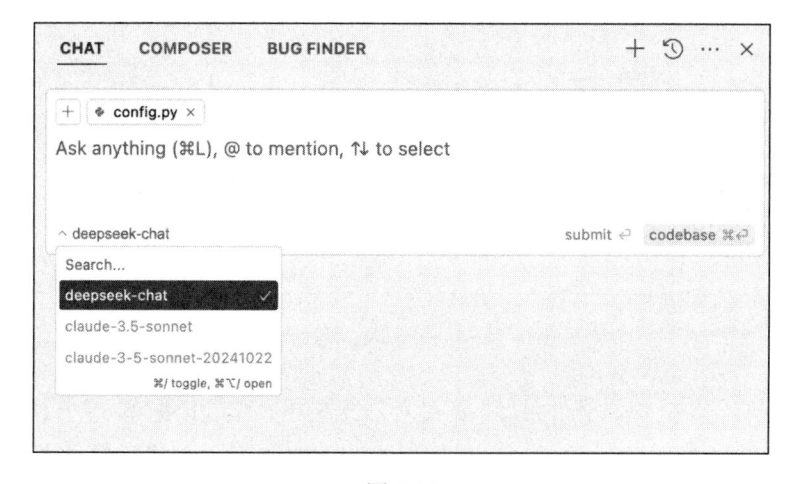

图 5-25

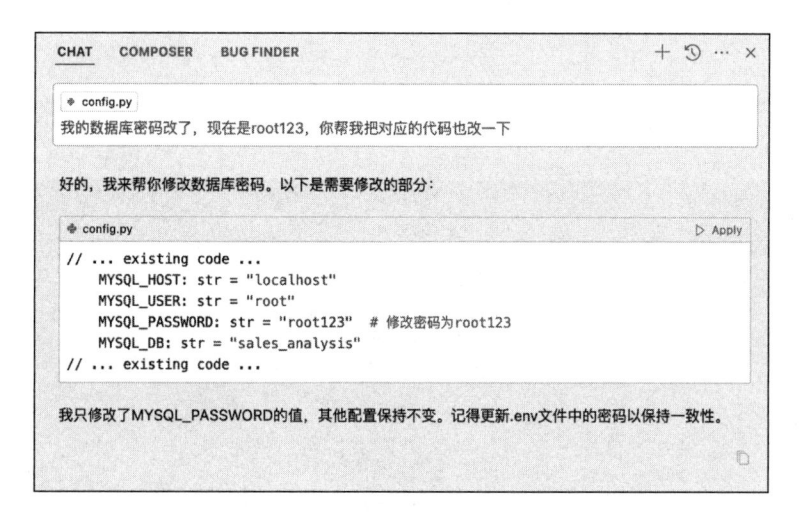

图 5-26

在"CHAT"面板中，可以添加文件作为上下文，并且 DeepSeek 给出的回复没问题，它可以准确定位到需要修改的文件。不过，很遗憾的是，自定义模型只能在"CHAT"面板中使用，在"COMPOSER"面板中是无法使用的，如图 5-27 所示。

图 5-27

即使在"CHAT"面板中回答得再好,也得人为复制和粘贴,很麻烦,没有在"COMPOSER"面板中 Cursor 自己读写文件,改 Bug,执行命令那样来得畅快。所以,我最终还是选择使用自己的银联信用卡购买了 Pro 套餐,如图 5-28 所示。你也可以参考我提到的其他方法,再次提醒你注意资金安全,谨防上当受骗。

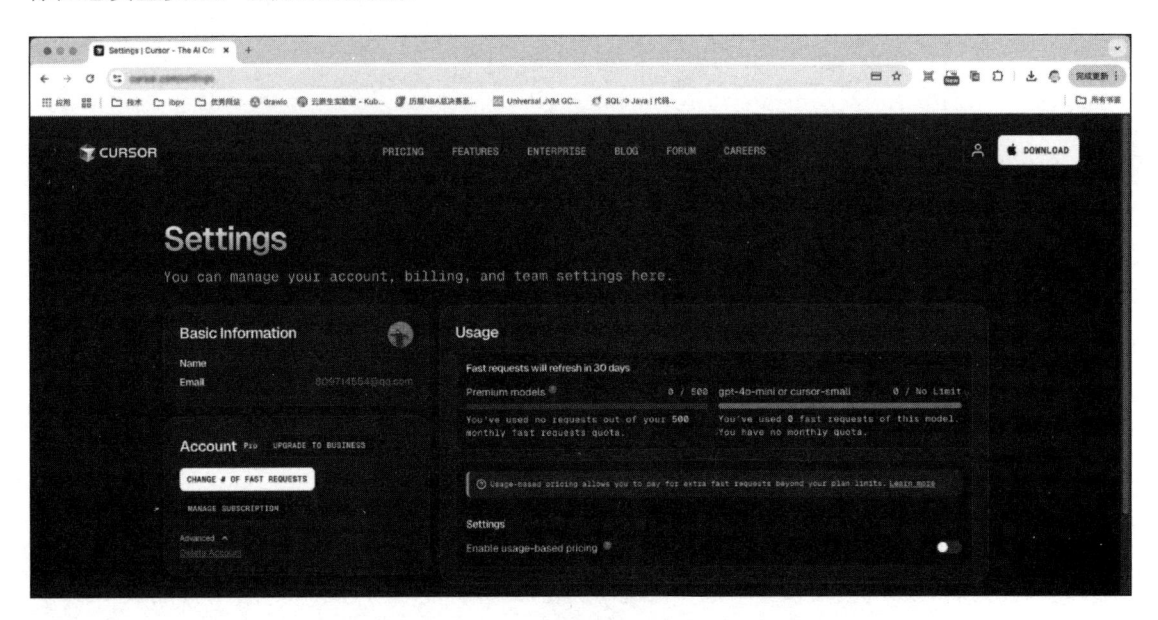

图 5-28

5.3 基础功能实现

现在，我们已经完成了项目的基础配置和环境搭建，接下来将开始实现具体的功能模块。我们按照之前设计的数据模型，先创建产品管理和销售记录的基础功能。为了确保开发过程顺利进行，我们会采用渐进式开发的方式，对每个功能点都会充分测试验证。

5.3.1 数据模型定义

这里按照 Notepad 中规划的步骤，在"COMPOSER"面板中依次执行。分享一个小技巧，当需要引用 Notepad 中的上下文时，你可以@Notepads 然后选择具体的 Notepad 名称，如图 5-29 所示。

图 5-29

我们以后在实现其他项目的功能时，也先@Notepads，再执行具体指令。Cursor 很快就帮我们生成了对应的代码，以下是 Cursor 的回复原文。你可以看到基于这种小步骤实现的方式，Cursor 的响应会变得更加精准。

我将帮你创建数据模型。我们需要创建一个新文件 `app/models/models.py` 来定义产品表和销售记录表。

以下是数据模型的实现：

```python
from sqlalchemy import Column, Integer, String, Float, DateTime, ForeignKey
from sqlalchemy.orm import relationship
from sqlalchemy.ext.declarative import declarative_base
from datetime import datetime

Base = declarative_base()

class Product(Base):
    __tablename__ = "products"

    id = Column(Integer, primary_key=True, index=True)
    name = Column(String(100), nullable=False)
    category = Column(String(50), nullable=False)
    price = Column(Float, nullable=False)
    created_at = Column(DateTime, default=datetime.utcnow)
    updated_at = Column(DateTime, default=datetime.utcnow, onupdate=datetime.utcnow)

    # 建立与 SaleRecord 的关系
    sales = relationship("SaleRecord", back_populates="product")

class SaleRecord(Base):
    __tablename__ = "sale_records"

    id = Column(Integer, primary_key=True, index=True)
    product_id = Column(Integer, ForeignKey("products.id"), nullable=False)
    quantity = Column(Integer, nullable=False)
    sale_date = Column(DateTime, nullable=False)
    total_amount = Column(Float, nullable=False)
    created_at = Column(DateTime, default=datetime.utcnow)

    # 建立与 Product 的关系
    product = relationship("Product", back_populates="sales")
```

同时，我们需要更新 `app/models/__init__.py` 文件以便导入：

```python
from .models import Base, Product, SaleRecord
```

这个实现包含以下特点：
1. Product（产品表）包含字段：

```
   - id: 主键
   - name: 产品名称
   - category: 产品类别
   - price: 产品价格
   - created_at: 创建时间
   - updated_at: 更新时间
2. SaleRecord（销售记录表）包含字段:
   - id: 主键
   - product_id: 外键，关联到产品表
   - quantity: 销售数量
   - sale_date: 销售日期
   - total_amount: 销售总额
   - created_at: 创建时间
3. 表关系:
   - 使用 SQLAlchemy 的 relationship 建立了产品表和销售记录表之间的一对多关系
   - 可以通过 product.sales 访问产品的所有销售记录
   - 可以通过 sale_record.product 访问销售记录对应的产品信息
接下来，你需要在数据库配置文件中导入这些模型并创建表。我们可以在 `database.py` 中添加创建表的
代码。需要我帮你实现这部分吗？
```

最后，Cursor 还给出了建议，问我们是否需要在 database.py 中添加创建表的代码。我们应用 Cursor 的建议，如图 5-30 所示。我们添加目标文件和当前的 Codebase。

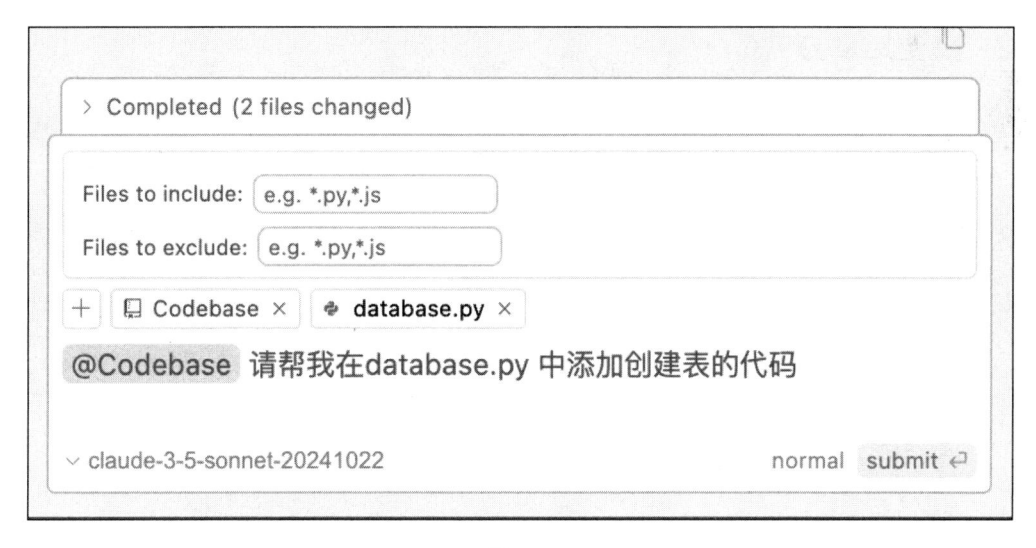

图 5-30

图 5-31 所示为 Cursor 做出的修改。我们应用 Cursor 的修改。

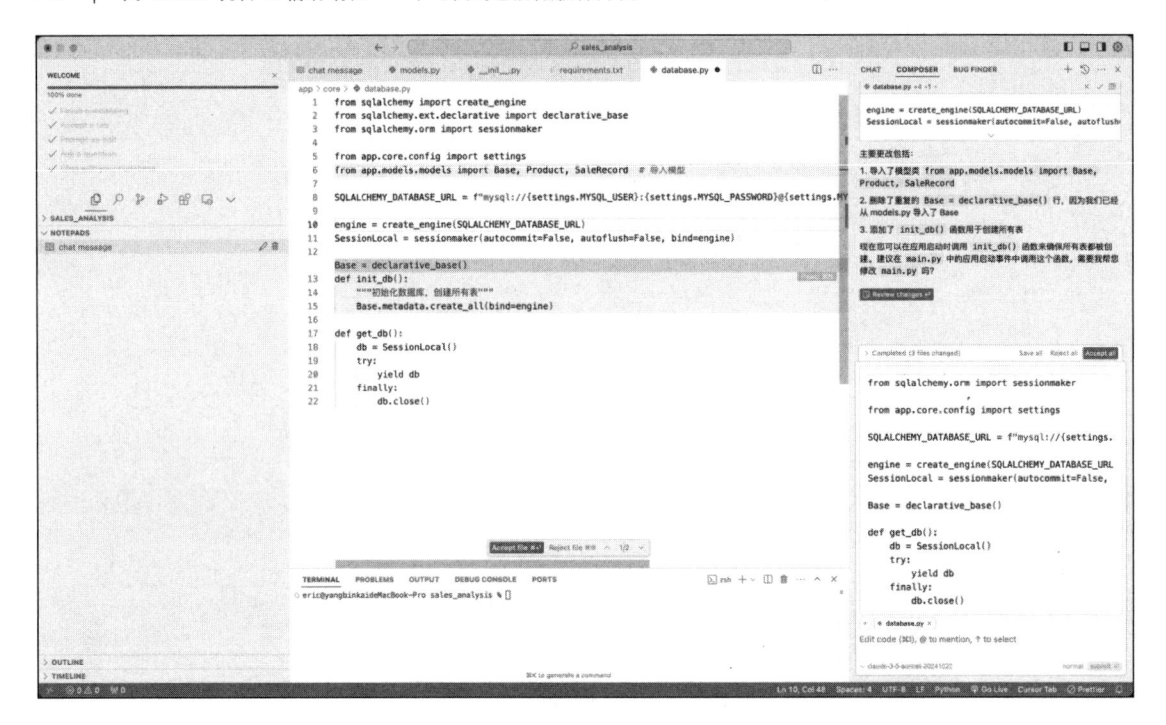

图 5-31

5.3.2　变更启动方式

不着急进行下一步，现在我有一个想法，因为在 5.4 节我会介绍如何用 Cursor 做代码调试，所以"CHAT"面板中给我们推荐的项目启动方式（运行命令启动）就不太合适了。我在"COMPOSER"面板中把项目改成运行 main.py 文件就能启动的形式，并且我会把修改的原因告诉它，提示词如下。

> 我现在想用运行方法的形式启动整个项目，这样后续我做代码调试时会更方便。
> 请你帮我修改必要的代码

Cursor 很快就做出了相应的修改，如图 5-32 所示。

现在，我们还不能在 Cursor 中直接运行 main.py 文件，需要安装 Python 开发插件。我们来到插件市场，搜索"python"，如图 5-33 所示。我们安装第一个插件。

```python
from fastapi import FastAPI
import uvicorn
from app.core.config import settings
from app.core.database import init_db

app = FastAPI(
    title=settings.PROJECT_NAME,
    version=settings.VERSION,
)

@app.get("/")
async def root():
    return {"message": "Welcome to Sales Analysis API"}

@app.on_event("startup")
async def startup_event():
    """应用启动时的初始化操作"""
    init_db()

def run():
    """运行应用的入口函数"""
    uvicorn.run(
        "app.main:app",
        host="0.0.0.0",
        port=8000,
        reload=True  # 开发模式下启用热重载
    )

if __name__ == "__main__":
    run()
```

图 5-32

图 5-33

在安装完毕后，打开 main.py 文件，然后单击鼠标右键就可以运行这个项目了，如图 5-34 所示。

图 5-34

此时，控制台出现了一个小错误，提示"ModuleNotFoundError: No module named 'app'"。不用慌，我们复制这段报错信息到"COMPOSER"面板的对话框中，让 Cursor 来帮我们解决。Cursor 给出了两种方式，我们选择第一种，如图 5-35 所示。

第 5 章　Cursor 项目进阶：销售数据分析（后端 Python 部分） | 119

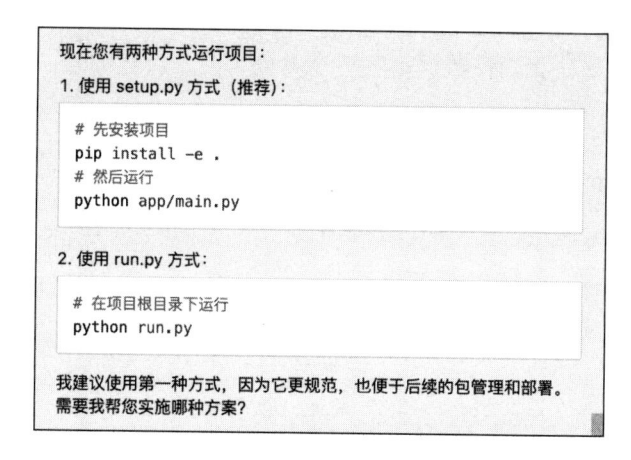

```
现在您有两种方式运行项目：
1. 使用 setup.py 方式（推荐）：

# 先安装项目
pip install -e .
# 然后运行
python app/main.py

2. 使用 run.py 方式：

# 在项目根目录下运行
python run.py

我建议使用第一种方式，因为它更规范，也便于后续的包管理和部署。
需要我帮您实施哪种方案？
```

图 5-35

如果你在项目实现的过程中遇到了其他问题，那么也可以用同样的方式让 Cursor 给出解决方案。以前，我们在编写代码的过程中，遇到问题，可能会寻求搜索引擎的帮助，但是现在我们在 Cursor 中就能全部解决。所以，你在遇到问题时不要怕，多尝试与 Cursor 沟通。我相信在沟通的过程中，你可以找到最优的解决方案。

最后，我们单击鼠标右键，选择"Run Python"→"Run Python File in Terminal"选项，在看到控制台输出如图 5-36 所示的这段文字后，就表示后端项目已经启动了。

```python
import os
import sys

# 获取当前文件的目录
current_dir = os.path.dirname(os.path.abspath(__file__))
# 添加 src 目录到 Python 路径
sys.path.append(os.path.join(current_dir, "src"))

from app.main import run

if __name__ == "__main__":
    run()
```

```
venveric@yangbinkaideMacBook-Pro sales_analysis % /Users/eric/cursor-demo/sales_analysis/venv/bin/python /Users/eric/curs
or-demo/sales_analysis/run.py
INFO:     Will watch for changes in these directories: ['/Users/eric/cursor-demo/sales_analysis']
INFO:     Uvicorn running on http://0.0.0.0:8000 (Press CTRL+C to quit)
INFO:     Started reloader process [6789] using StatReload
INFO:     Started server process [6794]
INFO:     Waiting for application startup.
INFO:     Application startup complete.
```

图 5-36

随着后端项目的启动，我们在数据库客户端看到了两张新建的表，分别是 products（产品表）和 sale_records（销售记录表）。

接下来，我们在浏览器中输入控制台打印的后端访问地址。很遗憾，它提示错误，如图 5-37 所示。其实这个问题很好解决，把"0.0.0.0"改成"127.0.0.1"或者 localhost 地址就能访问了。

图 5-37

不过，我选择保存浏览器访问报错的截图，然后让 Cursor 识别图，并帮我解决这个问题。做法很简单，截图并将其保存到本地或者剪切板。打开 Cursor，在"COMPOSER"面板的对话框中粘贴截图。此时，截图会作为上下文加入，然后输入提示词，如图 5-38 所示。

图 5-38

Cursor 很快就理解了图中存在的问题，并给出了解决方案，如图 5-39 所示。

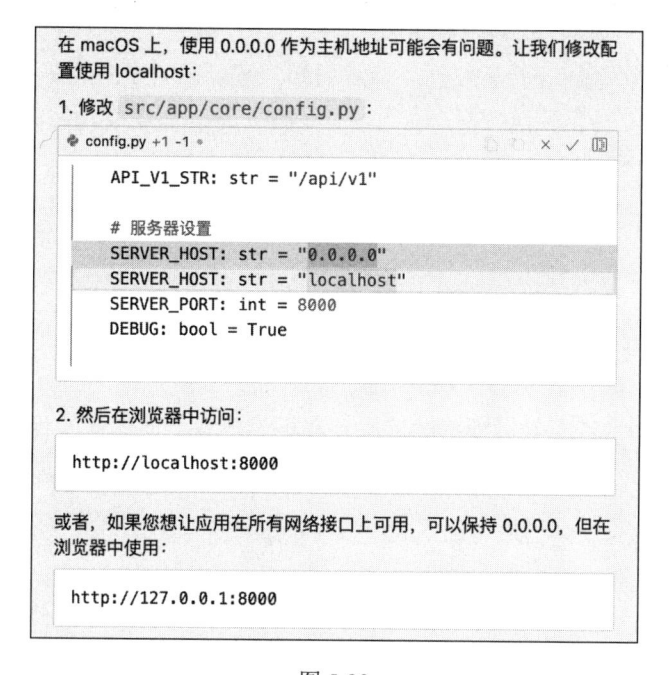

图 5-39

我们应用 Cursor 的修改，再次启动项目。可以看到，控制台的输出内容也变了，如图 5-40 所示。

图 5-40

单击这个链接，打开浏览器，就可以看到正常页面了，如图 5-41 所示。

到这里，后端项目就算成功启动了。下面编写其他业务代码。

图 5-41

5.3.3　CSV 文件的数据读取和解析

接下来，我们对 CSV 文件做数据的读取和解析。还和上面一样，我们利用 Notepad 中提前定义好的步骤，将其输入"COMPOSER"面板的对话框中，提示词如下：

请帮我实现 CSV 文件的数据处理服务，包括数据清洗和导入数据库的功能。

我们应用 Cursor 生成的内容。可以看到，它在 services 包下生成了 csv_service.py 文件，如图 5-42 所示。

图 5-42

这是一个 CSV 文件的数据处理服务模块，主要实现以下核心业务逻辑。

1. 数据清洗管道（clean_data 方法）

（1）删除重复数据。

（2）处理缺失值。

（3）强制转换类型（价格/数量转换为数值，日期转换为标准格式）。

（4）过滤无效数据（价格/数量为负值的记录）。

2. 数据库导入

（1）import_products 方法：将产品数据写入 products 表。

（2）处理字段：产品名称、分类、价格。

（3）建立产品名称与数据库 ID 的映射关系。

（4）import_sales 方法：导入销售记录到 sales 表。

（5）关联产品 ID。

（6）自动计算总金额（价格×数量）。

（7）标准化日期格式。

3. 完整处理流程（process_csv_file 方法）

（1）返回处理结果。

（2）增加异常处理机制。

（3）确保数据库事务回滚（出错时自动回滚）。

（4）增加详细的错误日志记录。

（5）定义统一的异常抛出格式。

这个模块本质上是一个 ETL（数据抽取-转换-加载）工具，负责将原始 CSV 文件的数据转换为规范的数据库记录，是连接原始数据文件与数据库之间的桥梁。

到了这一步，我们已经做完了数据处理的工作，接下来生成 Web API。

5.3.4 Web API 编写

下面让 Cursor 按照 NotePad 中定义的步骤，生成 Web API。提示词如下：

> 请帮我实现销售数据分析系统的 `FastAPI` 路由，包括数据导入、查询和分析 `API`。

记得提前引入 NotePad 上下文，这样会更加精准。最终生成效果如图 5-43 所示。

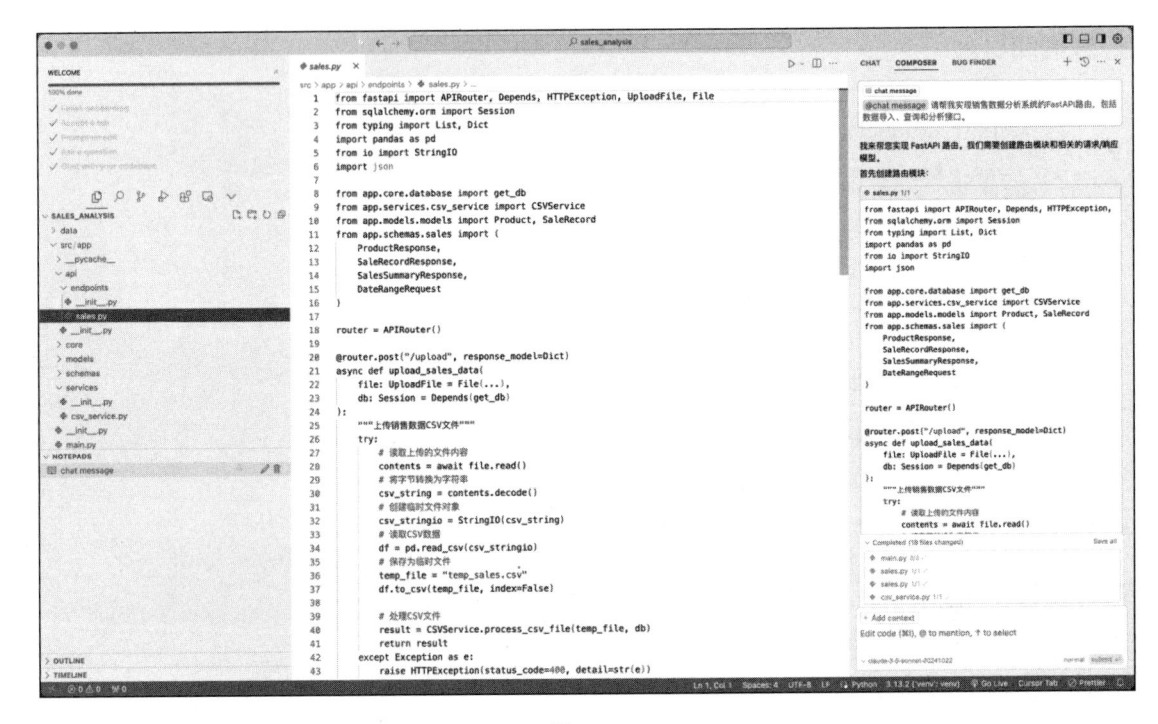

图 5-43

这个实现提供了以下 API 端点和功能。

1. POST /api/v1/sales/upload

（1）上传销售数据 CSV 文件。

（2）处理并导入数据库。

2. GET /api/v1/sales/products

（1）获取产品列表。

（2）支持分页。

3. GET /api/v1/sales/sales

（1）获取销售记录列表。

（2）支持分页。

4. POST /api/v1/sales/summary

（1）获取指定日期范围的销售汇总数据。

（2）包括总销售额和总数量。

5. GET /api/v1/sales/product/{product_id}/sales

获取指定产品的销售记录。

这些 API 是可以通过 Swagger UI 页面访问的。我们启动一下项目来看一看效果。

当运行项目时，控制台报错了，如图 5-44 所示。

图 5-44

从最后一行的输出内容中可以发现，原来是新添加的代码有对应的依赖没有安装。我们把这些报错信息告诉 Cursor，让 Cursor 来处理。Cursor 很快就给出了解决方案，如图 5-45 所示。

图 5-45

接下来，我们应用 Cursor 给出的修改，并执行安装命令。这里分享一个小技巧，当你把光标悬浮到控制台命令上时，会出现运行的快捷按钮，如图 5-46 所示。

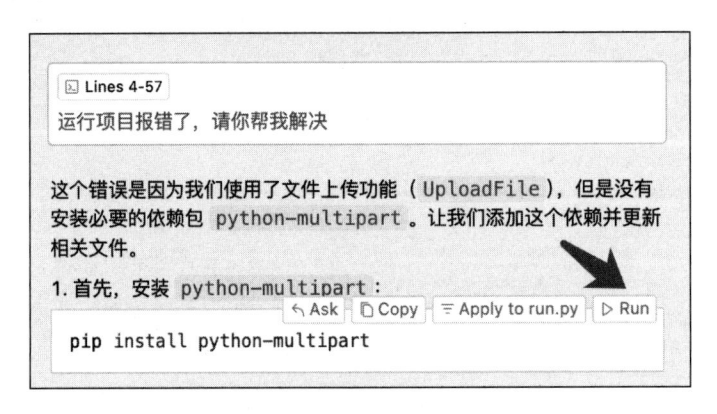

图 5-46

单击“Run”按钮，它就会在控制台执行了。不过，此时在控制台又出现了报错信息，这次是安装过程中缺少 SSL 证书导致的，如图 5-47 所示。

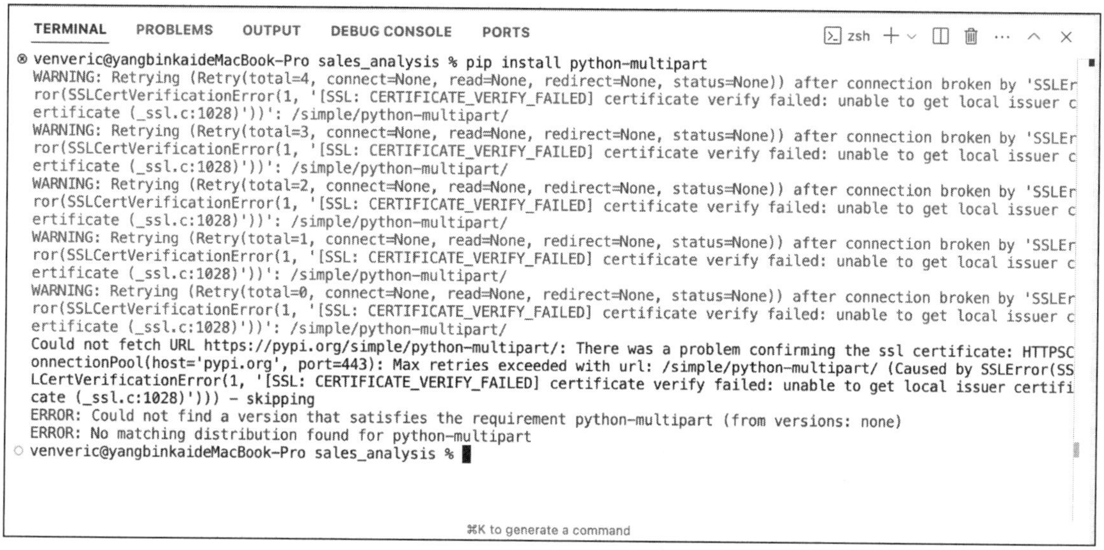
TERMINAL PROBLEMS OUTPUT DEBUG CONSOLE PORTS
zsh
venveric@yangbinkaideMacBook-Pro sales_analysis % pip install python-multipart
WARNING: Retrying (Retry(total=4, connect=None, read=None, redirect=None, status=None)) after connection broken by 'SSLError(SSLCertVerificationError(1, '[SSL: CERTIFICATE_VERIFY_FAILED] certificate verify failed: unable to get local issuer certificate (_ssl.c:1028)'))': /simple/python-multipart/
WARNING: Retrying (Retry(total=3, connect=None, read=None, redirect=None, status=None)) after connection broken by 'SSLError(SSLCertVerificationError(1, '[SSL: CERTIFICATE_VERIFY_FAILED] certificate verify failed: unable to get local issuer certificate (_ssl.c:1028)'))': /simple/python-multipart/
WARNING: Retrying (Retry(total=2, connect=None, read=None, redirect=None, status=None)) after connection broken by 'SSLError(SSLCertVerificationError(1, '[SSL: CERTIFICATE_VERIFY_FAILED] certificate verify failed: unable to get local issuer certificate (_ssl.c:1028)'))': /simple/python-multipart/
WARNING: Retrying (Retry(total=1, connect=None, read=None, redirect=None, status=None)) after connection broken by 'SSLError(SSLCertVerificationError(1, '[SSL: CERTIFICATE_VERIFY_FAILED] certificate verify failed: unable to get local issuer certificate (_ssl.c:1028)'))': /simple/python-multipart/
WARNING: Retrying (Retry(total=0, connect=None, read=None, redirect=None, status=None)) after connection broken by 'SSLError(SSLCertVerificationError(1, '[SSL: CERTIFICATE_VERIFY_FAILED] certificate verify failed: unable to get local issuer certificate (_ssl.c:1028)'))': /simple/python-multipart/
Could not fetch URL https://pypi.org/simple/python-multipart/: There was a problem confirming the ssl certificate: HTTPSConnectionPool(host='pypi.org', port=443): Max retries exceeded with url: /simple/python-multipart/ (Caused by SSLError(SSLCertVerificationError(1, '[SSL: CERTIFICATE_VERIFY_FAILED] certificate verify failed: unable to get local issuer certificate (_ssl.c:1028)'))) - skipping
ERROR: Could not find a version that satisfies the requirement python-multipart (from versions: none)
ERROR: No matching distribution found for python-multipart
venveric@yangbinkaideMacBook-Pro sales_analysis %
⌘K to generate a command

图 5-47

其实这个错误在之前已经出现过很多次了。我每次都是把报错信息告诉 Cursor，让 Cursor 来解决。这样做的效率很低，因为每次出错都需要重复之前的处理方法，不能彻底解决问题。其实借助 Notepad，可以一次就彻底解决这个问题。单击“NOTEPADS”→“chat message”选项。注意这里取什么名字都可以，然后在末尾添加这样一些文字：

```
## 依赖安装
由于我在本地没有安装 ssl certificate ， 所以每次执行 pip install xxx 命令都会报错。
我希望你在生成 pip 安装命令时，直接给我一个不会报错的命令。
```

接下来，我们回到刚才的提问窗口。对于历史提问，我们随时可以找到它并重新提问，如图 5-48 所示，我们添加 Notepad 上下文，按回车键，看一看这次 Cursor 的回复是否会改变。

可以看到，在需要执行的控制台命令这里，它做出了适配。我们运行最新的命令后，缺失的 python-multipart 依赖就被成功安装了，如图 5-49 所示。

相信看到这里，你的脑海中也会涌现出很多 Notepad 的妙用心得。我们会在 5.5 节集中讲解这一部分。接下来，我们启动项目，查看一下刚才编写的 API。

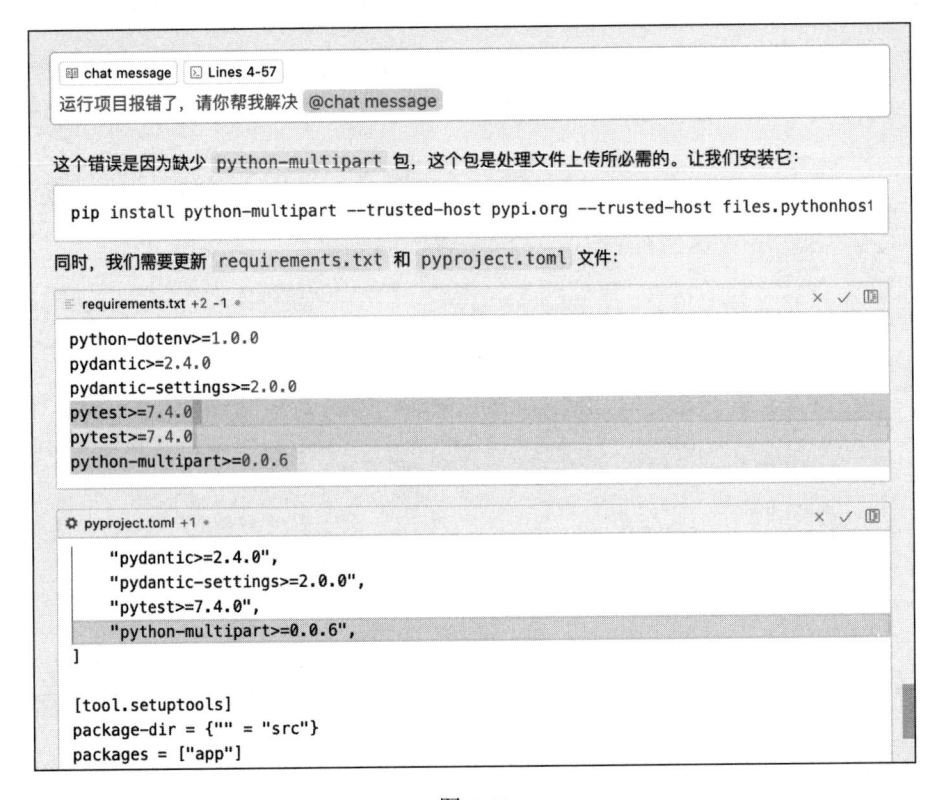

图 5-48

图 5-49

在浏览器中输入 http://localhost:8000/docs，会看 Swagger UI 页面，如图 5-50 所示。

在后续编写前端代码时，这个文档页面是非常有用的。Cursor 会像一个高级前端开发工程师那样，根据 API 文档来编写前后端交互的代码，确保每一个 API 都能被正确地调用和显示。同时，Swagger UI 页面还提供了 API 测试的功能，我们可以在这里直接输入参数，测试 API 的输出，这对于调试和验证 API 的正确性非常有帮助。这里就不做过多演示了。

第 5 章　Cursor 项目进阶：销售数据分析（后端 Python 部分）　| 129

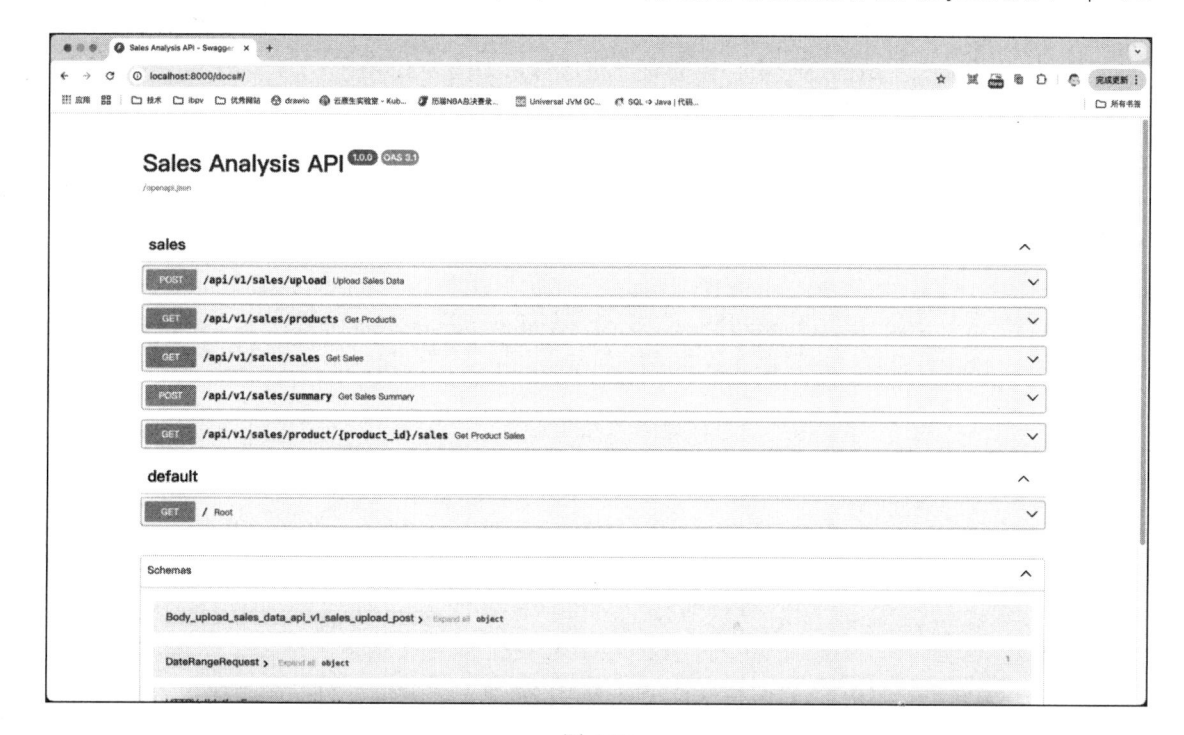

图 5-50

最后，让 Cursor 帮我们实现销售数据分析服务，包括销售汇总、趋势分析等功能。所有的功能 API 就算开发完了，如图 5-51 所示。

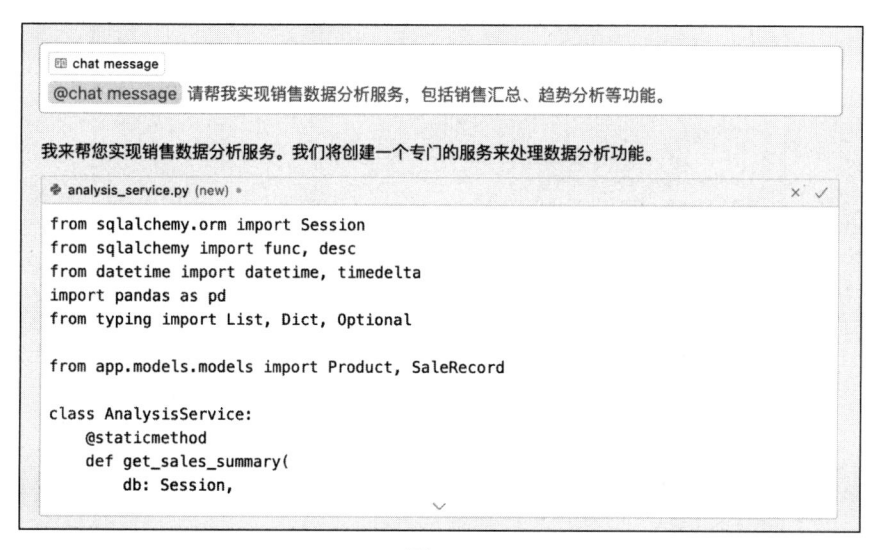

图 5-51

不过，Cursor 在生成的过程中，也会有一些遗漏，如图 5-52 所示。

图 5-52

很明显，这里的部分代码中缺少提前定义的类。我们继续把报错信息交给 Cursor，让它来解决，最终解决方案如图 5-53 所示。这里希望告诉你的是，在开发过程中有错误不要紧，我们在发现错误后只需要描述清楚，然后让 Cursor 来解决就可以了。在真实的开发工作中，即使高水平的程序员也无法避免出现错误。遇到问题，解决问题是软件开发的必由之路。

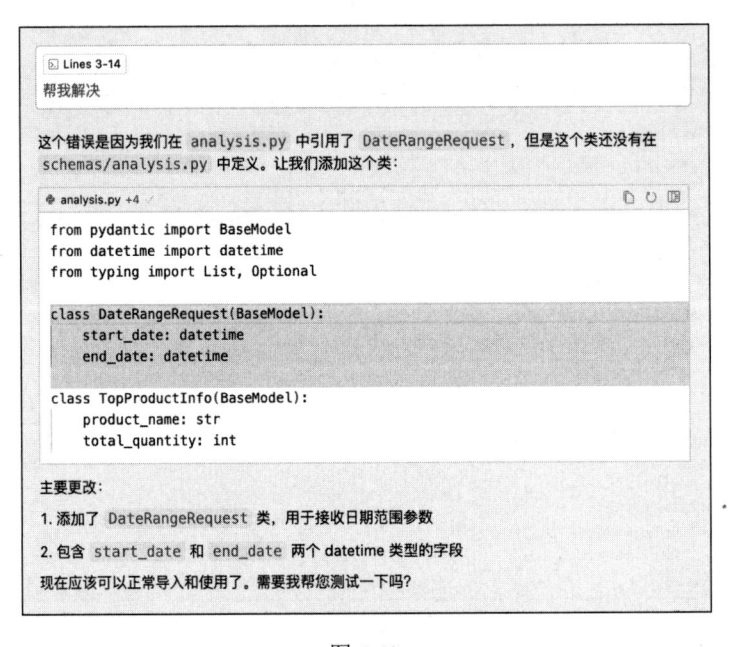

图 5-53

在问题解决后，我们再次运行项目，发现又多了几个 API，如图 5-54 所示。

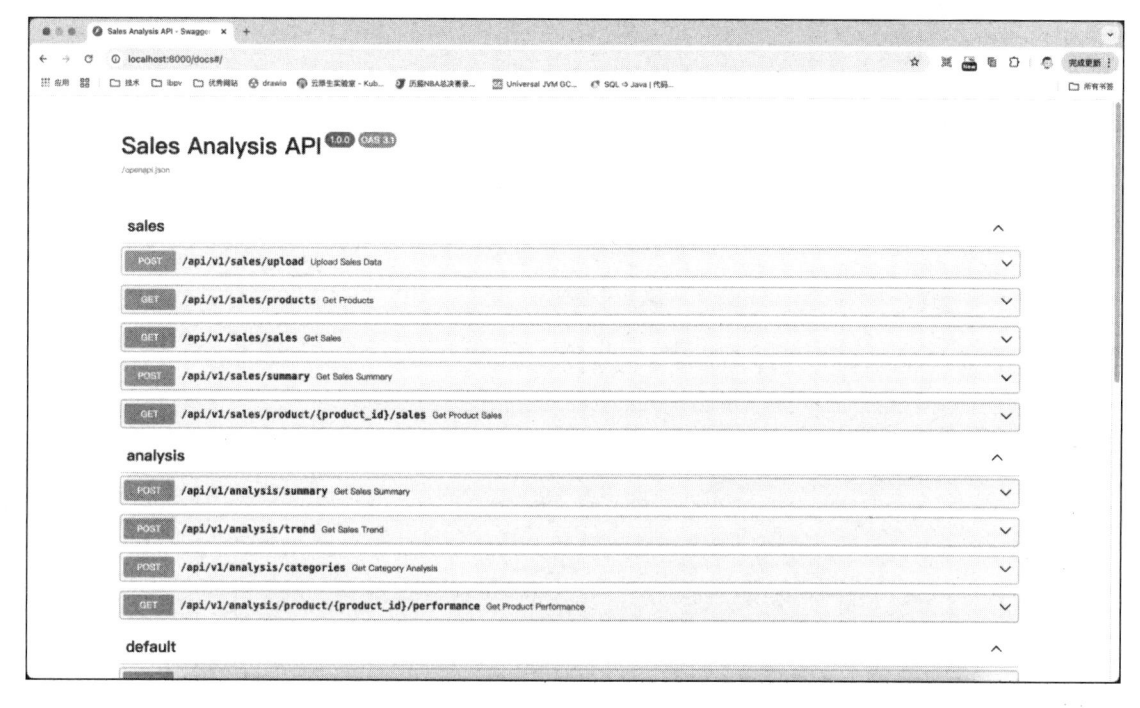

图 5-54

下面对这些 API 做一下测试，期间如果有 Bug 或者不符合预期的地方，我们再让 Cursor 优化。

5.4 测试与优化

软件测试是软件开发过程中非常重要的一环。没有经过全面、严格测试的产品是无法上线，交到用户手中使用的。测试的工作通常会交给专门的测试工程师来做。不过，这次让 Cursor 来扮演测试工程师，看一看它的测试效果到底好不好。

5.4.1 创建测试代码

还是和之前一样,在"CHAT"面板中,让 Cursor 生成一套可执行的测试方案,然后在"COMPOSER"面板中逐步实现。打开"CHAT"面板,引用 Notepad 和代码库,然后输入以下提示词:

```
@chat message @Codebase
我现在已经写完代码了,需要测试,请你帮我生成一份测试计划
```

执行以后,Cursor 的输出内容如图 5-55 所示。

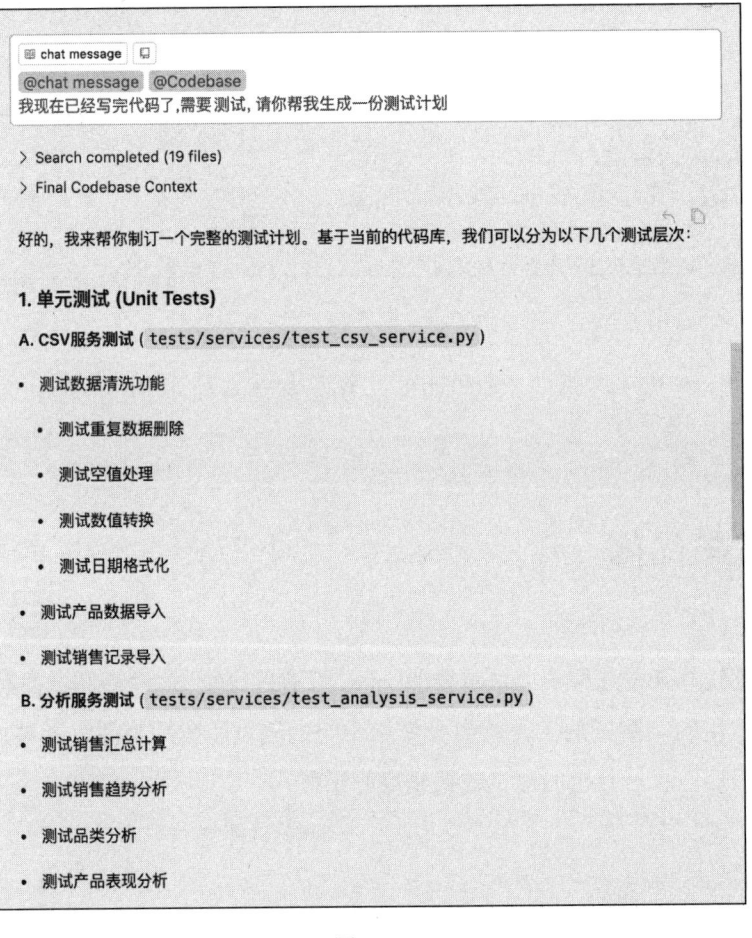

图 5-55

我们把生成的测试计划全部复制到"chat message"中，用于后续在"COMPOSER"面板中执行时做上下文的引用，如图 5-56 所示。

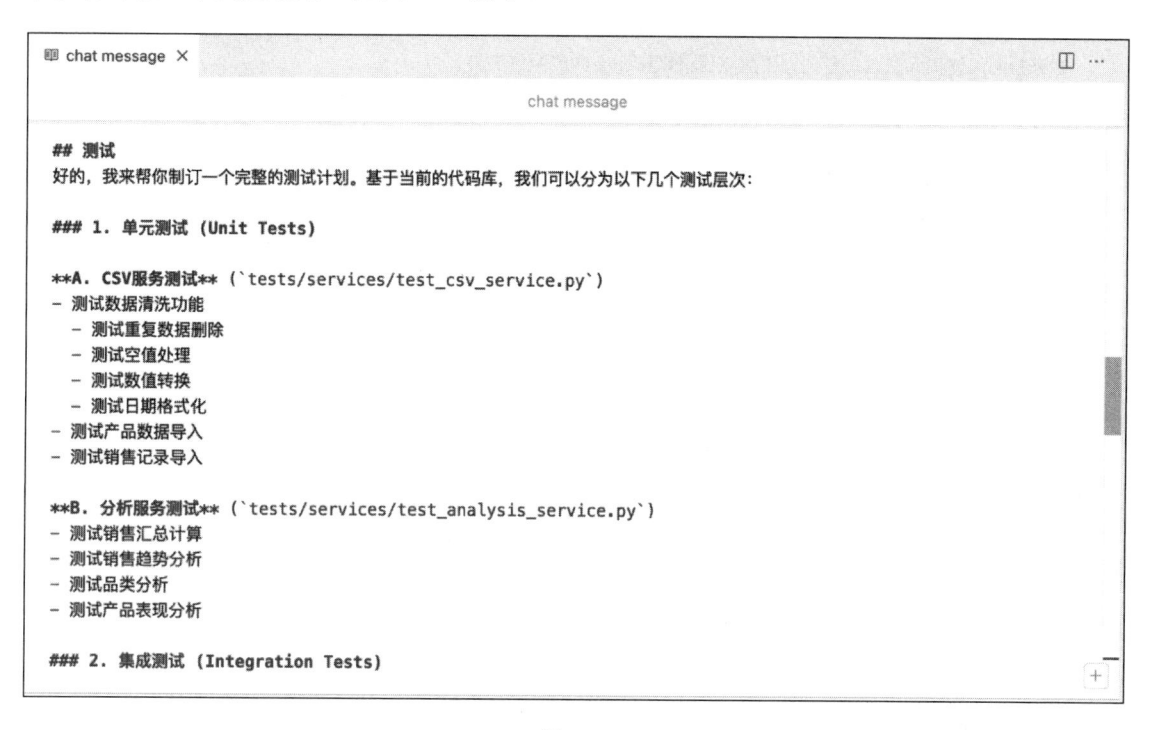

图 5-56

下面在"COMPOSER"面板中生成测试相关的代码，对话非常简单，只需要引用 Notepad 上下文，然后说一下需要执行哪一步即可，如图 5-57 所示。

我们应用 Cursor 给出的方案，此时会生成一些测试代码，同时需要安装测试库，创建测试数据库。Cursor 也将其列了出来，如图 5-58 所示。

你可以看到 Cursor 在第一项安装测试依赖的命令中加了一个"--trusted-host"参数，这其实是我们之前在 Notepad 中定义的 pip 安装规则。只要我们在"COMPOSER"面板与 Cursor 对话的过程中，引用了 Notepad，Cursor 就会严格执行我们预先定义的规则。这对于代码生成的准确率及整体项目的开发效率提高有着非常大的帮助。我们依次执行这些命令。我们来到数据库管理客户端手动创建测试数据库，如图 5-59 所示。

```
chat message
@chat message 帮我生成单元测试的部分
```

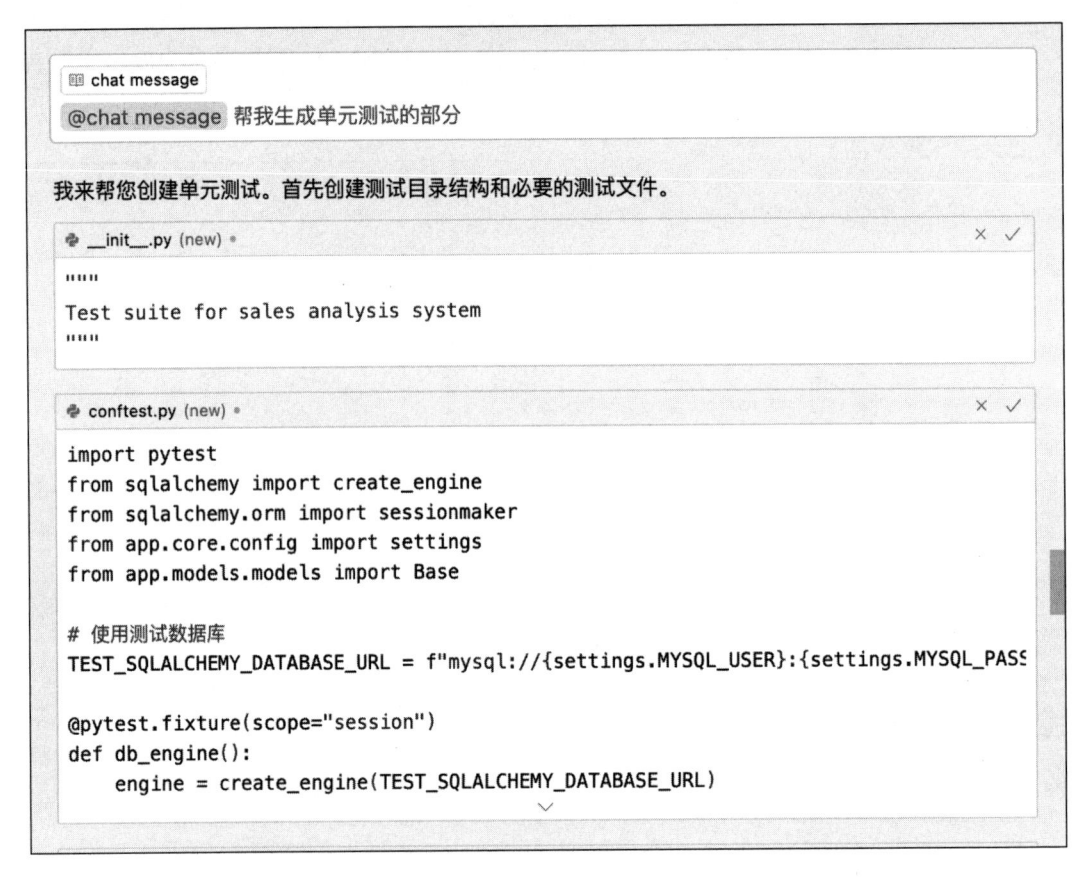

我来帮您创建单元测试。首先创建测试目录结构和必要的测试文件。

```
__init__.py (new)

"""
Test suite for sales analysis system
"""
```

```
conftest.py (new)

import pytest
from sqlalchemy import create_engine
from sqlalchemy.orm import sessionmaker
from app.core.config import settings
from app.models.models import Base

# 使用测试数据库
TEST_SQLALCHEMY_DATABASE_URL = f"mysql://{settings.MYSQL_USER}:{settings.MYSQL_PASS

@pytest.fixture(scope="session")
def db_engine():
    engine = create_engine(TEST_SQLALCHEMY_DATABASE_URL)
```

图 5-57

要运行这些测试，您需要：

1. 安装测试依赖：

```
pip install pytest pytest-cov --trusted-host pypi.org --trusted-host files.python
```

2. 创建测试数据库：

```
CREATE DATABASE test_sales_analysis;
```

3. 运行测试：

```
pytest tests/ -v --cov=app
```

图 5-58

图 5-59

下面来运行测试代码，看一看后端 API 是否符合预期。如果你和我一样，是在 agent 模式下打开的"COMPOSER"面板，那么可以直接单击"Run"按钮来执行终端命令，如图 5-60 所示。

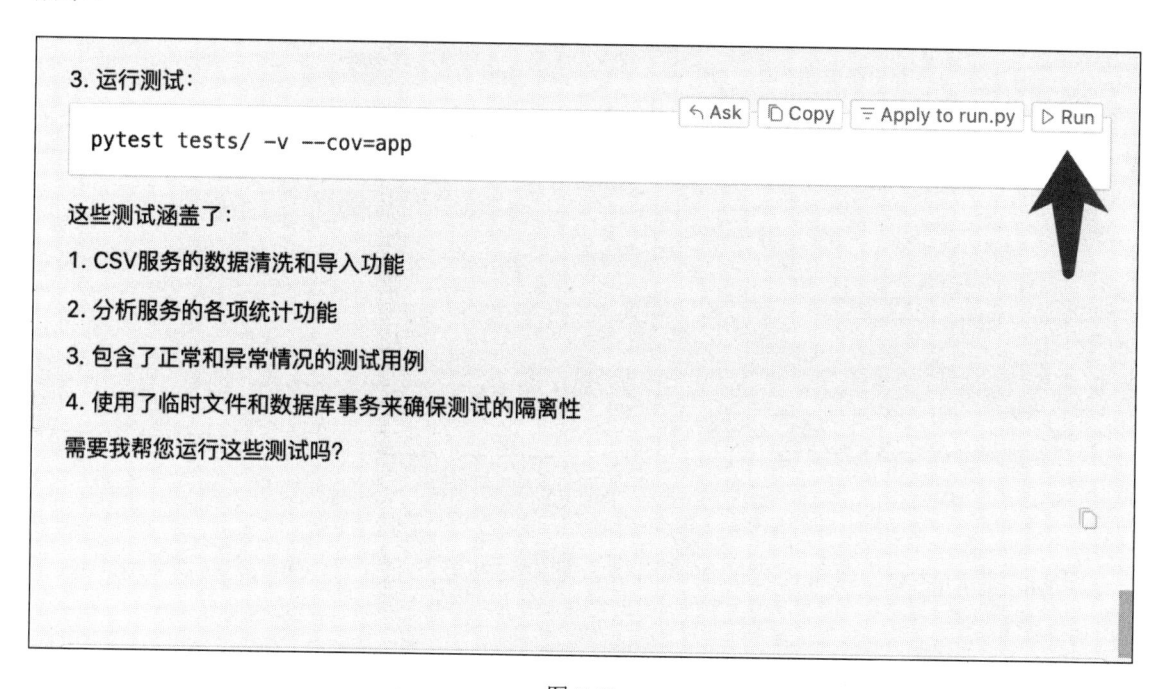

图 5-60

单击"Run"按钮,看一下效果。控制台出现了报错信息。我们把报错信息提交给 Cursor,让它来处理,如图 5-61 所示。

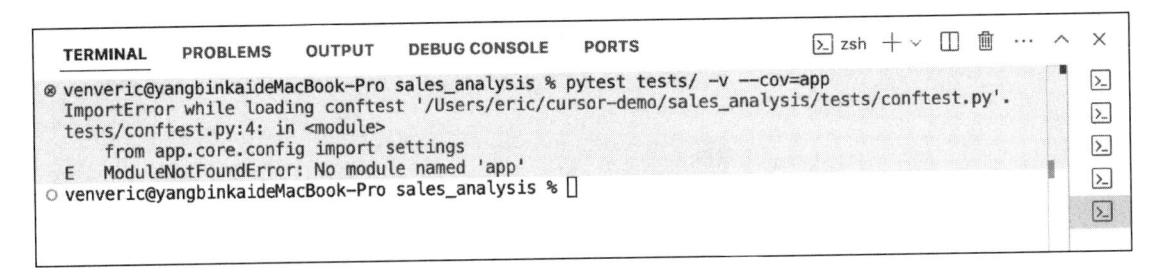

```
venveric@yangbinkaideMacBook-Pro sales_analysis % pytest tests/ -v --cov=app
ImportError while loading conftest '/Users/eric/cursor-demo/sales_analysis/tests/conftest.py'.
tests/conftest.py:4: in <module>
    from app.core.config import settings
E   ModuleNotFoundError: No module named 'app'
venveric@yangbinkaideMacBook-Pro sales_analysis %
```

图 5-61

接下来,我们接受 Cursor 给出的解决方案,再次运行,看一下效果。这次没有出现同样的报错信息,控制台中顺利出现了测试覆盖率报告,如图 5-62 所示。

```
-- Docs: https://docs.pytest.org/en/stable/how-to/capture-warnings.html

--------- coverage: platform darwin, python 3.13.2-final-0 ----------
Name                                      Stmts   Miss  Cover
---------------------------------------------------------------
src/app/__init__.py                           0      0   100%
src/app/api/__init__.py                       0      0   100%
src/app/api/endpoints/__init__.py             0      0   100%
src/app/api/endpoints/analysis.py            34     34     0%
src/app/api/endpoints/sales.py               44     44     0%
src/app/core/config.py                       17      0   100%
src/app/main.py                              24     24     0%
src/app/models/__init__.py                    1      0   100%
src/app/models/models.py                     23      0   100%
src/app/services/__init__.py                  0      0   100%
src/app/services/analysis_service.py         41      4    90%
src/app/services/csv_service.py              67     15    78%
---------------------------------------------------------------
TOTAL                                       251    121    52%

============================ short test summary info ============================
FAILED tests/services/test_analysis_service.py::test_get_sales_summary - assert 399.70000000000005 == 399.7
FAILED tests/services/test_analysis_service.py::test_get_product_performance - assert 199.8000030517578 == 199.8
========================= 2 failed, 6 passed, 39 warnings in 0.71s =========================
venveric@yangbinkaideMacBook-Pro sales_analysis %
```

图 5-62

不过,我们看到了两条失败的测试用例,复制这两行记录,让 Cursor 帮我们优化,如图 5-63 所示。

第 5 章　Cursor 项目进阶：销售数据分析（后端 Python 部分）　｜　137

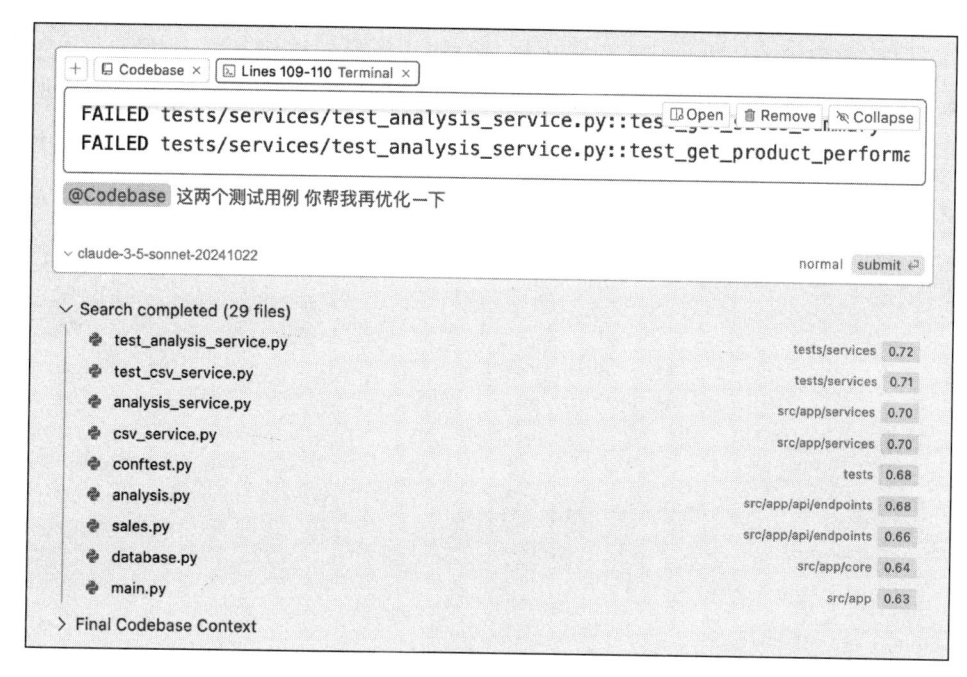

图 5-63

　　Cursor 很快就定位到了问题，发现是精度对比的问题。修正问题后，我们应用 Cursor 给出的所有变更，再次执行测试用例，运行结果如图 5-64 所示。

图 5-64

不过，我还是不满意，虽然 8 个测试用例都通过了，但是有几个测试用例的"Cover"（覆盖率）是"0"。我直接把这个表格输入 Cursor，让它帮我分析一下。Cursor 给出的判断是，没有为它们写对应的测试用例，那就说得通了。我们应用 Cursor 给出的所有变更，添加相关依赖和对应的测试用例，再次执行，运行效果如图 5-65 所示。

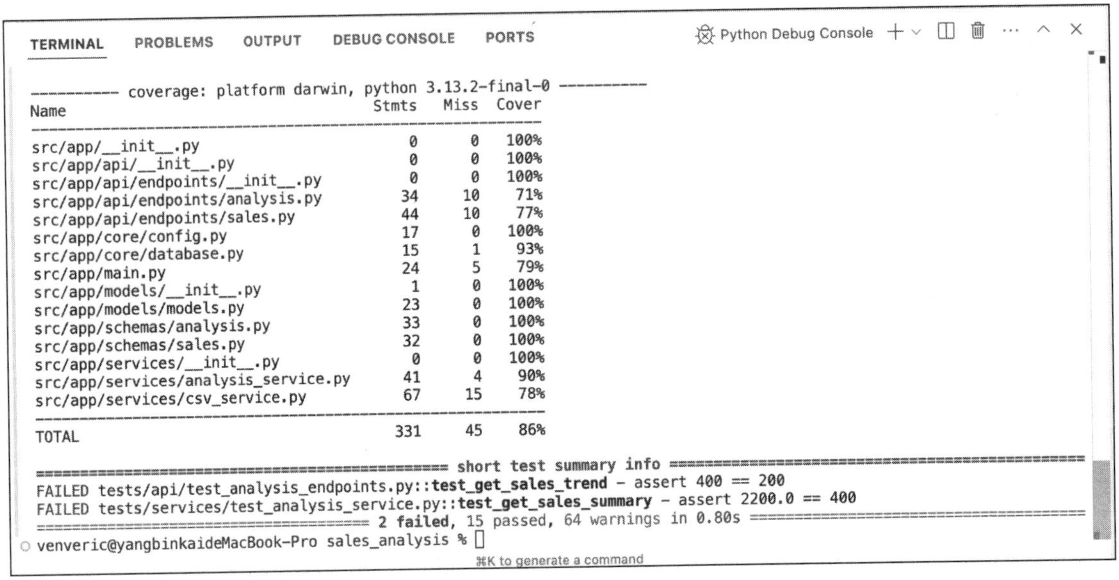

图 5-65

此时，所有用例已经都覆盖了。不过，会有一些断言失效的测试用例。我的想法是用 Debug 的形式运行测试用例，看一看到底是什么原因导致断言不通过。如果是逻辑问题，我们就让 Cursor 修复。如果是与人工预期不匹配，但是逻辑没有问题，就放过这些测试用例。

5.4.2 用 Cursor 做代码调试

为了更好地解决问题，我们启用 Cursor 的断点调试功能。其实这和之前的浏览器的开发者工具的断点调试功能类似，只不过本次在 Cursor 内部使用。首先，我们需要让程序以 Debug 的形式运行测试用例，我不知道该怎么做，直接问 Cursor，如图 5-66 所示。

第 5 章　Cursor 项目进阶：销售数据分析（后端 Python 部分）　139

```
如何用Debug的形式运行测试用例
```

我来介绍使用 pytest 进行调试的方法：
1. 在测试代码中添加断点：

```
test_analysis_endpoints.py +2

    base_date = datetime.now().replace(hour=12, minute=0, second=0, microsec
    start_date = (base_date - timedelta(days=5)).isoformat()
    end_date = (base_date + timedelta(days=1)).isoformat()

    import pdb; pdb.set_trace()  # 添加断点

    response = client.post(
        "/api/v1/analysis/trend",
```

2. 运行带调试的测试命令：

```
# 运行特定的测试函数
pytest tests/api/test_analysis_endpoints.py::test_get_sales_trend -v -s

# 或运行整个测试文件
pytest tests/api/test_analysis_endpoints.py -v -s
```

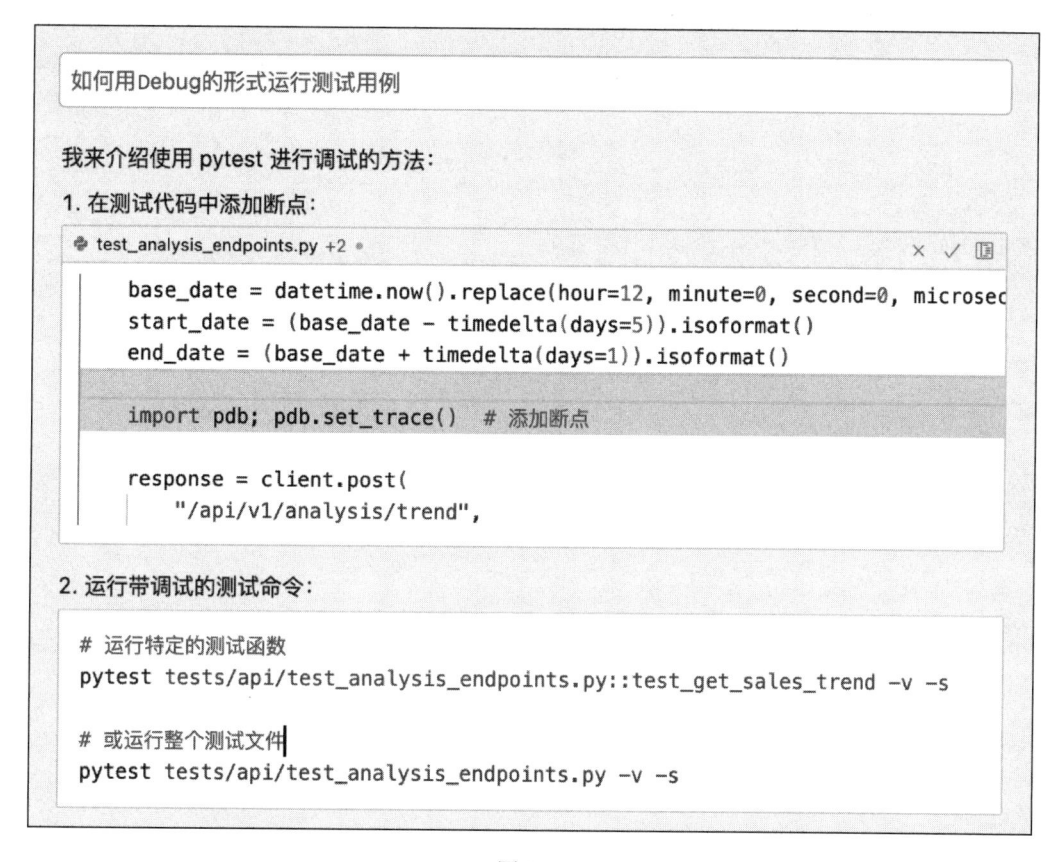

图 5-66

　　我们应用 Cursor 给出的变更，然后运行命令。程序运行到添加断点的行停下了。不过，这种形式只能在控制台输入命令调试和显示变量信息，不方便。我还是想用 Cursor 自带的调试工具来做，于是继续问 Cursor。前面的提示词可能不清晰，我只是说用 Debug 的形式运行测试用例，并没有说要用 Cursor 的调试工具，我变换一下提示词。

　　你可以看到，我切换到了"CHAT"面板中进行提问，这是我个人的习惯。如果我需要对一件事情做研究，来回询问 Cursor，就会用"CHAT"面板，而一旦我要开始做事情，写代码，就会用"COMPOSER"面板。当然，这没有绝对的对和错，只是个人习惯。看到 Cursor 的回答，我明白 Debug 需要对应配置文件才可以生效，如图 5-67 所示。我打开"COMPOSER"面板进行提问，并让 Cursor 来创建必要的文件。我们把同样的提示词输入"COMPOSER"面板的对话框中，Cursor 很快就帮我们把配置文件创建出来了，如图 5-68 所示。

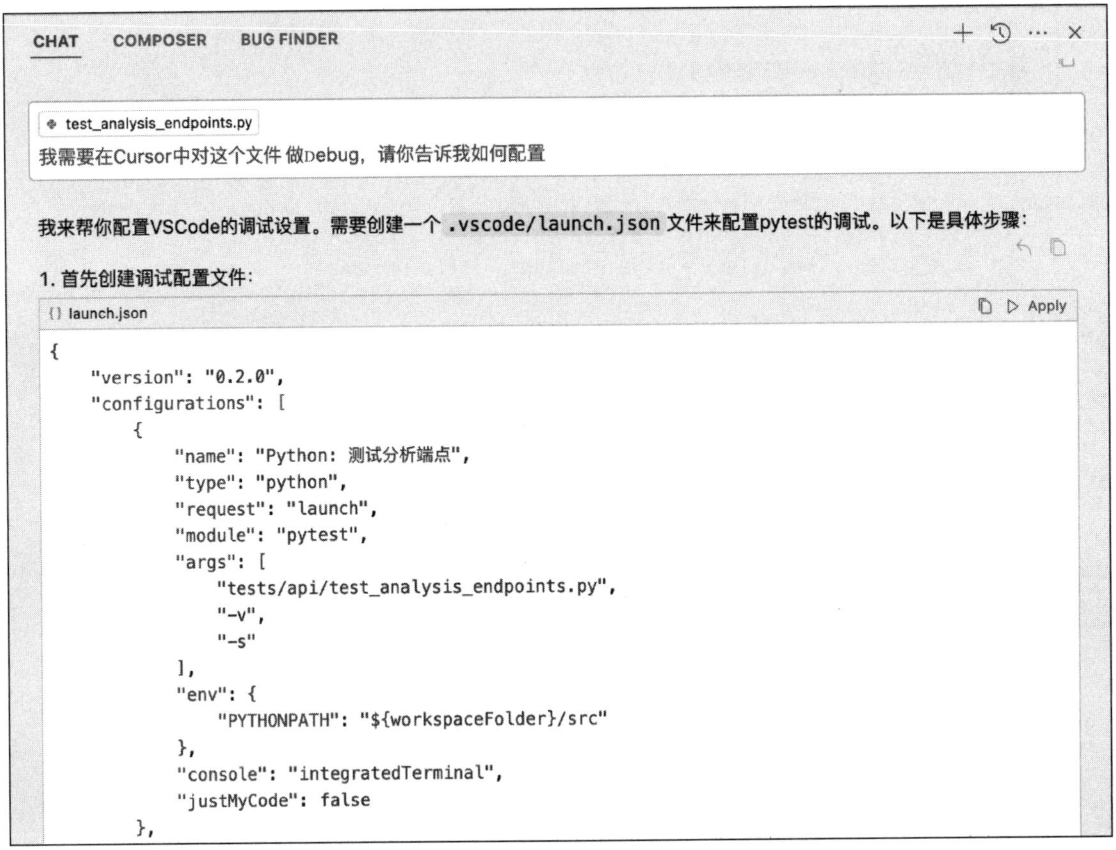

```
CHAT    COMPOSER    BUG FINDER

test_analysis_endpoints.py
我需要在Cursor中对这个文件 做Debug，请你告诉我如何配置

我来帮你配置VSCode的调试设置。需要创建一个 .vscode/launch.json 文件来配置pytest的调试。以下是具体步骤：
1. 首先创建调试配置文件：

launch.json                                                    Apply
{
    "version": "0.2.0",
    "configurations": [
        {
            "name": "Python: 测试分析端点",
            "type": "python",
            "request": "launch",
            "module": "pytest",
            "args": [
                "tests/api/test_analysis_endpoints.py",
                "-v",
                "-s"
            ],
            "env": {
                "PYTHONPATH": "${workspaceFolder}/src"
            },
            "console": "integratedTerminal",
            "justMyCode": false
        },
```

图 5-67

我们应用 Cursor 给出的变更，然后到对应的测试方法中打好断点，如图 5-69 所示。

这里教一下你如何打断点，把光标定位到你想要停顿的行号，代码左边的数字就是行号。然后，单击一下鼠标，就打好断点了。接下来，我们需要用调试器运行这个测试用例。单击图 5-70 中箭头所指的图标。

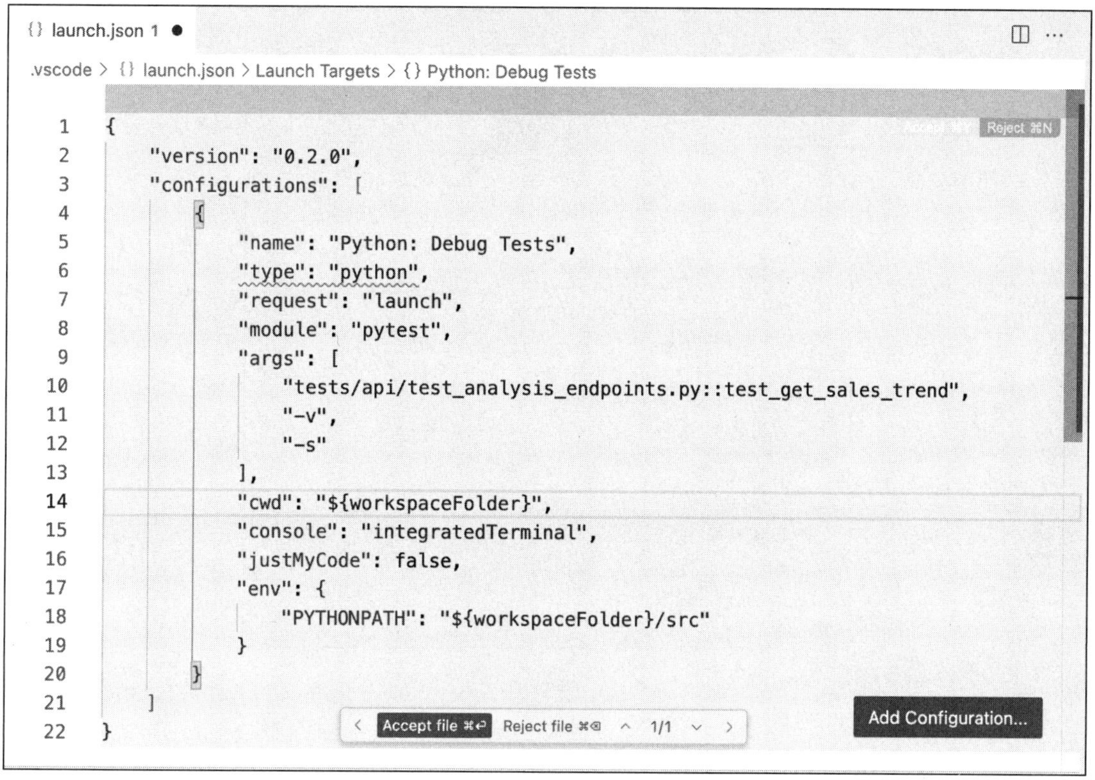
{} launch.json 1
.vscode > {} launch.json > Launch Targets > {} Python: Debug Tests
{
"version": "0.2.0",
"configurations": [
{
"name": "Python: Debug Tests",
"type": "python",
"request": "launch",
"module": "pytest",
"args": [
"tests/api/test_analysis_endpoints.py::test_get_sales_trend",
"-v",
"-s"
],
"cwd": "${workspaceFolder}",
"console": "integratedTerminal",
"justMyCode": false,
"env": {
"PYTHONPATH": "${workspaceFolder}/src"
}
}
]
}
Accept file
Reject file
1/1
Add Configuration...

图 5-68

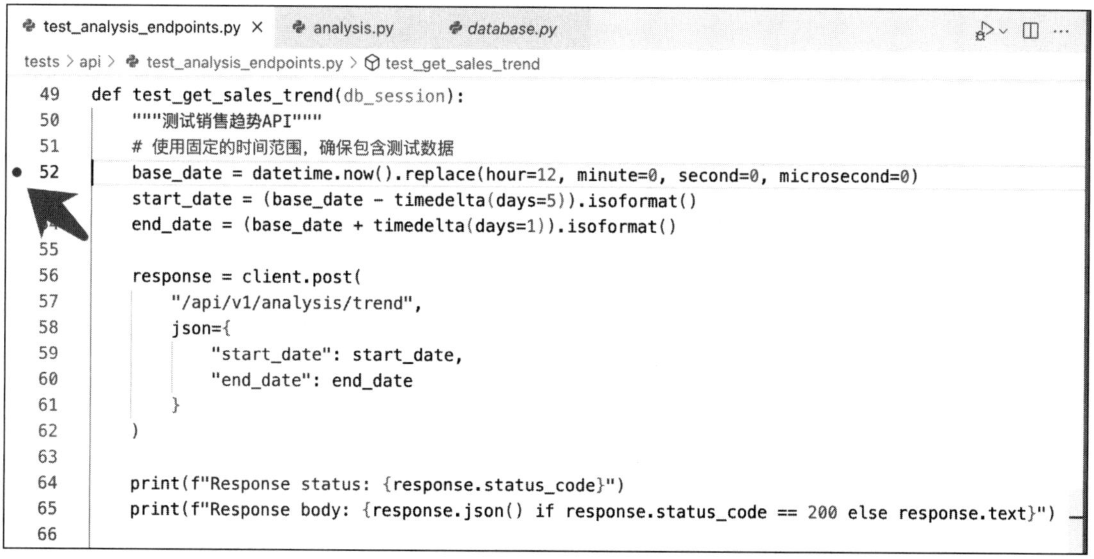
test_analysis_endpoints.py
analysis.py
database.py
tests > api > test_analysis_endpoints.py > test_get_sales_trend
def test_get_sales_trend(db_session):
"""测试销售趋势API"""
# 使用固定的时间范围，确保包含测试数据
base_date = datetime.now().replace(hour=12, minute=0, second=0, microsecond=0)
start_date = (base_date - timedelta(days=5)).isoformat()
end_date = (base_date + timedelta(days=1)).isoformat()
response = client.post(
"/api/v1/analysis/trend",
json={
"start_date": start_date,
"end_date": end_date
}
)
print(f"Response status: {response.status_code}")
print(f"Response body: {response.json() if response.status_code == 200 else response.text}")

图 5-69

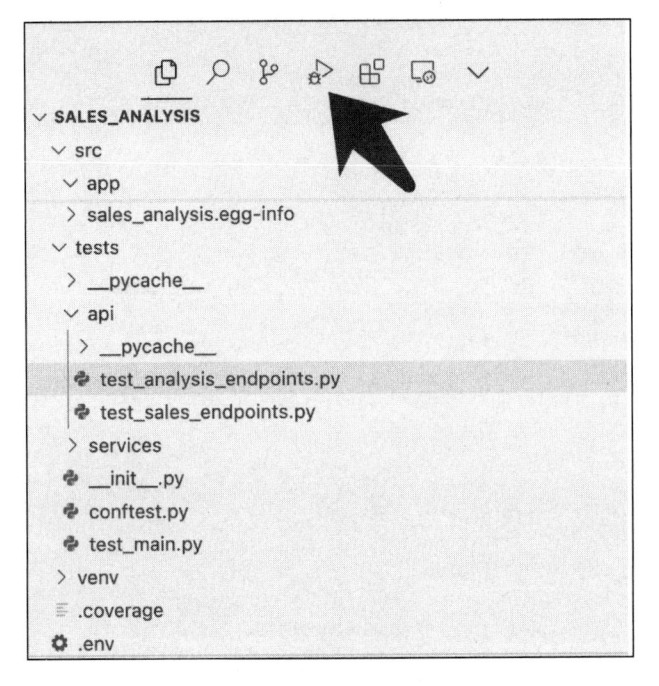

图 5-70

单击这个图标以后，会看到如图 5-71 所示的可运行的 Debug 配置。如果你看不到，就需要再次与 Cursor 对话，让它帮你添加相应的 launch.json 配置。如果你能看到图 5-71 所示的页面，那么直接单击运行按钮即可。

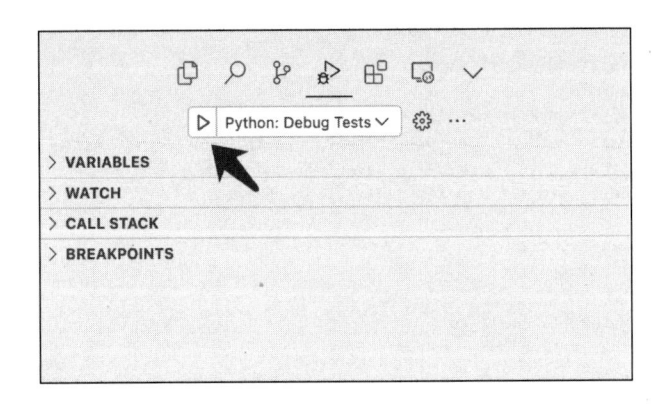

图 5-71

在运行后，程序停在了我们刚才打断点的地方，在 Cursor 页面的上方也出现了断点调试的快捷操作，如图 5-72 所示。箭头所指的区域就是 Debug 操作面板。

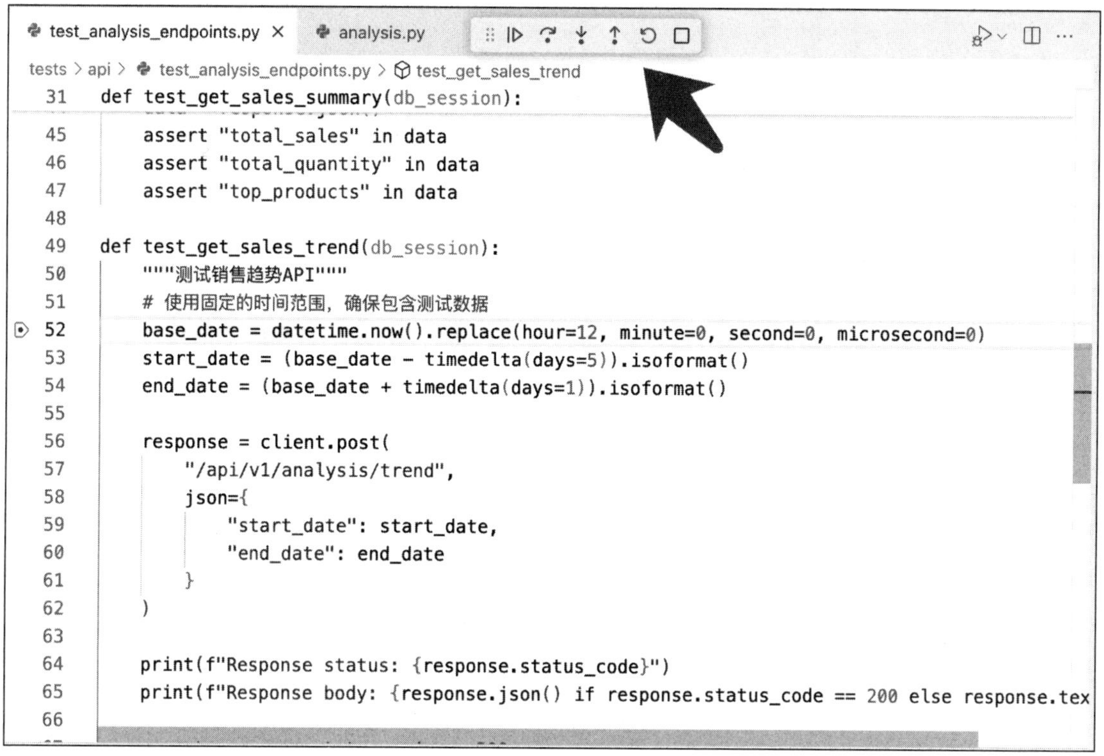
test_analysis_endpoints.py
analysis.py
tests > api > test_analysis_endpoints.py > test_get_sales_trend
def test_get_sales_summary(db_session):
assert "total_sales" in data
assert "total_quantity" in data
assert "top_products" in data
def test_get_sales_trend(db_session):
"""测试销售趋势API"""
# 使用固定的时间范围，确保包含测试数据
base_date = datetime.now().replace(hour=12, minute=0, second=0, microsecond=0)
start_date = (base_date - timedelta(days=5)).isoformat()
end_date = (base_date + timedelta(days=1)).isoformat()
response = client.post(
"/api/v1/analysis/trend",
json={
"start_date": start_date,
"end_date": end_date
}
)
print(f"Response status: {response.status_code}")
print(f"Response body: {response.json() if response.status_code == 200 else response.tex

图 5-72

Debug 操作面板中的各个按钮的作用从左到右依次是：

（1）继续/暂停（F5）：执行到下一个断点。

（2）单步跳过（F10）：从断点处执行单步调试。

（3）单步调试（F11）：进入函数内部。

（4）单步跳出（Shift+F11）：跳出函数内部。

（5）重启（Shift+Command+F15）。

（6）结束（Shift+F5）。

这里其实不用过多的文字描述，你只需要上手操作一下，就可以轻松掌握。请一定要操作起来！我们让程序继续往下运行，发现要测试的 API 响应码是“400”，如图 5-73 所示。这也是下面断言不通过的原因，说明这个 API 内部报错了。

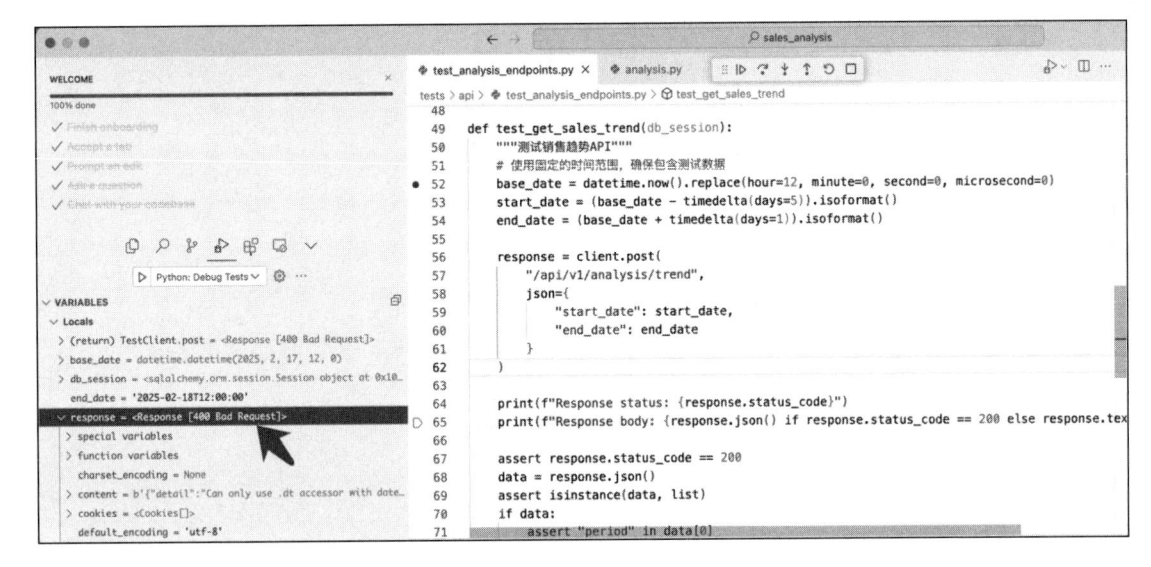

图 5-73

我们先让程序运行完，然后在 API 代码中也打一个断点，看一下为什么报错。这段代码写得很简单，查完数据库，就返回了，只有一种情况会报"400"错误，那就是程序异常了，如图 5-74 所示。

图 5-74

不过，在这里，我发现了 Cursor 生成代码的不足，那就是没有打印异常堆栈信息，这对于实际排查问题非常不利。我又检查了其他代码，也有类似的问题。它捕获了异常，但是没有做错误信息输出。这时，我又想起了 Notepad，我需要把这个规则添加进去。这样，后续再生成代码，就不会犯这个错误了。我添加的内容如下：

```
## 异常处理
在写代码时，如果你捕获了异常，就需要打印异常堆栈信息和当时请求的参数，方便我后续排查问题。
```

不过，对于已有的代码，我们需要用提示词让 Cursor 做批量修改。在修改完代码后，我们再次运行测试代码，这次就能在控制台直观地看到报错信息了，如图 5-75 所示。

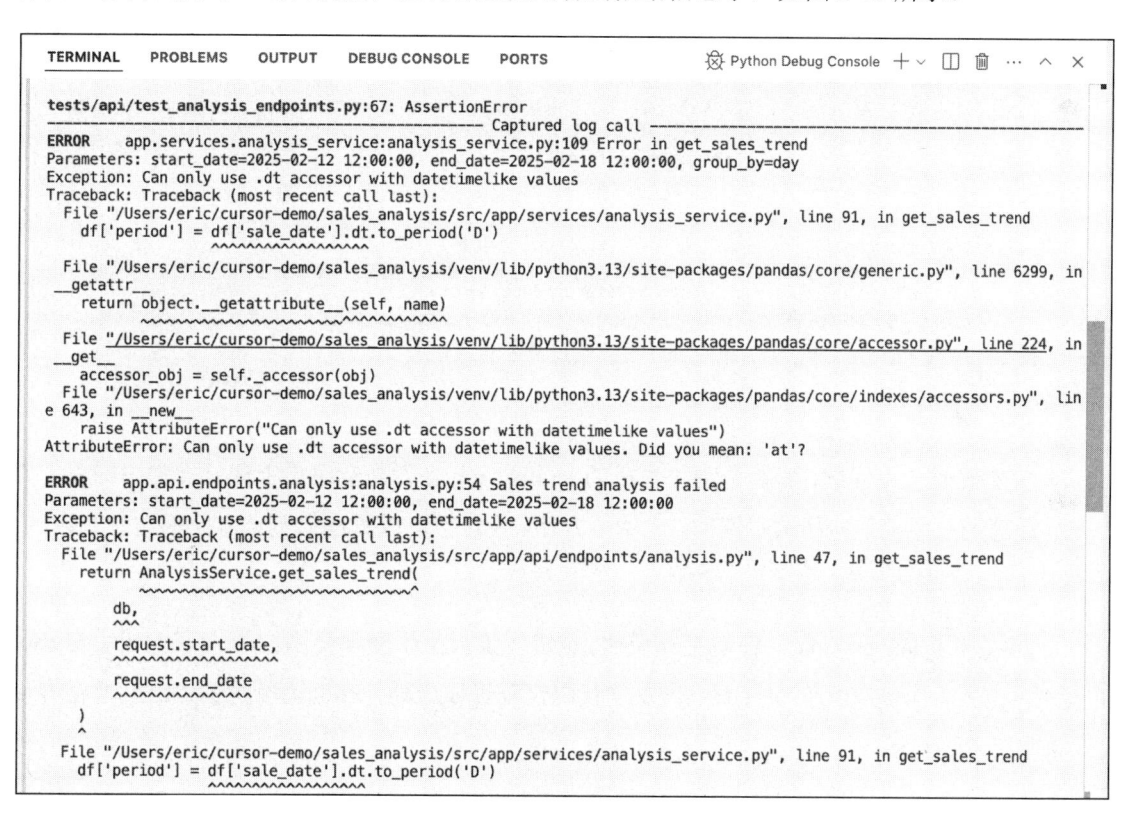

```
TERMINAL    PROBLEMS    OUTPUT    DEBUG CONSOLE    PORTS            Python Debug Console

tests/api/test_analysis_endpoints.py:67: AssertionError
------------------------------- Captured log call -------------------------------
ERROR    app.services.analysis_service:analysis_service.py:109 Error in get_sales_trend
Parameters: start_date=2025-02-12 12:00:00, end_date=2025-02-18 12:00:00, group_by=day
Exception: Can only use .dt accessor with datetimelike values
Traceback: Traceback (most recent call last):
  File "/Users/eric/cursor-demo/sales_analysis/src/app/services/analysis_service.py", line 91, in get_sales_trend
    df['period'] = df['sale_date'].dt.to_period('D')
                   ^^^^^^^^^^^^^^^^^^^^^
  File "/Users/eric/cursor-demo/sales_analysis/venv/lib/python3.13/site-packages/pandas/core/generic.py", line 6299, in __getattr__
    return object.__getattribute__(self, name)
           ^^^^^^^^^^^^^^^^^^^^^^^^^^^^^^^^^^^
  File "/Users/eric/cursor-demo/sales_analysis/venv/lib/python3.13/site-packages/pandas/core/accessor.py", line 224, in __get__
    accessor_obj = self._accessor(obj)
  File "/Users/eric/cursor-demo/sales_analysis/venv/lib/python3.13/site-packages/pandas/core/indexes/accessors.py", line 643, in __new__
    raise AttributeError("Can only use .dt accessor with datetimelike values")
AttributeError: Can only use .dt accessor with datetimelike values. Did you mean: 'at'?

ERROR    app.api.endpoints.analysis:analysis.py:54 Sales trend analysis failed
Parameters: start_date=2025-02-12 12:00:00, end_date=2025-02-18 12:00:00
Exception: Can only use .dt accessor with datetimelike values
Traceback: Traceback (most recent call last):
  File "/Users/eric/cursor-demo/sales_analysis/src/app/api/endpoints/analysis.py", line 47, in get_sales_trend
    return AnalysisService.get_sales_trend(
           ^^^^^^^^^^^^^^^^^^^^^^^^^^^^^^^^
        db,
        ^^
        request.start_date,
        ^^^^^^^^^^^^^^^^^^^
        request.end_date
        ^^^^^^^^^^^^^^^^
    )
    ^
  File "/Users/eric/cursor-demo/sales_analysis/src/app/services/analysis_service.py", line 91, in get_sales_trend
    df['period'] = df['sale_date'].dt.to_period('D')
                   ^^^^^^^^^^^^^^^^^^^^^
```

图 5-75

此时，我们只需要将报错信息交给 Cursor，让它来帮我们解决即可。Cursor 很快就定位到了问题，原来是它之前生成的代码传参格式不对，同时还加了调试日志。我们应用 Cursor 给出的变更，再次运行看一看效果。

这次程序就没有报错了，并且测试用例也是通过的，如图 5-76 所示。后续如果再遇到测试用例不通过，或者 "Cover" 为 "0" 的情况，就可以用这个方法进行排查和修复。关于 Cursor 的调试小技巧，我们就先聊到这里吧。

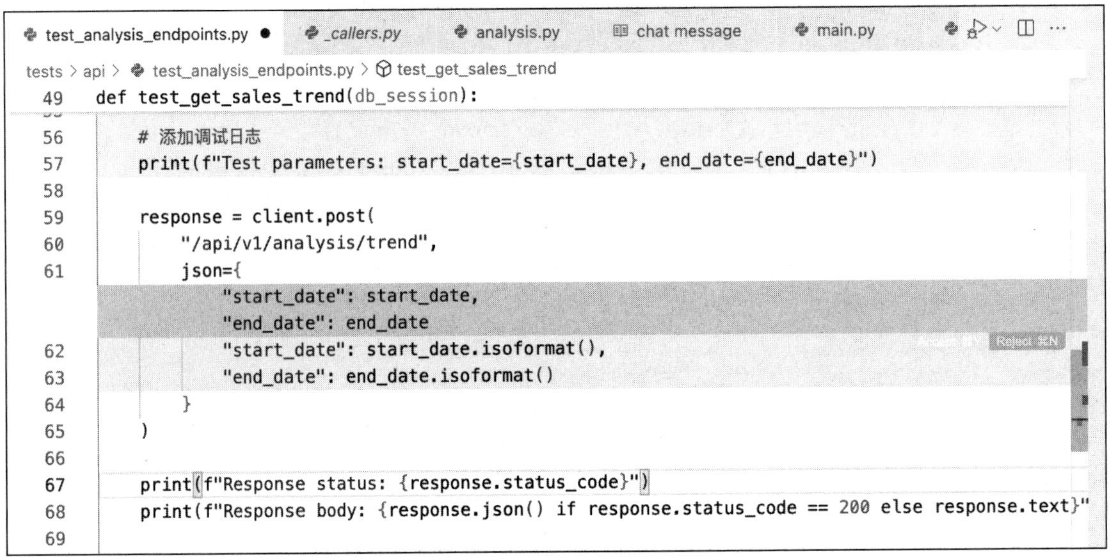

```
49    def test_get_sales_trend(db_session):
56        # 添加调试日志
57        print(f"Test parameters: start_date={start_date}, end_date={end_date}")
58
59        response = client.post(
60            "/api/v1/analysis/trend",
61            json={
                  "start_date": start_date,
                  "end_date": end_date
62                "start_date": start_date.isoformat(),
63                "end_date": end_date.isoformat()
64            }
65        )
66
67        print(f"Response status: {response.status_code}")
68        print(f"Response body: {response.json() if response.status_code == 200 else response.text}"
69
```

图 5-76

我突然想到一个问题，那就是刚才生成的 launch.json 文件是针对单个测试文件中的单个方法的。我是无法调试其他测试用例的，这就不方便。我希望可以对任何测试方法都做断点调试，于是让 Cursor 帮我调整，如图 5-77 所示。

这里添加了 launch.json 文件做补充说明，也进一步显示了变动范围。最后，我们应用 Cursor 的变更，去另一个测试文件中打断点，发现代码也是可以成功停在断点行号的。这就非常方便了，如图 5-78 所示。

原来 Cursor 在 launch.json 文件中又添加了一组配置，可以让我们对打开的文件做调试运行，如图 5-79 所示。不得不感叹 Cursor 真的太强了，我们有需求就可以让它满足，而且它做得又快又好。

第 5 章 Cursor 项目进阶：销售数据分析（后端 Python 部分） | 147

> launch.json
> 我想要在运行任何测试用例的时候，都可以进入断点调试，你帮我修改一下。

我来帮您修改配置，让所有测试用例都可以进入断点调试。有两种方式：

1. 首先修改 `.vscode/launch.json`，添加两个调试配置：

```
"name": "Python: Debug Current Test File",
"type": "python",
"request": "launch",
"module": "pytest",
"args": [
    "${file}",
    "-v",
    "-s",
    "--pdb"
],
"cwd": "${workspaceFolder}",
```

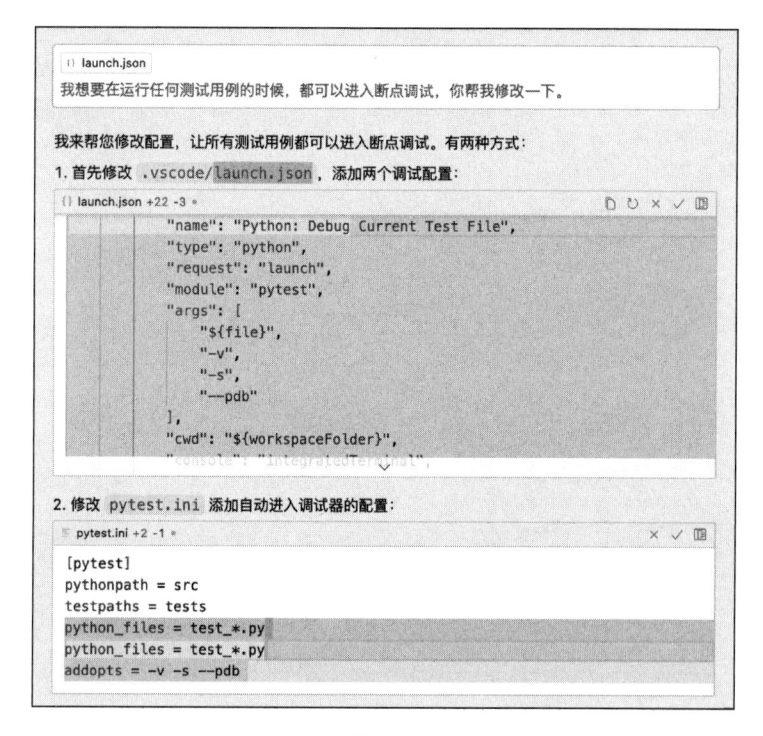

2. 修改 `pytest.ini` 添加自动进入调试器的配置：

```
[pytest]
pythonpath = src
testpaths = tests
python_files = test_*.py
python_files = test_*.py
addopts = -v -s --pdb
```

图 5-77

```python
import pytest
from fastapi.testclient import TestClient
from app.main import app
from io import BytesIO

client = TestClient(app)

def test_get_products():
    """测试获取产品列表API"""
    response = client.get("/api/v1/sales/products")
    assert response.status_code == 200
    data = response.json()
    assert isinstance(data, list)

def test_get_sales():
    """测试获取销售记录API"""
    response = client.get("/api/v1/sales/sales")
    assert response.status_code == 200
    data = response.json()
    assert isinstance(data, list)
```

图 5-78

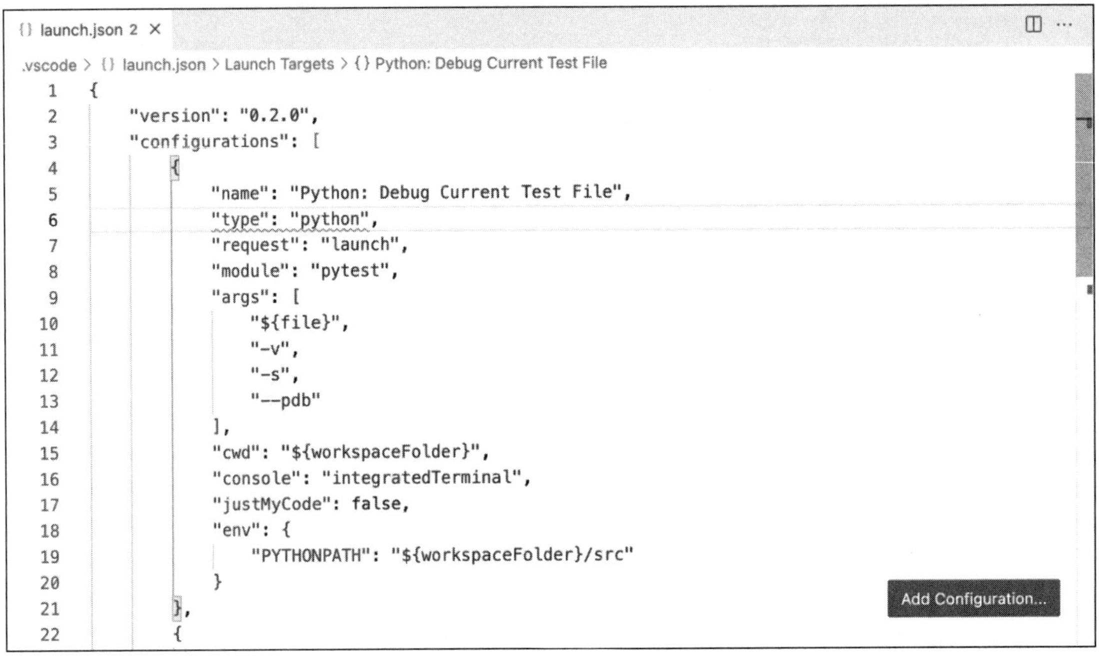
{} launch.json 2 ×
.vscode > {} launch.json > Launch Targets > {} Python: Debug Current Test File
{
"version": "0.2.0",
"configurations": [
{
"name": "Python: Debug Current Test File",
"type": "python",
"request": "launch",
"module": "pytest",
"args": [
"${file}",
"-v",
"-s",
"--pdb"
],
"cwd": "${workspaceFolder}",
"console": "integratedTerminal",
"justMyCode": false,
"env": {
"PYTHONPATH": "${workspaceFolder}/src"
}
},
{
Add Configuration...

图 5-79

5.5 Notepad的妙用

Notepad 不仅是一个简单的记事本，还是一个强大的上下文共享工具，能帮助我们更好地组织思路和管理代码片段。Notepad 提供了一个临时的工作区域，让我们可以快速记录想法、存储代码片段，以及与 Cursor 进行更有条理的对话。

它的页面简洁直观，使用起来非常方便。通过编写 Notepad，我们可以方便地保存和管理常用的代码片段。这些代码片段可以在需要时被快速调用，大大提高了开发效率。同时，我们还可以为这些代码片段添加注释和标签，使其更易于管理和查找。

最后，Notepad 是与 Cursor 进行深度交互的利器。我们可以在这里详细描述我们的需求，保存在“CHAT”面板中 Cursor 给出的步骤，甚至列明规则与边界。这种方式特别适合处理复杂的编程任务。除了代码相关的工作，Notepad 还可以用来编写项目文档、记录开发日志、整理技术要点等。它的多功能性使其成为开发过程中不可或缺的工具。

比如，在前面开发 Python 后端项目时，我们就用它做了下面这些事。

（1）使用 Notepad 组织开发思路。

（2）创建和管理代码模板。

（3）使用 Notepad 优化与 Cursor 的交互。

（4）增加项目级别的规则与边界。

通过合理使用 Notepad，我们可以建立一个效率更高的开发流程，让编程工作变得更加轻松和有序。以下是我在开发 Python 后端项目的过程中，不断补充完善得到的 Notepad 最终版，不一定适合你的场景，只是给你参考，打开你的思路。

```
# 项目实现顺序
1. 实现顺序和提示词
(1) 设置项目的基础目录结构。
请帮我创建 sales_analysis 项目的基础目录结构，包括所有必要的空文件。
(2) 创建数据库配置。
请帮我实现 MySQL 数据库配置文件，包括 database.py 和 config.py，需要支持环境变量配置。
(3) 实现数据模型。
请帮我实现销售数据分析系统的 SQLAlchemy 数据模型，包括产品表和销售记录表。
(4) 实现数据处理服务。
请帮我实现 CSV 数据处理服务，包括数据清洗和导入数据库的功能。
(5) 实现 API 路由。
请帮我实现销售数据分析系统的 FastAPI 路由，包括数据导入、查询和分析 API。
(6) 实现数据分析服务。
请帮我实现销售数据分析服务，包括销售汇总、趋势分析等功能。
2. 测试数据示例
创建示例 CSV 文件 `data/sample_sales.csv`：
product_id,product_name,category,price,quantity,sale_date
1,产品 A,电子,99.9,2,2024-01-01
2,产品 B,服装,199.9,1,2024-01-02
# 规则
以下是我定义的一些规则，你在生成代码或者回答我的问题时，必须要遵守这些规则。
## 依赖安装
由于我在本地没有安装 ssl certificate，所以每次执行 pip install xxx 命令都会报错。
我希望你在生成 pip 安装命令时，直接给我一个不会报错的命令。
## 异常处理
在写代码时，如果你捕获了异常，就需要打印异常堆栈信息和当时请求的参数，方便我后续排查问题。
# 测试
好的，我来帮你制订一个完整的测试计划。基于当前的代码库，我们可以分为以下几个测试层次：
## 1. 单元测试 (Unit Tests)
```

A. CSV 服务测试 (`tests/services/test_csv_service.py`)
- 测试数据清洗功能
  - 测试重复数据删除
  - 测试空值处理
  - 测试数值转换
  - 测试日期格式化
- 测试产品数据导入
- 测试销售记录导入
B. 分析服务测试 (`tests/services/test_analysis_service.py`)
- 测试销售汇总计算
- 测试销售趋势分析
- 测试品类分析
- 测试产品表现分析
2. 集成测试 (Integration Tests)
A. API 端点测试 (`tests/api/test_sales_endpoints.py`)
- 测试 CSV 文件上传
- 测试产品列表获取
- 测试销售记录查询
- 测试销售汇总数据
B. 数据库集成测试 (`tests/db/test_database.py`)
- 测试数据库连接
- 测试事务处理
- 测试模型关系
3. 功能测试 (Functional Tests)
创建测试数据文件 `tests/data/test_sales.csv`：
product_name,category,price,quantity,sale_date
测试产品 A,电子,99.9,2,2024-01-01
测试产品 B,服装,199.9,1,2024-01-02
测试产品 C,食品,29.9,5,2024-01-03
4. 测试代码示例
这里是一个单元测试的示例实现：
```
import pytest
import pandas as pd
from datetime import datetime
from app.services.csv_service import CSVService
from app.models.models import Product, SaleRecord
def test_clean_data():
    # 创建测试数据
    test_data = {
        'product_name': ['产品 A', '产品 A', '产品 B'],
        'category': ['电子', '电子', '服装'],
        'price': ['99.9', '99.9', '199.9'],
```

```python
        'quantity': ['2', '2', '1'],
        'sale_date': ['2024-01-01', '2024-01-01', '2024-01-02']
    }
    df = pd.DataFrame(test_data)
    # 执行清洗
    cleaned_df = CSVService.clean_data(df)
    # 验证结果
    assert len(cleaned_df) == 2  # 验证重复数据被删除
    assert cleaned_df['price'].dtype == float  # 验证价格转换为 float
    assert cleaned_df['quantity'].dtype == int  # 验证数量转换为 int
```

5. 运行测试

添加以下命令到 `pyproject.toml`：

```
[tool.pytest.ini_options]
testpaths = ["tests"]
python_files = "test_*.py"
addopts = "-v --cov=app"
```

6. 测试依赖安装

```
pip install pytest pytest-cov --trusted-host pypi.python.org --trusted-host files.pythonhosted.org --trusted-host pypi.org
```

记录

以下是我个人的笔记部分，你可以直接忽略它们。

```
pytest --cov=app tests/ -v
PYTHONPATH=src pytest tests/ -v --cov=app
```

第 6 章　Cursor 项目进阶：销售数据分析（前端 Vue.js 框架部分）

在本章中，我们将探讨如何使用 Vue.js 框架构建销售数据分析系统的前端页面。我们将重点关注如何利用 Cursor 加速 Vue.js 框架的组件开发，并实现流畅的用户交互体验。通过结合 Vue.js 框架的响应式特性和 Cursor 的智能辅助功能，我们将打造一个既美观又实用的 Web 应用页面。

6.1　前置工作

在开始编写代码之前，我们需要做一些准备工作。首先，要确保本地开发环境已经就绪，包括安装了 Vue.js 框架所需的工具和软件。同时，我们还需要充分理解项目的基本需求和技术架构。

前端项目主要包含以下几个关键部分。
（1）数据可视化展示：展示销售趋势和分类统计数据。
（2）数据上传功能：支持 CSV 文件的上传和处理。
（3）数据查询页面：支持用户按多个条件查询销售记录。
（4）响应式布局：确保在各种设备上实现良好的显示效果。

我们将采用 Vue.js 3 作为主要的前端框架。对于用户页面和数据可视化框架，我们让 Cursor 做出合适的选择。

6.1.1　创建前端项目

说实话，我对 Vue.js 框架不太熟悉，甚至对当今的主流前端框架都知之甚少。我之所以会使用 Vue.js 框架，是因为询问了身边几个做前端开发的朋友，他们推荐我使用 Vue.js 框架来做这次前端项目的技术框架，因为他们觉得这样对你更有参考价值。

虽然我不了解这些技术框架，但这正是 Cursor 能够发挥重要作用的地方。通过 Cursor 的智能辅助，我们可以更快地理解 Vue.js 框架的核心概念和最佳实践，而且 Cursor 能够帮助我们生成符合 Vue.js 框架规范的代码模板，大大降低了学习门槛。

与后端项目一样，我们还是先在"CHAT"面板中得到生成整个项目的步骤和细节。这里教你一个小技巧，单击当前项目窗口的"File"下拉菜单，然后单击"New Window"选项新建一个窗口，如图 6-1 所示。

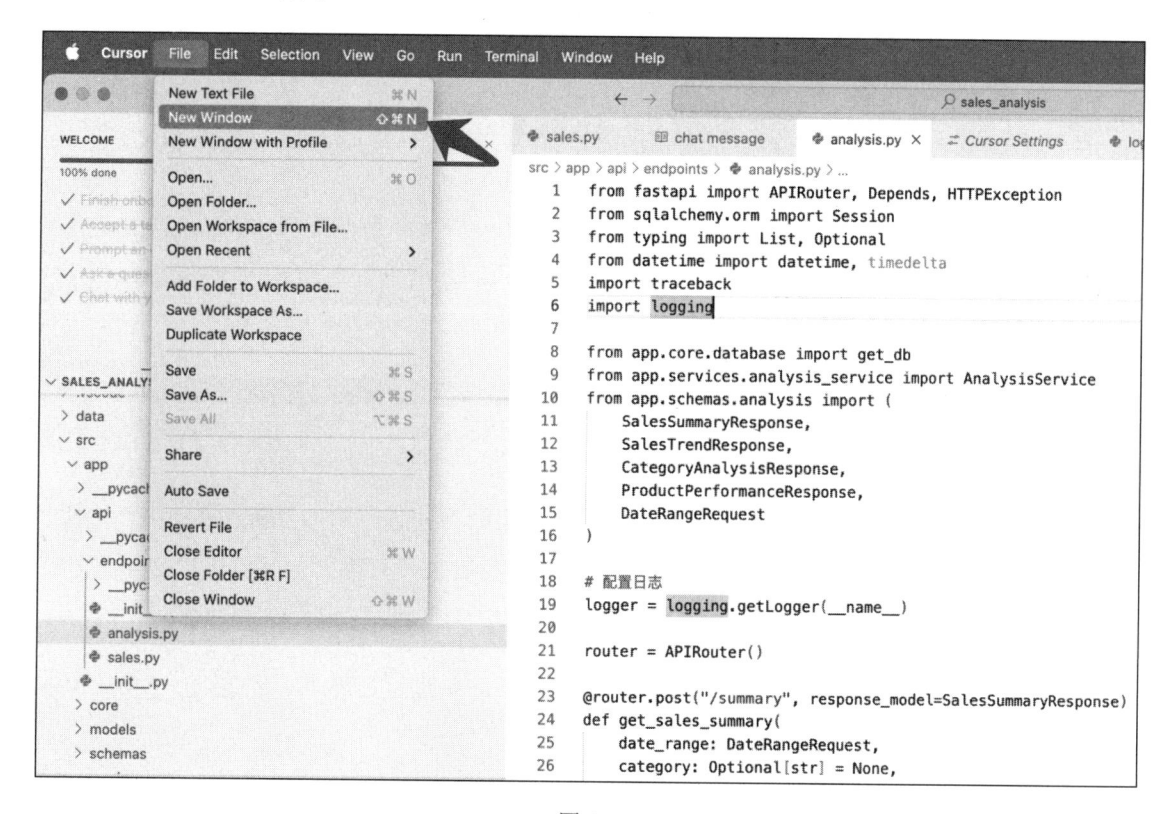

图 6-1

因为稍后需要来回切换前端、后端项目，所以这种多项目窗口共同管理的方式的效率会更高！在新打开的 Cursor 窗口中，我们需要单击"Open project"按钮来新建一个项目，如图 6-2 所示。

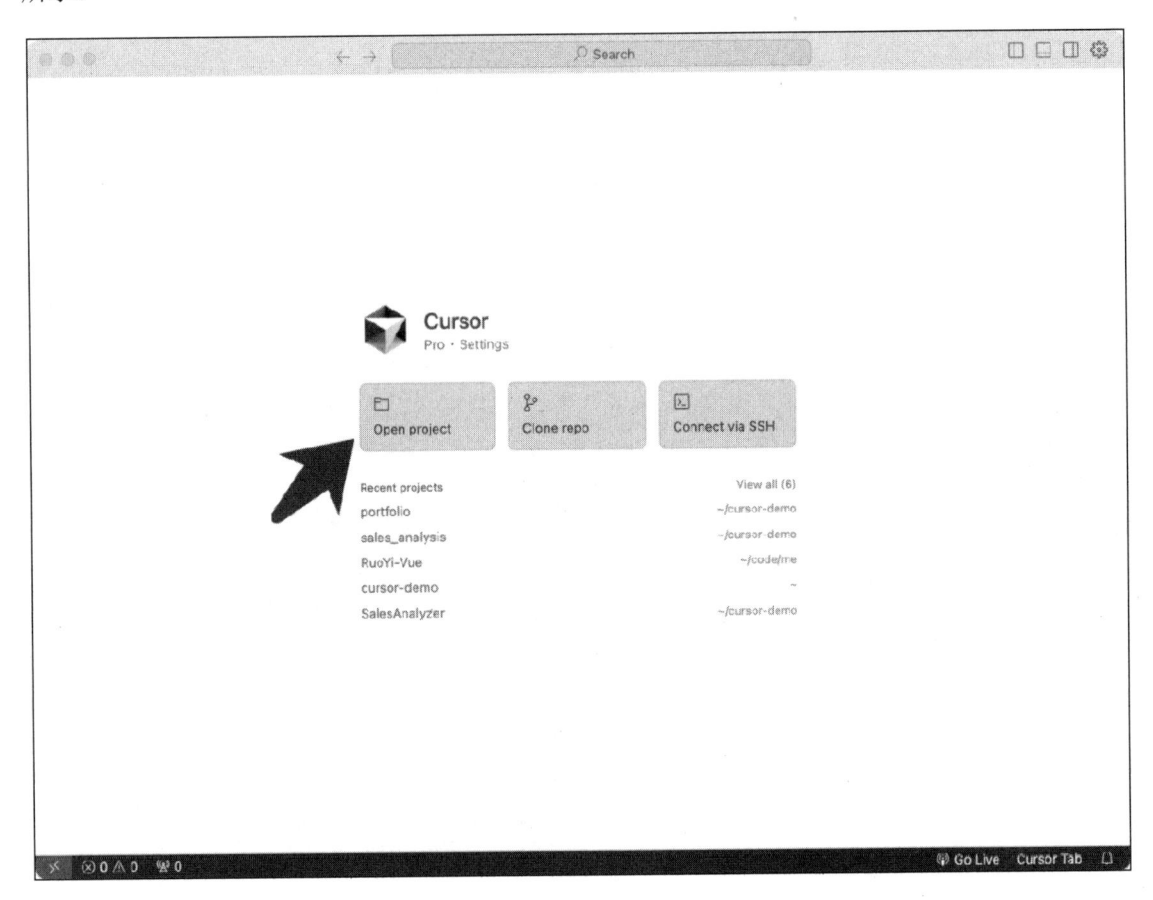

图 6-2

我建议你把前端项目的文件夹和后端项目的文件夹放到一起。单击"新建文件夹"按钮，然后给它取名为"sales_analysis_web"，名字没有特别的要求，只需要一眼看过去知道它是干什么的就行，如图 6-3 所示。

最后，我们打开刚才新建的文件夹，就可以在 Cursor 中进行管理了。这样，一个新的前端项目就创建好了，如图 6-4 所示。

第 6 章　Cursor 项目进阶：销售数据分析（前端 Vue.js 框架部分） | 155

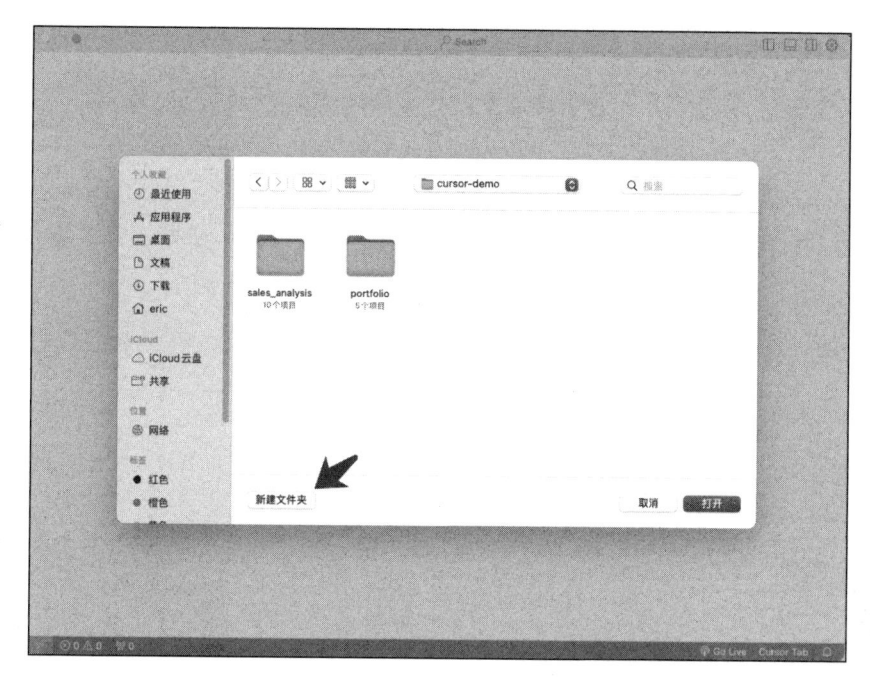

图 6-3

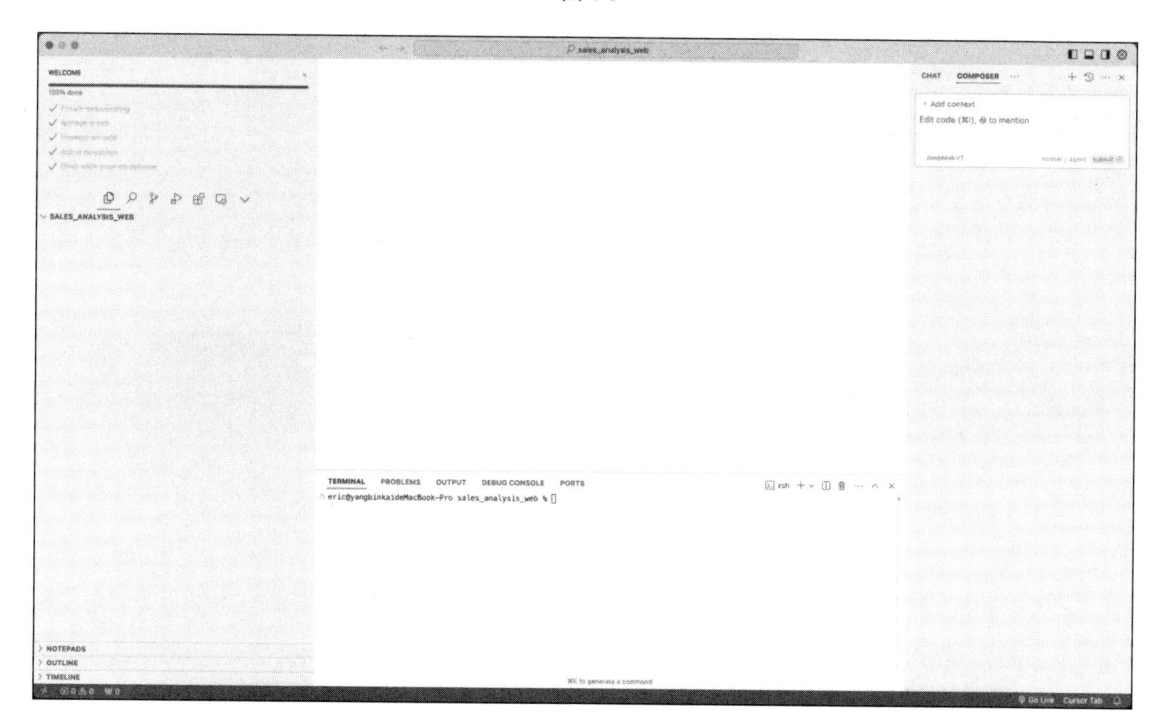

图 6-4

6.1.2 为项目添加文档

下面通过在"CHAT"面板中与 Cursor 对话，确定前端项目的开发步骤。开发流程与实现后端 Python 项目的开发流程一样。后面我们要做新项目，也都使用这个开发流程，即先在"CHAT"面板中确定开发步骤，再在"COMPOSER"面板中逐步实现。希望你也可以遵循这条路线。首先，我们要确保后端项目正常启动，如果没有启动，那么回到后端项目，找到"run.py"文件，单击鼠标右键，运行当前文件即可，如图 6-5 所示。

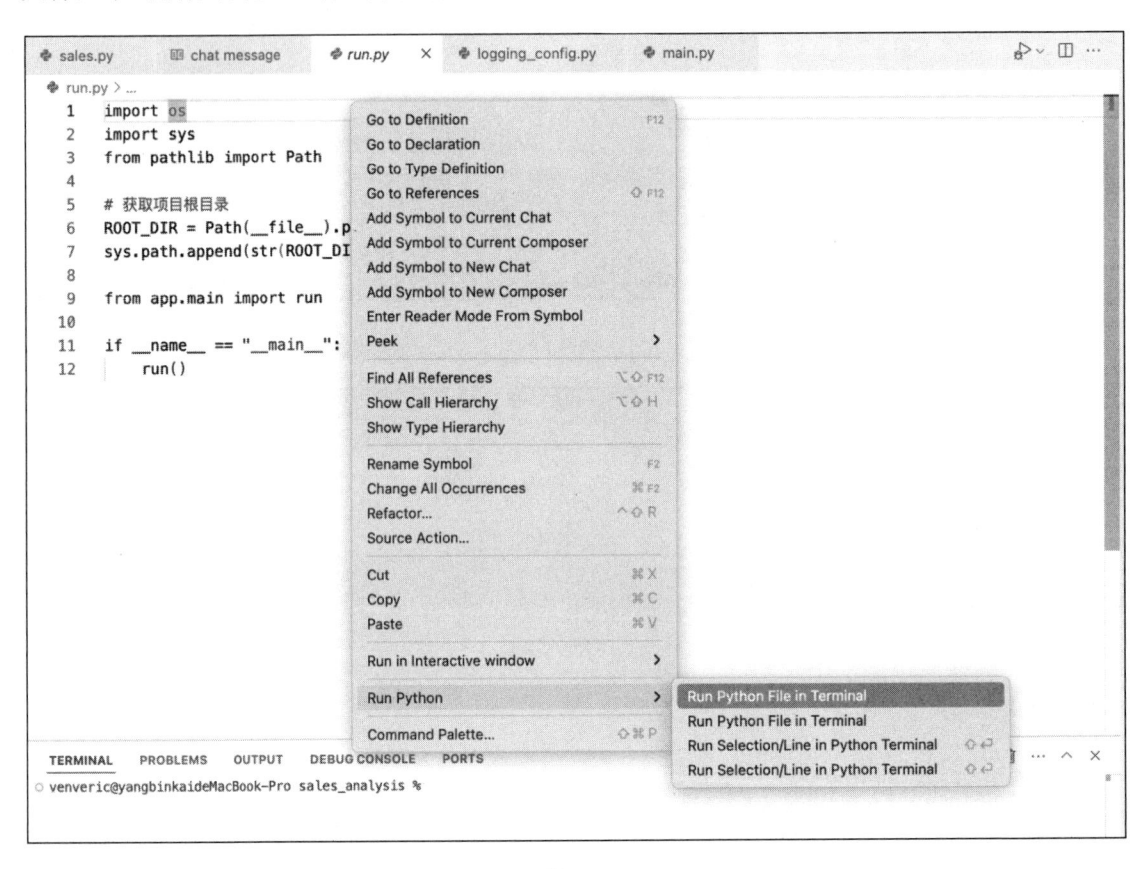

图 6-5

之所以要启动后端项目，其实是为了拿到 API 文档。我们首先在浏览器中访问这个页面：http://localhost:8000/docs。在浏览器中，你会看到一个 Swagger UI 页面，它是后端项目的在线 API 文档，如图 6-6 所示。前后端程序员在沟通协作时，通常都是通过这类在线文档完成的。

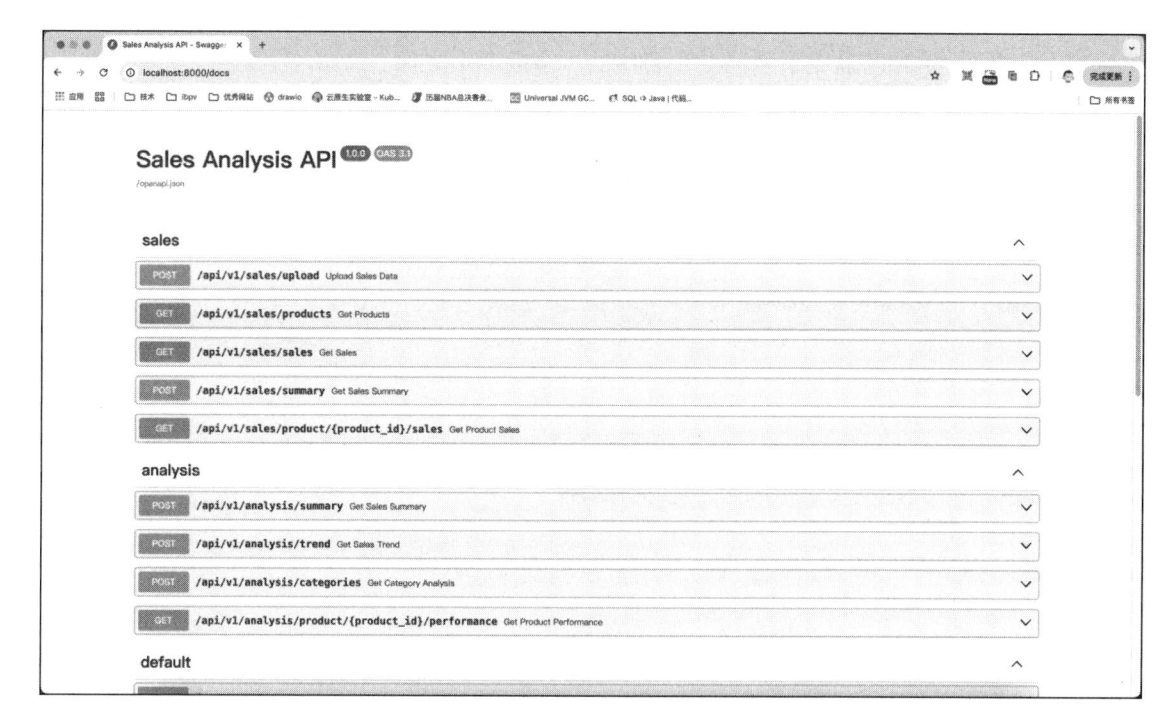

图 6-6

因此，Cursor 当下作为一个前端程序员，必须有读懂 API 文档，尤其是在线文档的能力。

其实让 Cursor 读懂文档有三种方式。我们打开"CHAT"面板，分别介绍一下。

第一种让 Cursor 读懂文档的方式是引用文件，我们输入 @ 会看到引用上下文的候选列表，如图 6-7 所示。

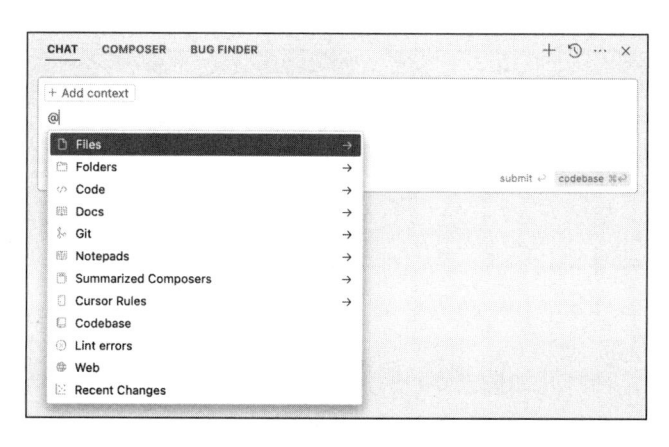

图 6-7

第一个选项"Files"就是引用当前项目中的一个或多个文件。比如，别人给了你一个 Word 文档和 PDF 文档，你就可以把它们放到项目中，然后通过这种形式来引用。

第二种让 Cursor 读懂文档的方式是 @Docs 这个选项。我们选择它后，会看到 Cursor 内置的文档，如图 6-8 所示。

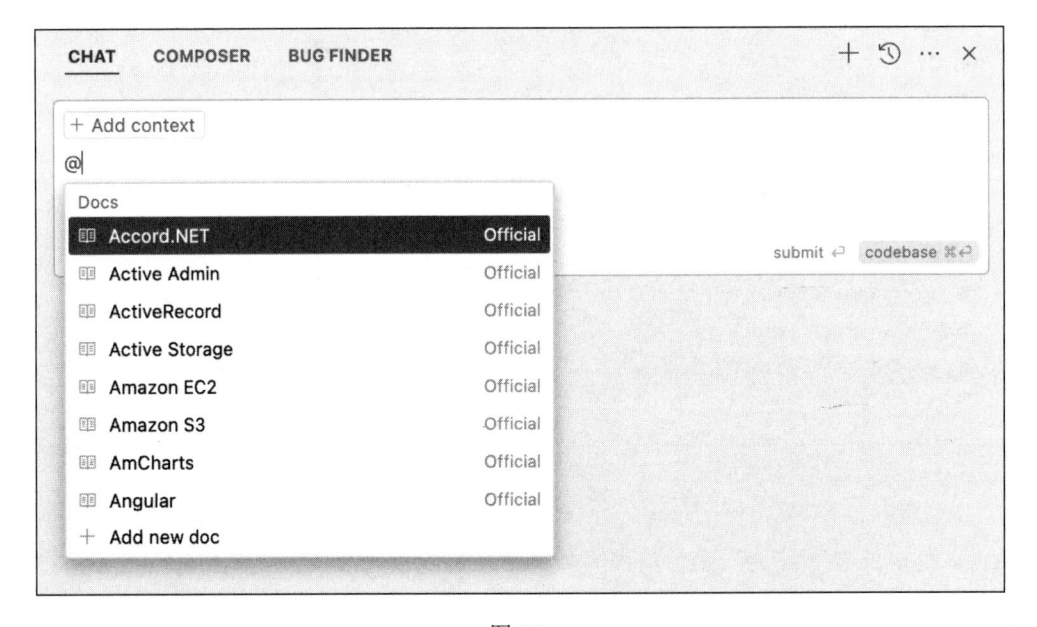

图 6-8

如果你想添加新文档，就单击"Add new doc"选项，此时会出现一个文档地址的输入框，把文档的地址填写进去即可，如图 6-9 所示。

图 6-9

然后，按回车键，会打开如图 6-10 所示的编辑表单的页面。在确认没有问题后，可以单击"Confirm"按钮。

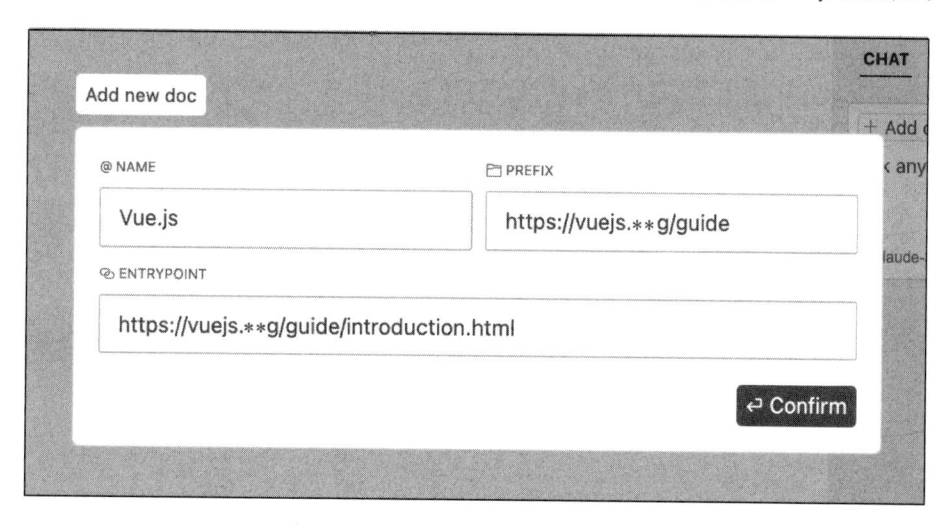

图 6-10

这时，会打开如图 6-11 所示的页面。它是全局定义 Docs 的地方，项目级别的文档都在这里集中管理。刚才添加的 Vue.js 文档就在其中。

图 6-11

这里再教你一个小技巧，每天都要来刷新这些手动添加的文档，单击图 6-12 中箭头所指的按钮。

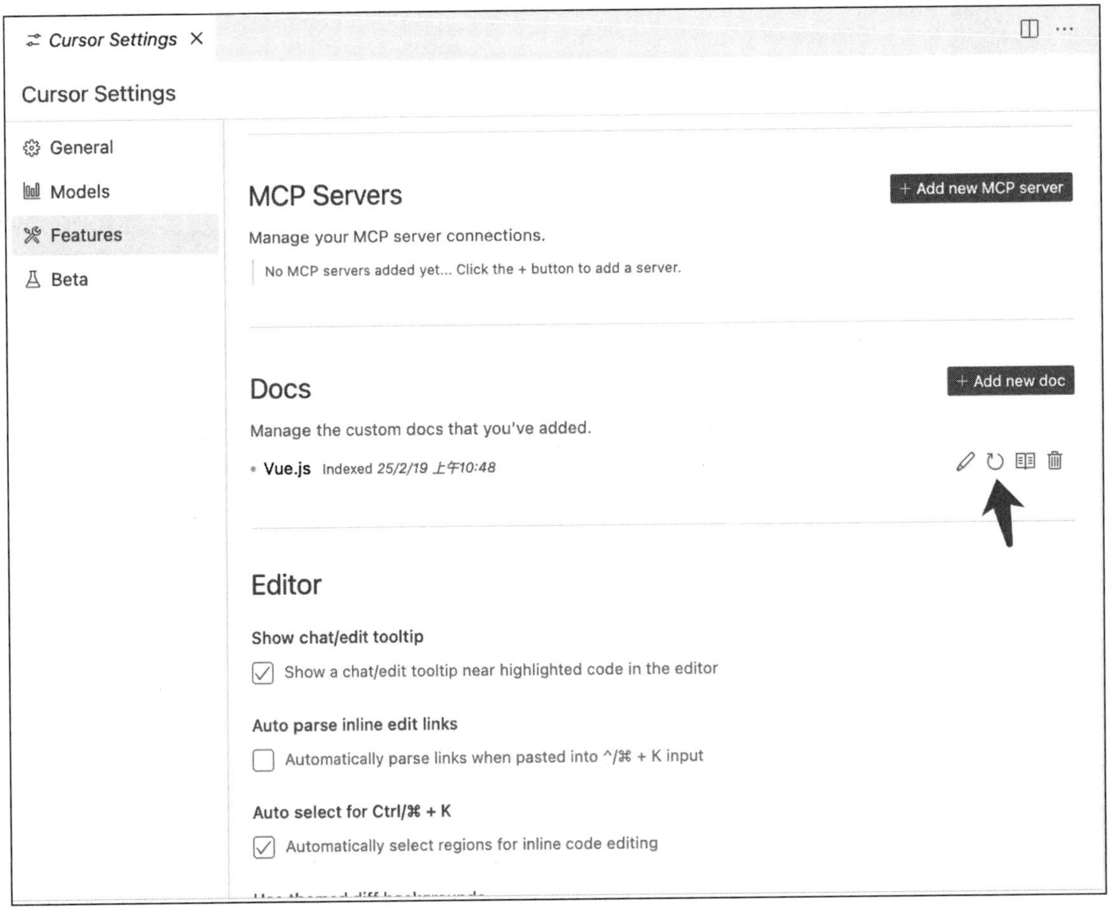

图 6-12

Docs 的工作逻辑是，先下载到本地，构建索引，然后在项目级别做上下文引用。由于目前 Cursor 还没有定时更新的能力，如在线文档中添加了新 API，你在本地是感受不到的，这会造成信息不同步，带来不必要的麻烦，所以目前手动同步是很有必要的。你可以单击刷新按钮后面的按钮来查看你本次索引了多少页面，如果与刷新前相比，刷新后页面数量有变化，就是在线文档发生了变更，如图 6-13 所示。

聪明的你也许发现了第三种读懂文档的方式，那就是单击"Cursor Settings"→"Features"

选项，一次性添加，这里添加的逻辑与步骤和第二种方式类似，我就不演示了。我个人认为最好的方式是在刚开始创建项目时，就一次性把这些文档添加进来，让 Cursor 这名新员工对接下来要做的事情，以及整个项目的大框架有较为全面的认识，后面它才能做得更好。

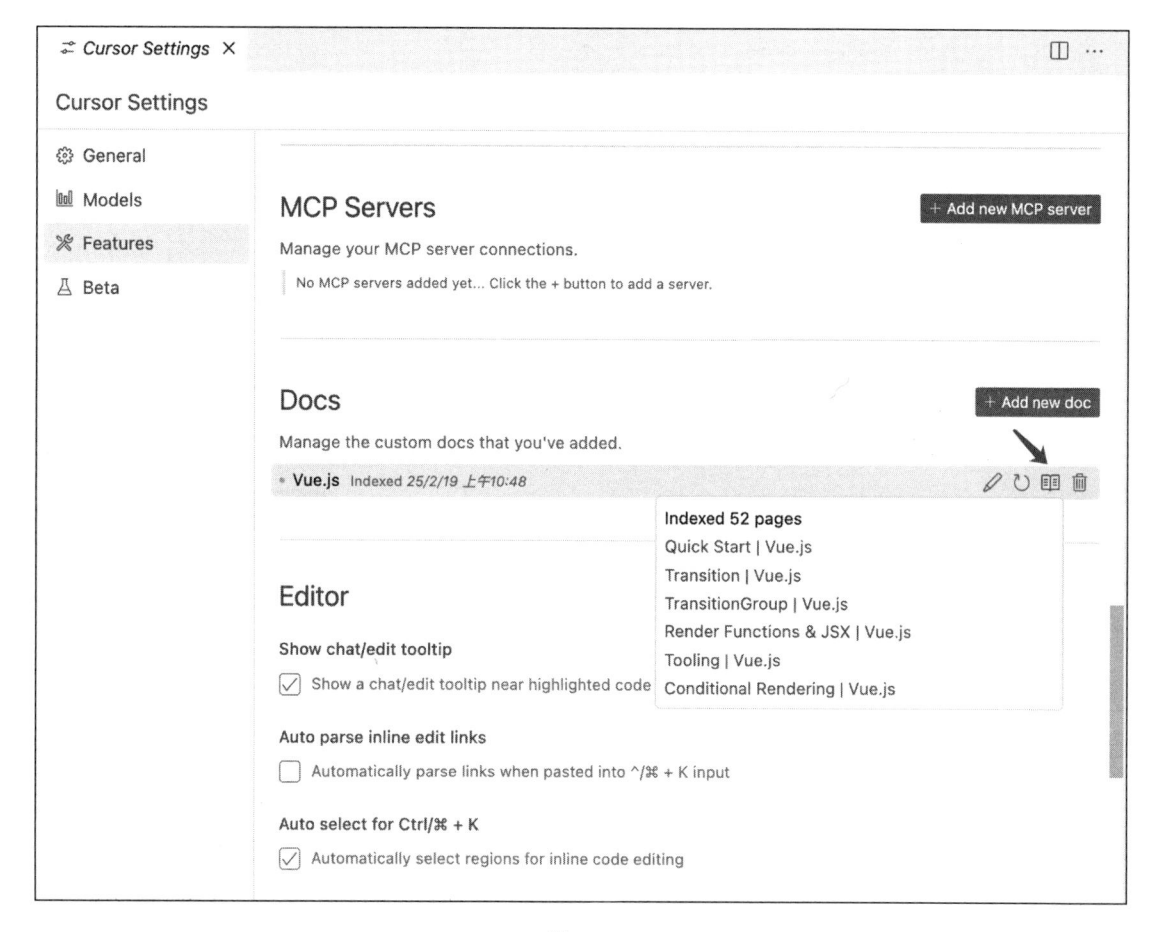

图 6-13

这里再说一些特殊情况，比如我的本地文档的地址无法添加，会显示如图 6-14 所示的错误信息。

后来，我换了一个之前部署到线上的项目文档地址，它是可以正常索引的，如图 6-15 所示。

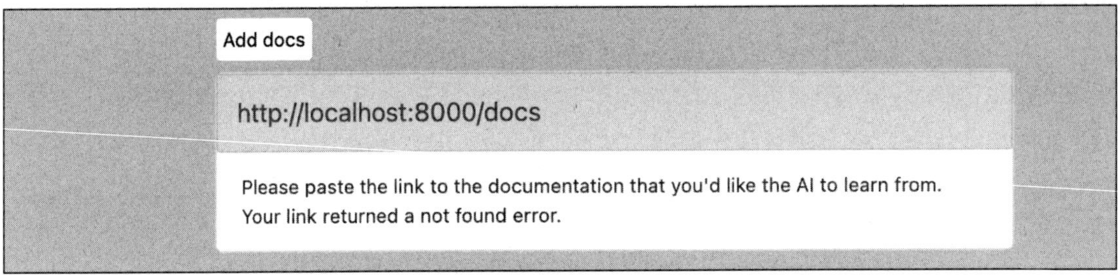

图 6-14

图 6-15

但是当我在本地启动这个项目，然后复制本地项目的 API 文档地址时，还是会显示无法添加的错误信息，如图 6-16 所示。我初步判断它目前不支持本地的文档地址以这种形式导入。

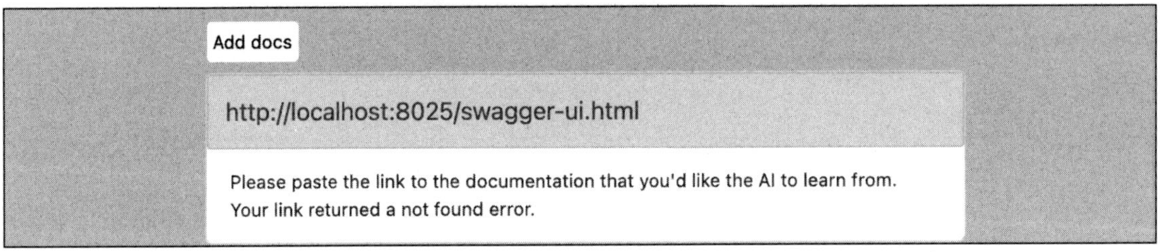

图 6-16

所以，我只能复制后端 Python 项目 API 文档的 JSON 定义。打开这个地址 http://localhost:8000/openapi.json，浏览器会返回一些 JSON 内容。复制这些内容，到项目中创建一个文件，用于后续文档的引用，如图 6-17 所示。

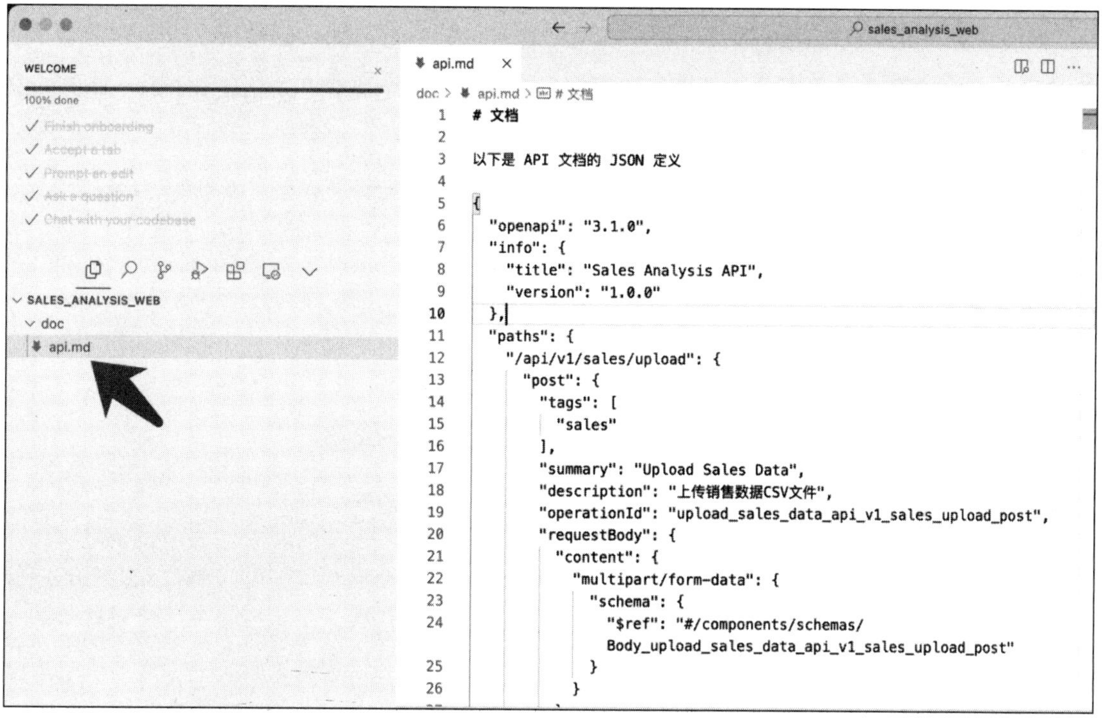

第 6 章　Cursor 项目进阶：销售数据分析（前端 Vue.js 框架部分）　| 163

图 6-17

6.2　实现前端代码

下面来实现前端代码，先在"CHAT"面板中与 Cursor 聊一聊想法，确定开发步骤。

6.2.1　用"CHAT"面板确定开发步骤

打开"CHAT"面板，首先引用 api.md 和 Vue.js 的文档作为上下文，然后输入下面的提示词。

我希望你基于 api.md 中的 API 内容，开发一个前端项目。
项目需要用到 Vue.js 和其他一些配套的前端组件。
整体页面风格希望可以做得简洁、大方。
对于一些数据展示的业务模块，希望可以增加图表组件的支持，看上去更加直观。
我希望你可以清晰罗列每个步骤，方便我后续在"COMPOSER"面板中与 Cursor 进行沟通需要注意的是，这段提示词可能并不完善。你可以结合自己的实际情况，以及对前端项目的预期做出相应调整。在输入提示词后，按回车键，Cursor 很快就给出了回复，如图 6-18 所示。

```
CHAT    COMPOSER    BUG FINDER                              + ⟲ ⋯ ✕

  api.md    Vue.js
@api.md  @Vue.js
我希望你基于api.md中的API内容，开发一个前端项目。
项目需要用到Vue.js和其他一些配套的前端组件。
整体页面风格希望可以做得简洁、大方。
对于一些数据展示的业务模块，希望可以增加图表组件的支持，看上去更加直观。
我希望你可以清晰罗列每个步骤，方便我后续在"COMPOSER"面板中与Cursor进行沟通

 Introduction | Vue.js   Quick Start | Vue.js   Ways of Using Vue | Vue.js   Performance | Vue.js
 Composition API FAQ | Vue.js   Tooling | Vue.js   +6 more

好的,我来帮您规划一个基于Vue.js的前端项目方案。基于API文档,这是一个销售数据分析系统。我将分步骤说明项目搭建过程:

1. 项目初始化

首先使用Vue CLI创建项目:

npm create vue@latest

# 选择以下配置:
✓ Project name: sales-analysis-system
✓ Add TypeScript? Yes
✓ Add JSX Support? No
✓ Add Vue Router? Yes
✓ Add Pinia for state management? Yes
✓ Add Vitest for Unit Testing? No
✓ Add an End-to-End Testing Solution? No
✓ Add ESLint for code quality? Yes
✓ Add Prettier for code formatting? Yes
```

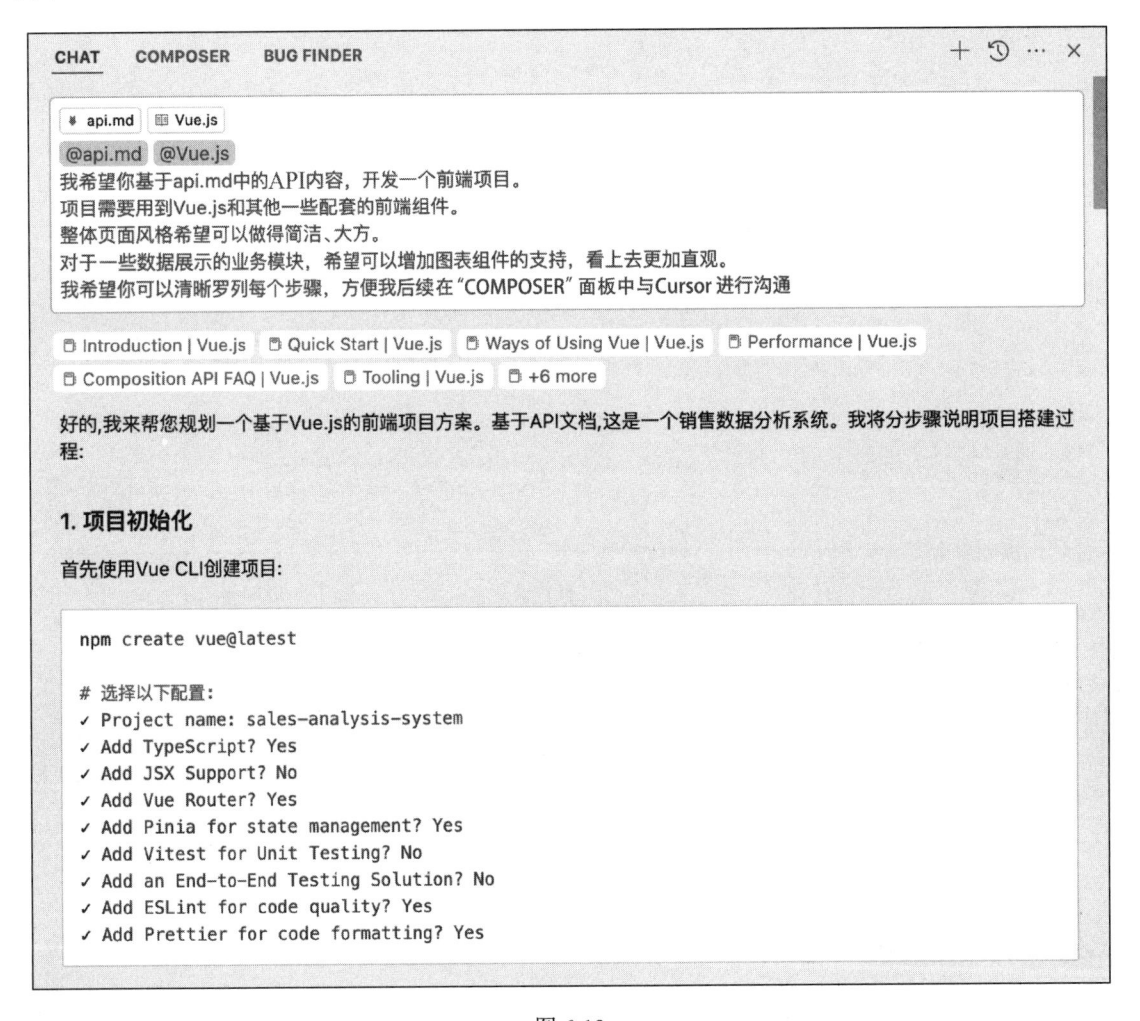

图 6-18

从整体上来说，Cursor 对项目和需求的理解是非常到位的。由于我们增加了 Vue.js 的文档作为上下文，因此 Cursor 在生成 Vue.js 示例代码时，也是完全符合规范的。

还是和后端项目一样，我们把开发项目的步骤储存到 Notepad 中，这样方便后续在项目开发过程中，对上下文进行积累与引用。我直接让它帮我生成一个 Notepad 文案，如图 6-19 所示。

```
┌─────────────────────────────────────────────────────────────────┐
│  CHAT   COMPOSER   BUG FINDER                      +  ⟲  ⋯  ✕  │
│                                                                 │
│  ┌───────────────────────────────────────────────────────────┐ │
│  │ ⬇ api.md                                                  │ │
│  │ 我希望你可以基于上面的回复，生成一个 Notepad，方便我后续用 COMPOSER │ │
│  └───────────────────────────────────────────────────────────┘ │
│                                                                 │
│  好的，我帮您整理一个结构化的Notepad,方便与COMPOSER沟通：              │
│                                                                 │
│  ┌───────────────────────────────────────────────────────────┐ │
│  │ 项目：Vue.js销售数据分析系统前端开发                           │ │
│  │                                                           │ │
│  │ [初始化配置]                                                │ │
│  │ 1. 创建Vue项目                                             │ │
│  │ - 使用Vue CLI创建新项目：sales-analysis-system              │ │
│  │ - 启用TypeScript支持                                        │ │
│  │ - 启用Vue Router                                           │ │
│  │ - 启用Pinia状态管理                                         │ │
│  │ - 启用ESLint和Prettier                                     │ │
│  │                                                           │ │
│  │ 2. 安装依赖包                                              │ │
│  │ - Element Plus（UI组件库）                                  │ │
│  │ - ECharts + Vue-ECharts（图表库）                           │ │
│  │ - Axios（HTTP客户端）                                       │ │
│  │ - Dayjs（日期处理）                                         │ │
│  │                                                           │ │
│  │ [项目结构]                                                  │ │
│  │ 创建以下目录结构：                                           │ │
│  │ /src                                                      │ │
│  │     /api          - API接口封装                            │ │
│  │     /assets       - 静态资源                               │ │
│  │     /components   - 通用组件                               │ │
│  │     /layouts      - 布局组件                               │ │
│  │     /router       - 路由配置                               │ │
│  │     /stores       - 状态管理                               │ │
│  │     /utils        - 工具函数                               │ │
│  │     /views        - 页面视图                               │ │
│  │                                                           │ │
│  │ [功能模块]                                                  │ │
│  │ 1. 销售数据管理模块                                          │ │
│  │ - 数据上传页面 (/sales/upload)                              │ │
│  │ - 产品列表页面 (/sales/products)                            │ │
│  │ - 销售记录页面 (/sales/records)                             │ │
│  │ - 产品销售详情页面 (/sales/product/:id)                      │ │
│  └───────────────────────────────────────────────────────────┘ │
└─────────────────────────────────────────────────────────────────┘
```

图 6-19

我们复制这段内容，新建一个 Notepad，取名为 note。接下来是最后一个问题，在电脑上需要安装哪些软件，也就是搭建前端开发环境。我们让 Cursor 帮忙列出来，如图 6-20 所示。

Cursor 很快就给出了答案，我们对照看一下，发现只需要安装 Node.js 环境，并且这里给出了下载地址。我们复制这个地址，在浏览器中打开，如图 6-21 所示。

用 Cursor 玩转 AI 辅助编程——不写代码也能做软件开发

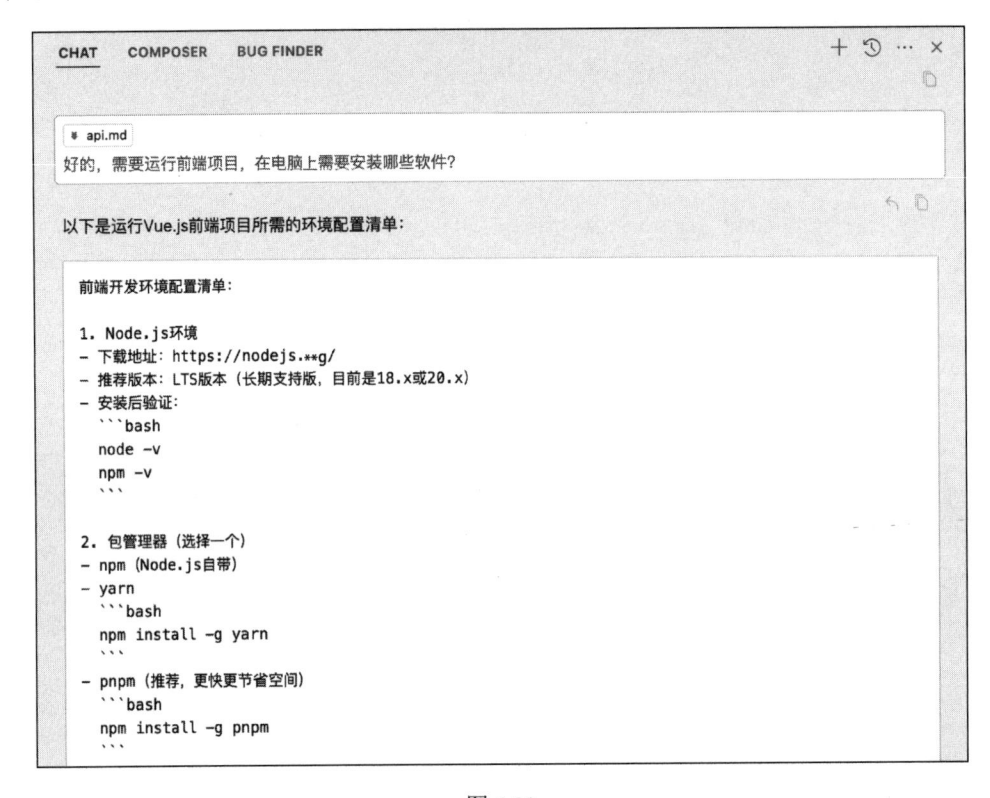

```
CHAT    COMPOSER    BUG FINDER

≡ api.md
好的，需要运行前端项目，在电脑上需要安装哪些软件？

以下是运行Vue.js前端项目所需的环境配置清单：

前端开发环境配置清单：

1. Node.js环境
- 下载地址：https://nodejs.**g/
- 推荐版本：LTS版本（长期支持版，目前是18.x或20.x）
- 安装后验证：
```bash
node -v
npm -v
```

2. 包管理器（选择一个）
- npm (Node.js自带)
- yarn
```bash
npm install -g yarn
```
- pnpm（推荐，更快更节省空间）
```bash
npm install -g pnpm
```
```

图 6-20

图 6-21

默认的是 LTS 版本，并且已经识别了本地操作系统，我们直接单击"下载 Node.js(LTS)"按钮。下载完毕后按照提示进行安装即可。在安装完成后，在 Cursor 的控制台，输入以下验证命令：node -v 和 npm -v。看到类似于图 6-22 所示的输出内容就表示安装成功了。

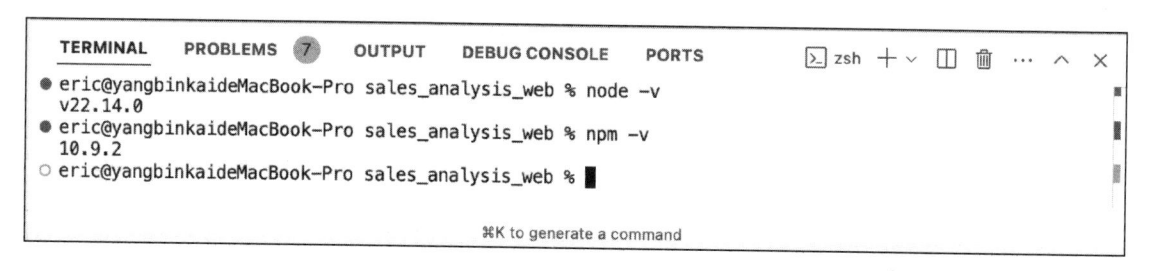

```
eric@yangbinkaideMacBook-Pro sales_analysis_web % node -v
v22.14.0
eric@yangbinkaideMacBook-Pro sales_analysis_web % npm -v
10.9.2
eric@yangbinkaideMacBook-Pro sales_analysis_web %
```

图 6-22

由于每个人的电脑环境可能都不同，因此你需要对照 Cursor 给出的环境配置清单来做好环境搭建工作。在环境搭建完毕后，我们就可以用"COMPOSER"面板生成代码了。

6.2.2 用"COMPOSER"面板创建项目

终于到了最激动人心的时刻。我们开始用"COMPOSER"面板生成代码。切换到"COMPOSER"面板，引用 Notepad 中的 note。记得使用 agent 模式。我们输入以下提示词。

> 现在帮我创建 Vue 项目

Cursor 很快就给出了回复，并且给出了需要执行的命令，也创建了相关文件，如图 6-23 所示。我们按照顺序把命令都执行一下。

不过，我在执行"npm install"相关命令时，安装的速度非常慢，于是我向 Cursor 寻求加速的方法，得到了如图 6-24 所示的回答。

我们直接设置国内的镜像源。在设置完毕后，再次安装相关依赖，发现速度快了不少。不过，这里可能会碰到另一个问题，那就是文件读写权限不足。解决方法和之前一样，直接复制控制台的报错信息，让 Cursor 给出解决方案即可，如图 6-25 所示。

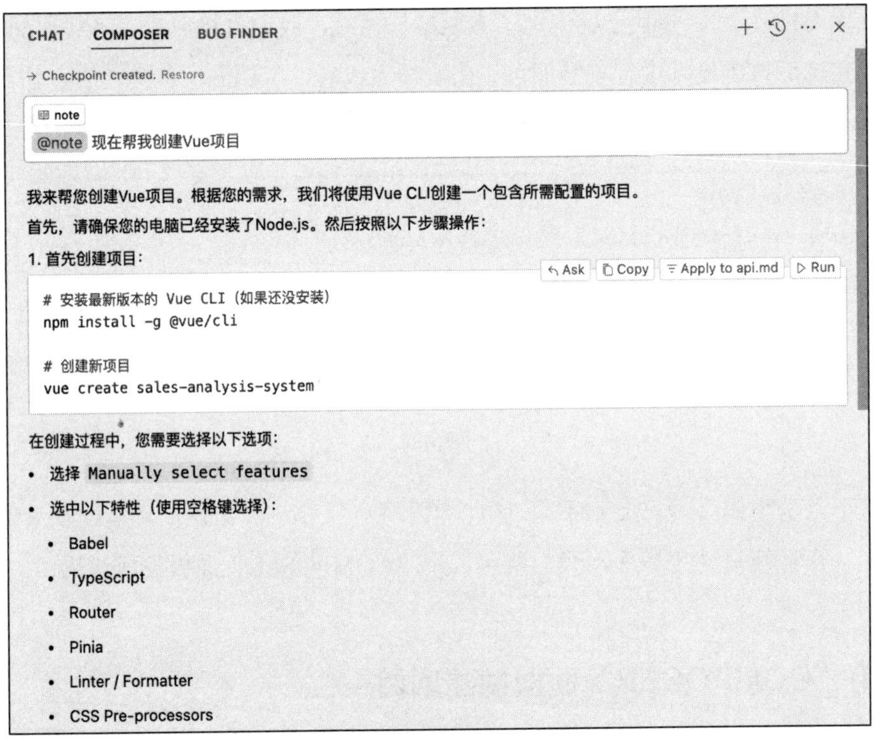

```
CHAT  COMPOSER  BUG FINDER                                      + ⟲ ⋯ ✕
→ Checkpoint created. Restore

  📄 note
  @note 现在帮我创建Vue项目

我来帮您创建Vue项目。根据您的需求，我们将使用Vue CLI创建一个包含所需配置的项目。
首先，请确保您的电脑已经安装了Node.js。然后按照以下步骤操作：
1. 首先创建项目：
                                                    ↶ Ask  📋 Copy  ⇥ Apply to api.md  ▷ Run
  # 安装最新版本的 Vue CLI (如果还没安装)
  npm install -g @vue/cli

  # 创建新项目
  vue create sales-analysis-system

在创建过程中，您需要选择以下选项：
• 选择 Manually select features
• 选中以下特性（使用空格键选择）：
    • Babel
    • TypeScript
    • Router
    • Pinia
    • Linter / Formatter
    • CSS Pre-processors
```

图 6-23

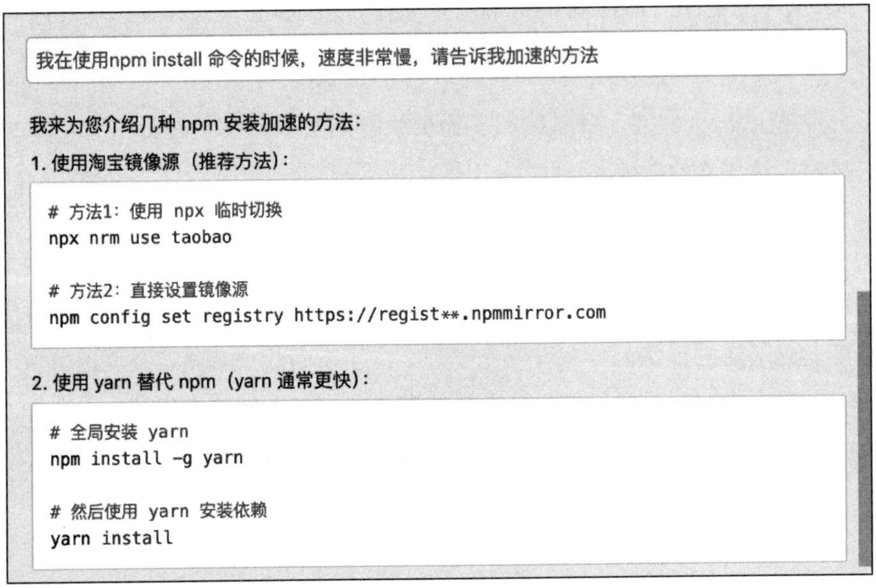

```
我在使用npm install 命令的时候，速度非常慢，请告诉我加速的方法

我来为您介绍几种 npm 安装加速的方法：
1. 使用淘宝镜像源（推荐方法）：

  # 方法1: 使用 npx 临时切换
  npx nrm use taobao

  # 方法2: 直接设置镜像源
  npm config set registry https://regist**.npmmirror.com

2. 使用 yarn 替代 npm (yarn 通常更快)：

  # 全局安装 yarn
  npm install -g yarn

  # 然后使用 yarn 安装依赖
  yarn install
```

图 6-24

第 6 章　Cursor 项目进阶：销售数据分析（前端 Vue.js 框架部分）　| 169

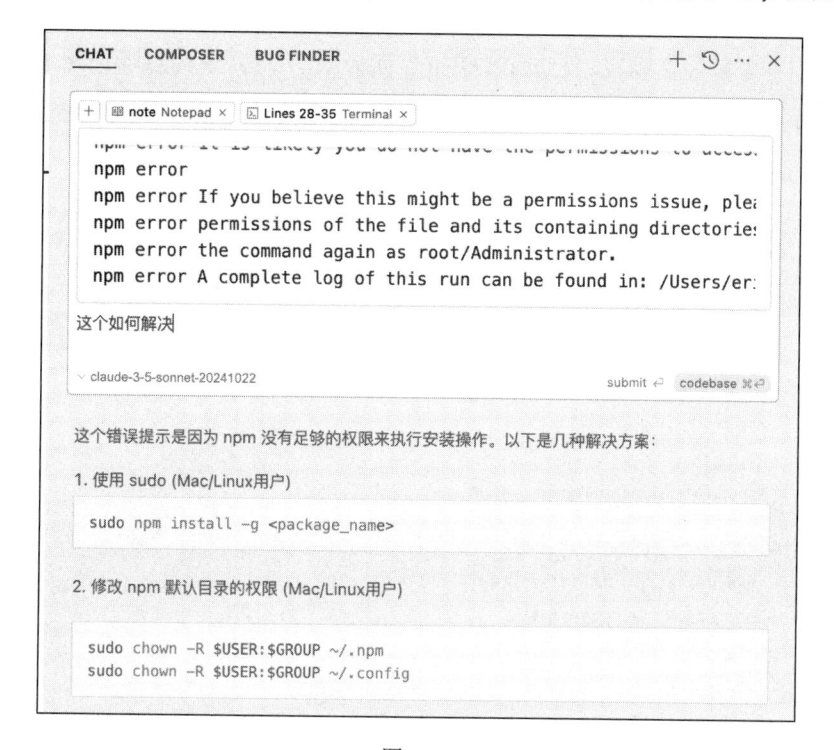

图 6-25

我们执行对应的命令，问题得到解决。如果你在操作时遇到其他问题，那么反复与 Cursor 沟通，告诉它你遇到的问题，逐个解决即可。在 npm 安装权限问题解决后，我们执行"npm install -g @vue/cli"命令来安装 Vue CLI。

然后，我们打开控制台，输入"vue create sales-analysis-system"命令创建新项目。在命令执行完毕后，控制台输出的结果如图 6-26 所示。

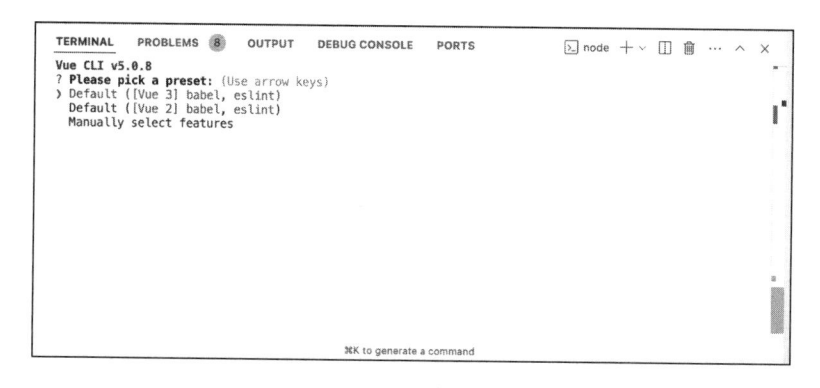

图 6-26

此时，我们需要翻看之前在"COMPOSER"面板中与 Cursor 的对话记录，Cursor 那时已经告诉我们该如何做项目初始化设置了。我们按照它给出的建议来设置。你可以参考一下我与 Cursor 的对话记录，如图 6-27 所示。

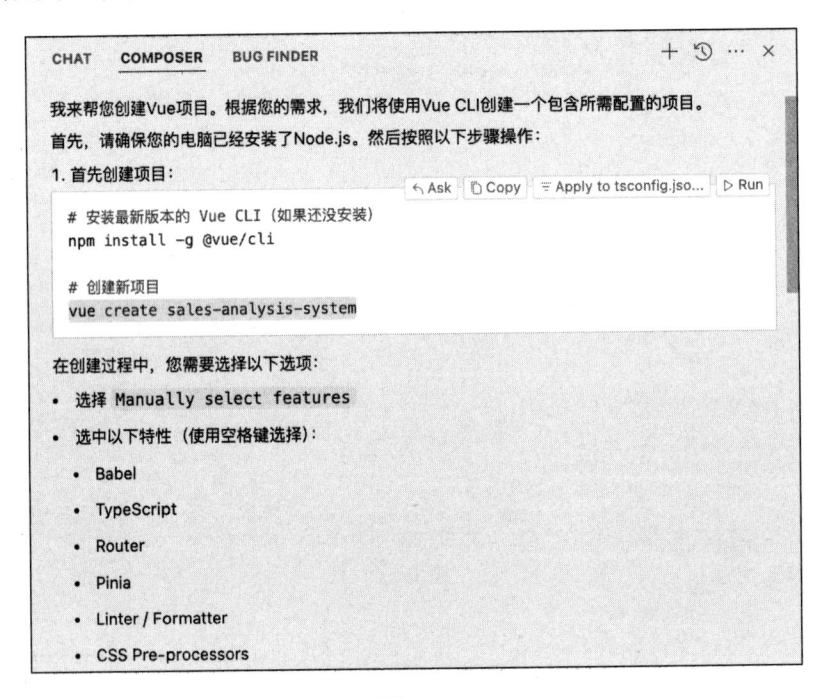

图 6-27

在使用 Vue CLI 创建项目时，如果你对这些设置项拿不定主意，那么可以一直按回车键，维持默认选项即可。这些不重要。命令很快就执行完了，如图 6-28 所示。

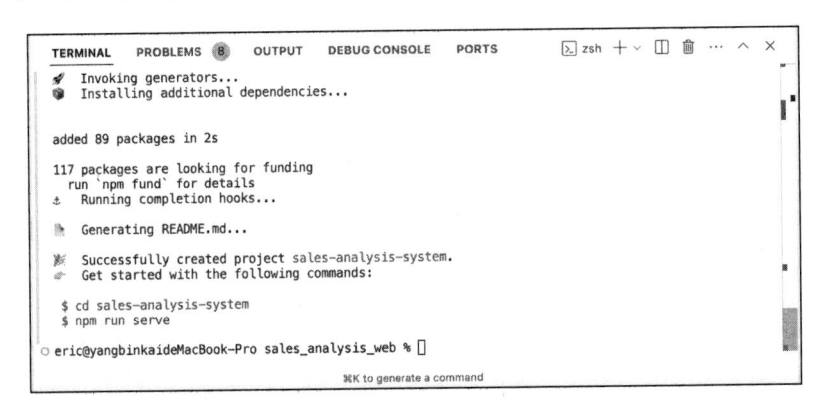

图 6-28

可以看到，在项目中创建了一个名为"sales-analysis-system"的文件夹，它存储的是各种项目文件。此时，我觉得有些累赘，不希望每次都打开这个文件夹，所以我让 Cursor 帮我把这个文件夹中的所有文件都复制到项目的根目录下。提示词如下：

> 请你把 sales-analysis-system 文件夹中的文件全部复制出来，放到现在项目的根目录，其他有关的文件或者配置也一并修改

Cursor 很快做了对应的变更，我们接受所有变更，然后执行相关命令，如图 6-29 所示。

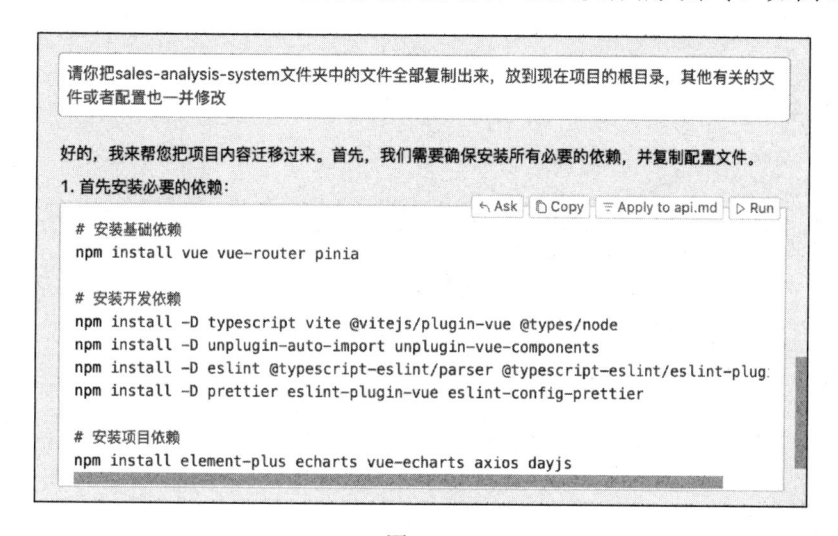

图 6-29

在一切就绪后，我们在控制台执行"npm run dev"命令。这样，前端项目就启动了。控制台输出的结果如图 6-30 所示。

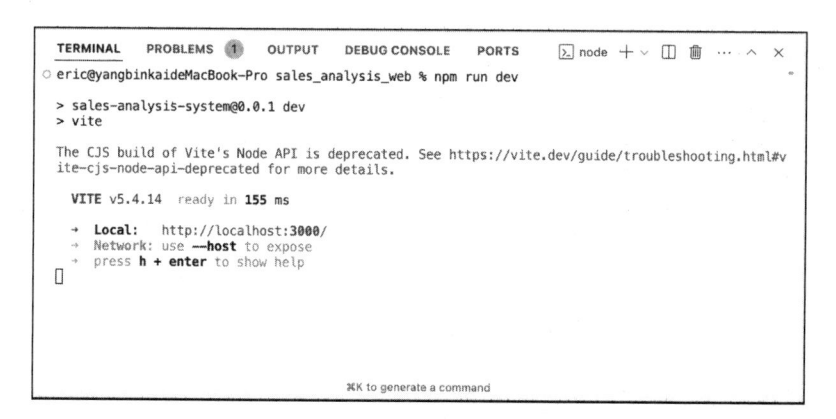

图 6-30

不过，很遗憾，打开浏览器居然报错了，但是没关系，我们把报错信息输入 Cursor 中，让 Cursor 来修复，原来是因为缺少必要文件。最后，我们应用 Cursor 做出的变更，执行相关命令，如图 6-31 所示。

```
http://localhost:3000/
浏览器访问这个地址，找不到网页 404 了。
```

看起来有几个问题需要解决：

1. 首先，我们需要创建一个基础的 `index.html` 文件：

```html
<!DOCTYPE html>
<html lang="zh-CN">
  <head>
    <meta charset="UTF-8">
    <link rel="icon" href="/favicon.ico">
    <meta name="viewport" content="width=device-width, initial-scale=1.0">
    <title>销售数据分析系统</title>
  </head>
  <body>
    <div id="app"></div>
    <script type="module" src="/src/main.ts"></script>
  </body>
```

2. 我们还需要创建 `src/views/sales/UploadView.vue` 文件，因为路由中引用了这个组件：

```vue
<template>
  <div class="upload-container">
    <h2>数据上传</h2>
    <el-upload
      class="upload-demo"
      drag
      action="/api/upload"
      :auto-upload="false"
    >
      <el-icon class="el-icon--upload"><upload-filled /></el-icon>
      <div class="el-upload__text">
        拖拽文件到此处或 <em>点击上传</em>
      </div>
```

图 6-31

接下来，我们单击控制台给出的主页访问地址，发现主页已经完全显示了，如图 6-32 所示，已经很像那么回事了。

第 6 章　Cursor 项目进阶：销售数据分析（前端 Vue.js 框架部分）　｜　173

图 6-32

6.2.3　实现数据上传

接下来，我们打开后端 Python 项目的窗口，让 Cursor 帮我们生成一份测试 CSV 文件，用于前端上传功能的测试。提示词如下，Cursor 给出的回答内容如图 6-33 所示。

帮我生成一份测试 CSV 文件，数据尽可能多一些，方便我后续在前端用图表展示。

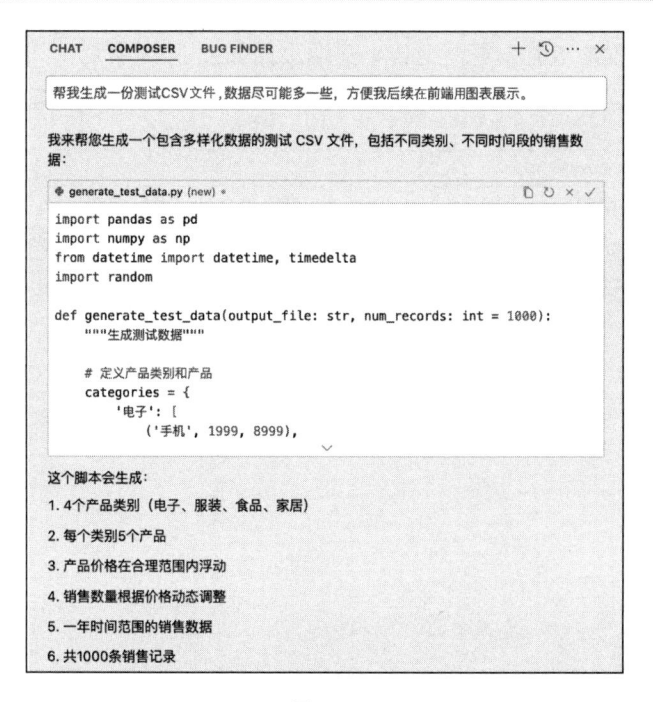

图 6-33

Cursor 直接帮我们写了一个生成测试数据的脚本。我们应用 Cursor 给出的所有变更，然后运行一下数据脚本，发现 CSV 文件已经生成了，如图 6-34 所示。

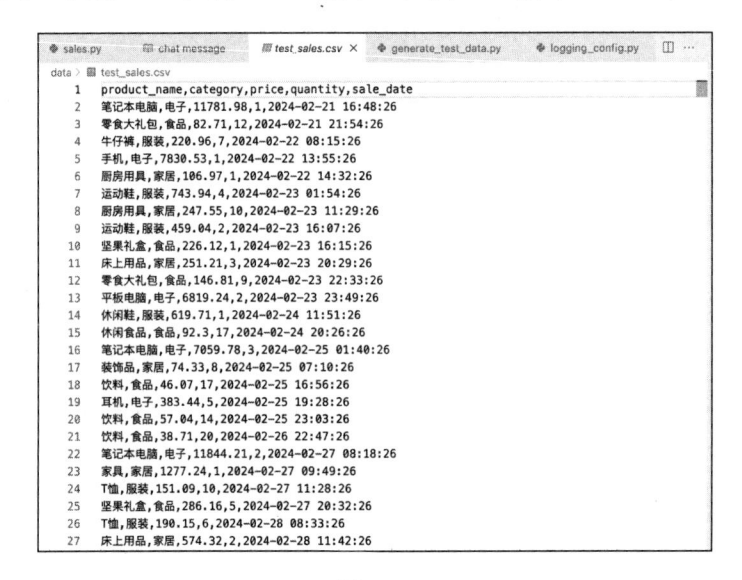

图 6-34

下面把这份测试数据从前端页面上传。前端页面如图 6-35 所示。

图 6-35

我们单击"点击上传"选项，选择刚才的 CSV 文件，可是页面没有任何反应。对于这个问题，我稍后让 Cursor 优化一下。正常的情况应该是，在单击"点击上传"选项后，会出现一个上传进度条，在后端解析处理完毕后，会有成功提示。对于正常的情况，我们稍后再说。我们到后端项目的控制台，看一下请求日志有没有打印，这一步是为了确认前端是否发起了请求。来到后端项目的控制台，发现并没有上传的请求，如图 6-36 所示。看来我们的前端项目需要继续优化。

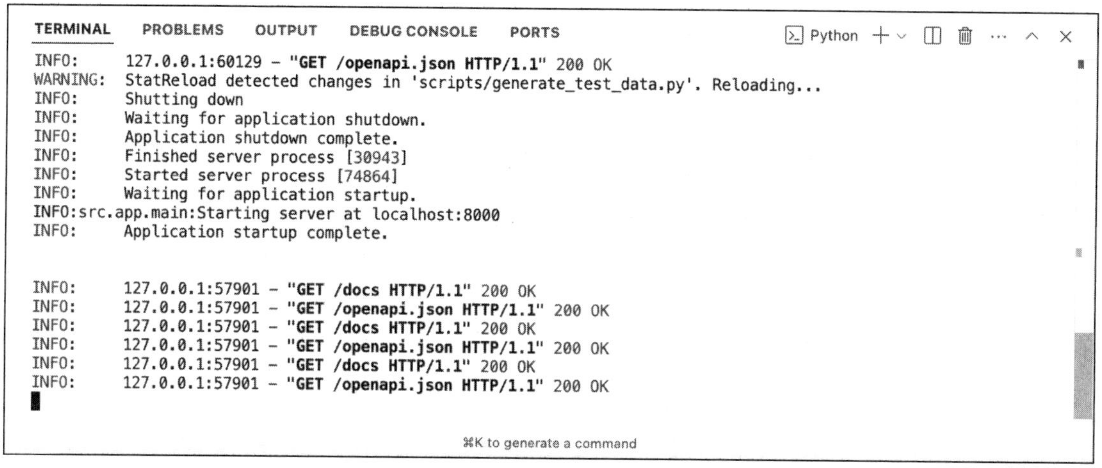

图 6-36

我们打开前端项目的"COMPOSER"面板，告诉它我们刚才发现的问题，提示词如下：

@note @Codebase 在前端单击"点击上传"选项时，希望可以加一个进度条，上传成功后希望可以有一个提示消息，而且现在上传文件没有请求后端接口，你来修复一下

这里引用了 note 和 Codebase，Cursor 很快就给出了响应，如图 6-37 所示。

这里再分享一个小技巧，就是在 Notepad 中也可以引用其他上下文。这样，我们就不用每次都自己手动引用，因为很容易漏掉。比如，我在 Notepad 中让 Cursor 在需要请求后端接口时，参考 api.md 文件，如图 6-38 所示。

Cursor 参考了 api.md 文件把上传组件的请求地址修改了，但是依然没有发起对后端的请求。通过查看本地变更的记录，我觉得没有其他问题了，进度条组件和成功提示的相关代码逻辑也都添加了，唯一不对的地方还是发起请求这里。我现在尝试在"CHAT"面板中与 Cursor 对话，找到问题所在。结果真的是让人大跌眼镜，如图 6-39 所示。

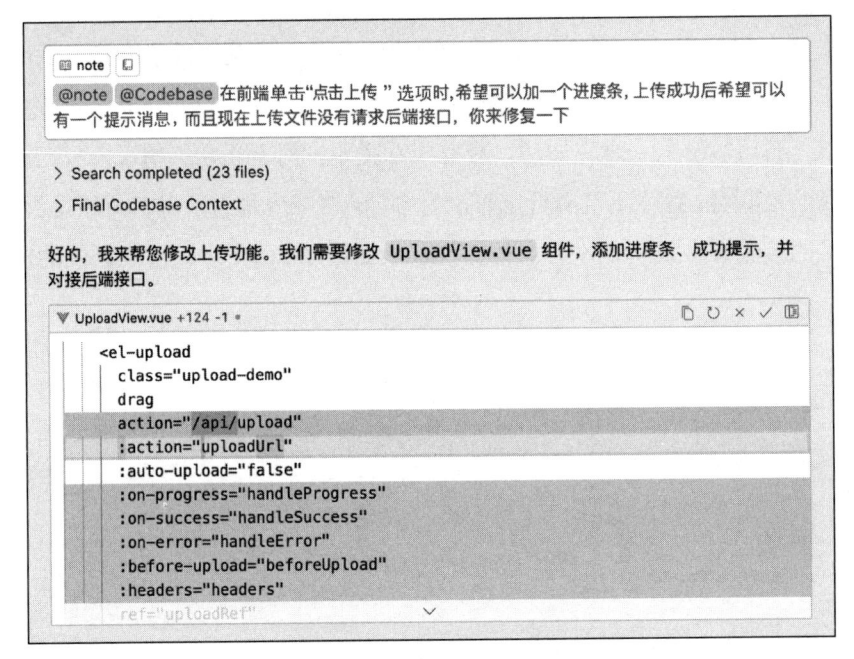

```
@note @Codebase 在前端单击"点击上传"选项时,希望可以加一个进度条,上传成功后希望可以
有一个提示消息,而且现在上传文件没有请求后端接口,你来修复一下

> Search completed (23 files)
> Final Codebase Context

好的,我来帮您修改上传功能。我们需要修改 UploadView.vue 组件,添加进度条、成功提示,并
对接后端接口。

▼ UploadView.vue +124 -1 ▪
    <el-upload
      class="upload-demo"
      drag
      action="/api/upload"
      :action="uploadUrl"
      :auto-upload="false"
      :on-progress="handleProgress"
      :on-success="handleSuccess"
      :on-error="handleError"
      :before-upload="beforeUpload"
      :headers="headers"
      ref="uploadRef"
```

图 6-37

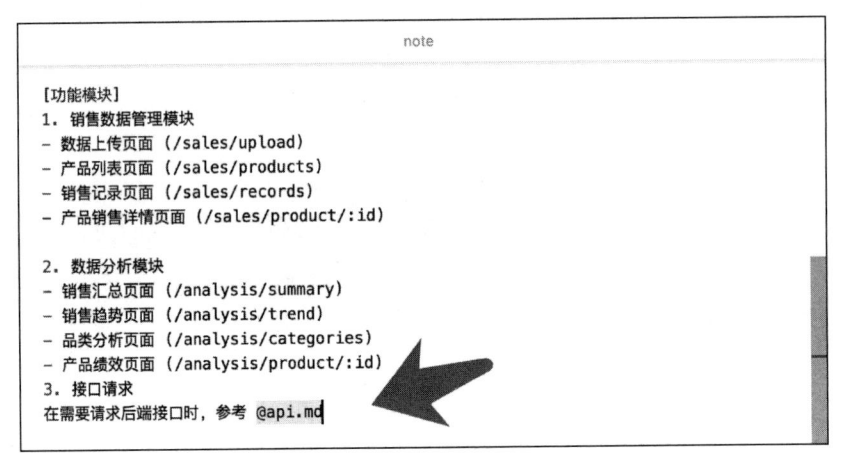

```
note

[功能模块]
1. 销售数据管理模块
   - 数据上传页面 (/sales/upload)
   - 产品列表页面 (/sales/products)
   - 销售记录页面 (/sales/records)
   - 产品销售详情页面 (/sales/product/:id)

2. 数据分析模块
   - 销售汇总页面 (/analysis/summary)
   - 销售趋势页面 (/analysis/trend)
   - 品类分析页面 (/analysis/categories)
   - 产品绩效页面 (/analysis/product/:id)
3. 接口请求
在需要请求后端接口时,参考 @api.md
```

图 6-38

聪明的 Cursor 也会犯低级错误,缺少基础 URL,当然是无法发起请求的。这里再教你一个小技巧,我们可以直接单击"Apply"按钮,用"CHAT"面板给出的变更,这样就不用再打开"COMPOSER"面板提问了。由于本次修改了 vite.config.ts 文件,因此需要手动重启项目。重启后,我们再次来到前端,查看上传的效果。

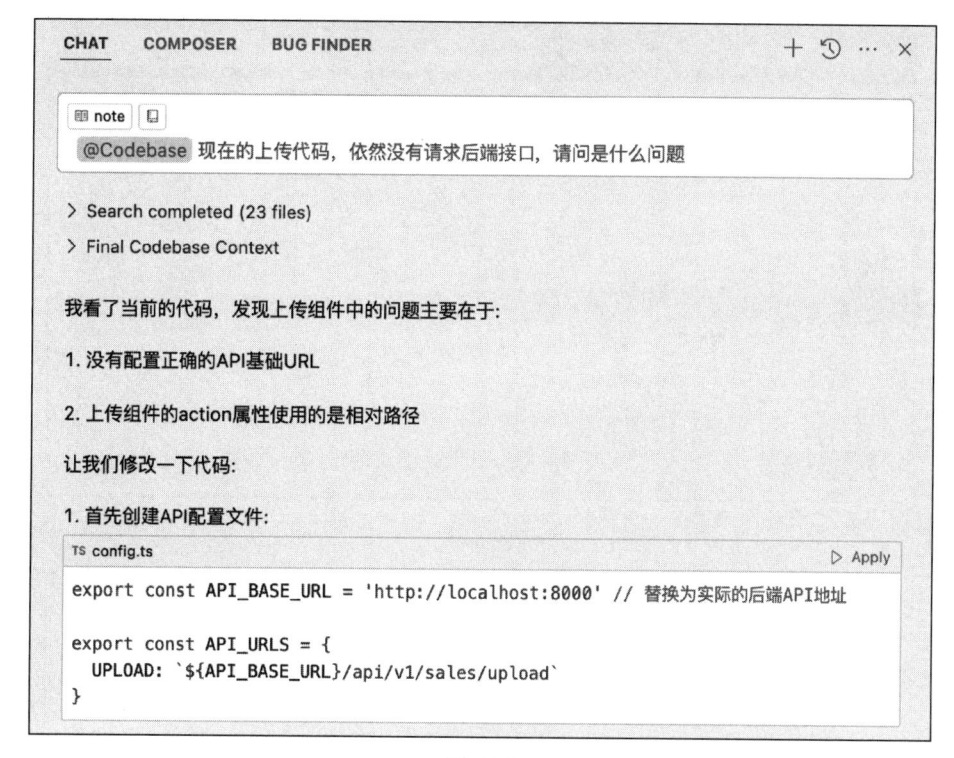

图 6-39

可以看到，前端的交互已经很丰富了，增加了一个"开始上传"按钮。不过，现在校验文件必须是.xlsx、.xls 格式的，不符合我们预期的.csv 格式。让 Cursor 来修改一下，提示词如下：

@UploadView.vue 文件后缀校验，改成.csv 格式

在执行完毕后，我们应用 Cursor 给出的变更，打开浏览器，再次上传文件，出现了如图 6-40 所示的报错信息。

按 F12 键打开浏览器的调试面板，发现控制台已经打印了报错信息。我们复制这些报错信息，如图 6-41 所示，让 Cursor 修复。

Cursor 很快就给出了解决方案，是采用代理的形式。我们应用 Cursor 给出的所有变更，然后重启项目。此时，我们再次上传文件，就上传成功了，如图 6-42 所示。

图 6-40

图 6-41

图 6-42

第 6 章　Cursor 项目进阶：销售数据分析（前端 Vue.js 框架部分）　| 　179

接下来，我们打开后端 Python 项目的窗口，在控制台也看到了请求和处理日志，如图 6-43 所示。之前的几次请求是失败的，最后两次返回 "200"，是成功的。

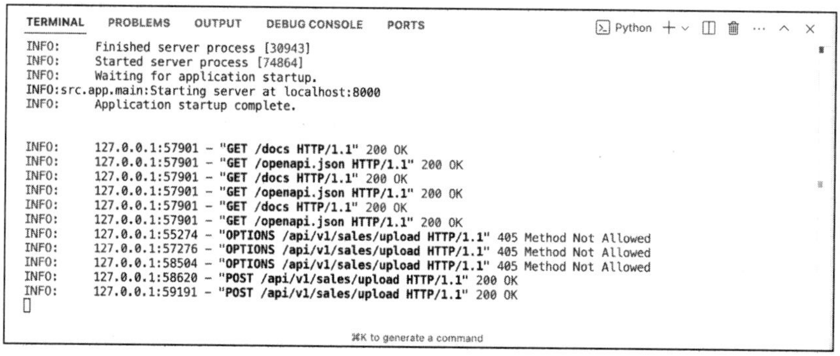

图 6-43

上传 API 会解析 CSV 文件，然后把数据写到数据库中。我们打开数据库管理软件，打开 products 表和 sale-records 表，发现数据成功写入了，如图 6-44 所示。

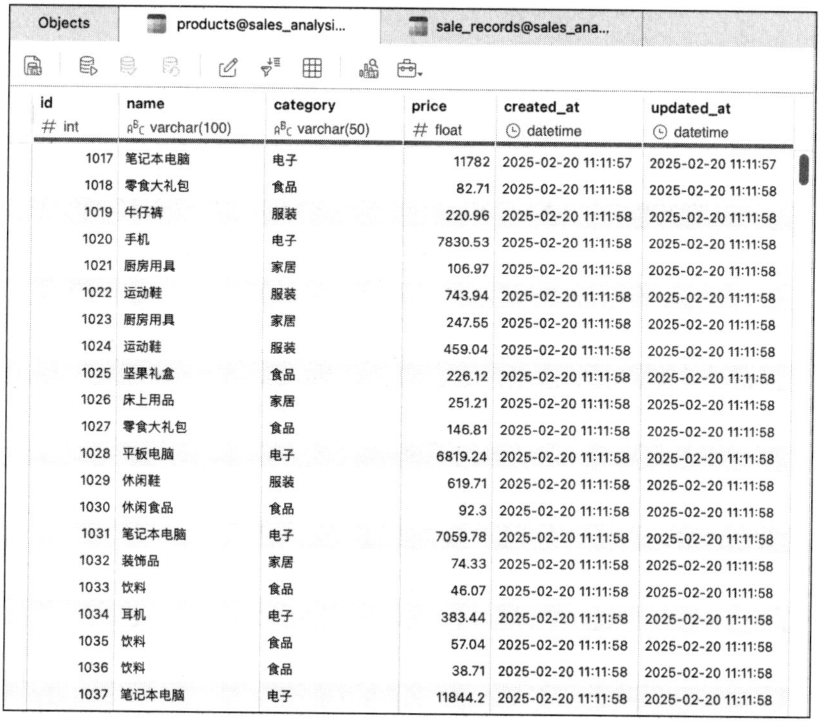

图 6-44

不过，我发现了另一个问题，那就是 sale_records 表中有些记录的"total_amount"不对。比如，A 的价格是 100 元，卖了 2 个，而"total_amount"却是 300。但不是大批数据都出现了这个问题，我把这个问题反馈给 Cursor，让它来分析可能的原因，并给出相应的解决方案。我们打开"COMPOSER"面板反馈问题，提示词如下：

> @Codebase 我在数据库中查看 `sale_records` 表数据时，发现有一些数据的 `total_amount` 算得不对，大部分是对的。请你分析可能的原因并给出解决方案。

Cursor 很快就给出了解决方案，如图 6-45 所示。

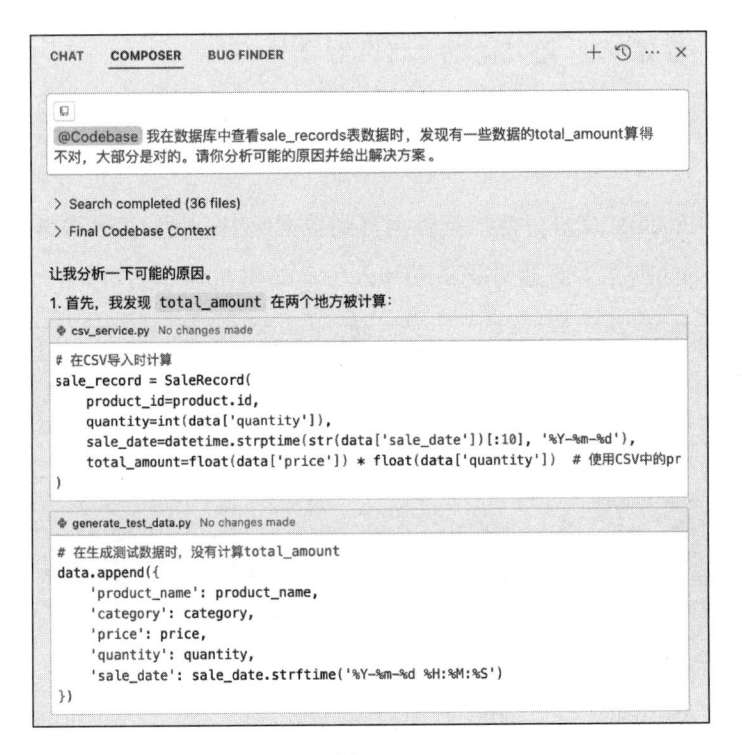

图 6-45

我们应用 Cursor 给出的变更，去数据库管理软件清空所有表的数据，再次生成 CSV 文件，然后在前端页面再次上传文件。这次，我随机抽查了一些数据，发现所有数据都是对的。

通过这么多次让 Cursor 写代码，改 Bug，我从一个后端程序员的角度来看，它定位问题的速度确实很快，能一针见血地给出解决方案，但是偶尔会犯一些低级错误，所以对于 AI 辅助写代码这件事，从目前来看，还是需要谨慎对待的。

6.2.4 实现产品列表和销售记录

接下来，我们实现销售数据管理模块的其他功能，提示词如下：

`@note 帮我实现销售数据管理模块的其他功能`

你还记得在做功能模块时，一定要引用 Notepad 吗？接下来，我们应用 Cursor 给出的变更，打开浏览器，查看页面效果，如图 6-46 所示。

图 6-46

是的，Cursor 又报错了，我们复制浏览器控制台的报错信息，让 Cursor 修复。如图 6-47 所示，Cursor 增加了打印返回结果的代码，并让我们协助提供返回数据的格式。

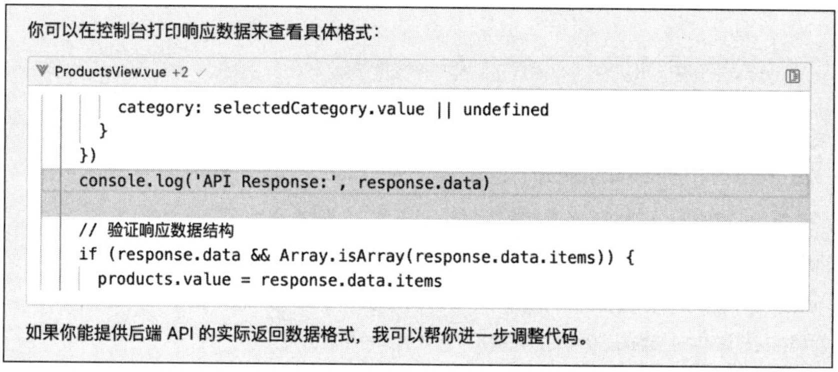

图 6-47

我们再次单击"产品列表"选项，在浏览器控制台复制打印的数据，如图 6-48 所示。

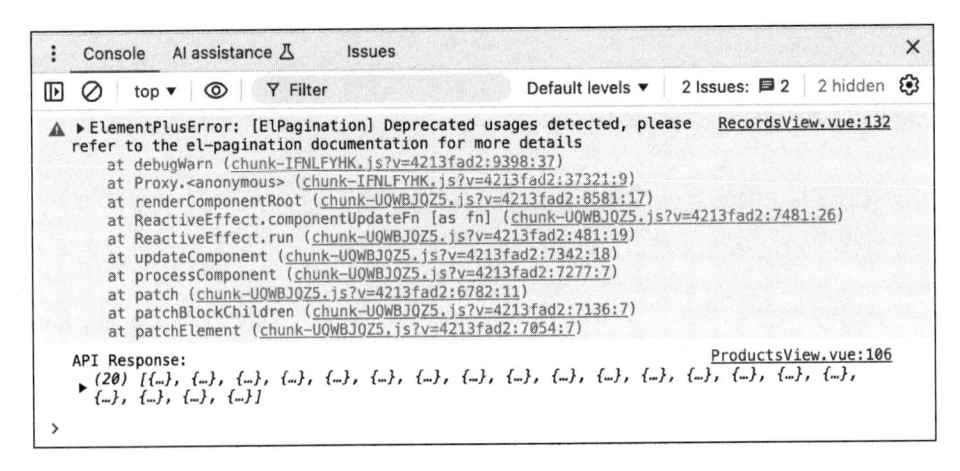

```
 ⋮    Console   AI assistance 🧪   Issues                                    ✕
 ▣  ⊘ | top ▼ | ⊙ | ▽ Filter              Default levels ▼ | 2 Issues: 💬 2 | 2 hidden  ⚙

 ⚠ ▶ElementPlusError: [ElPagination] Deprecated usages detected, please   RecordsView.vue:132
     refer to the el-pagination documentation for more details
         at debugWarn (chunk-IFNLFYHK.js?v=4213fad2:9398:37)
         at Proxy.<anonymous> (chunk-IFNLFYHK.js?v=4213fad2:37321:9)
         at renderComponentRoot (chunk-UQWBJQZ5.js?v=4213fad2:8581:17)
         at ReactiveEffect.componentUpdateFn [as fn] (chunk-UQWBJQZ5.js?v=4213fad2:7481:26)
         at ReactiveEffect.run (chunk-UQWBJQZ5.js?v=4213fad2:481:19)
         at updateComponent (chunk-UQWBJQZ5.js?v=4213fad2:7342:18)
         at processComponent (chunk-UQWBJQZ5.js?v=4213fad2:7277:7)
         at patch (chunk-UQWBJQZ5.js?v=4213fad2:6782:11)
         at patchBlockChildren (chunk-UQWBJQZ5.js?v=4213fad2:7136:7)
         at patchElement (chunk-UQWBJQZ5.js?v=4213fad2:7054:7)
   API Response:                                                          ProductsView.vue:106
 ▶ (20) [{…}, {…}, {…}, {…}, {…}, {…}, {…}, {…}, {…}, {…}, {…}, {…}, {…}, {…},
        {…}, {…}, {…}, {…}]
 >
```

图 6-48

将其输入"COMPOSER"面板的对话框中与 Cursor 沟通，Cursor 很快就给出了解决方案，如图 6-49 所示。

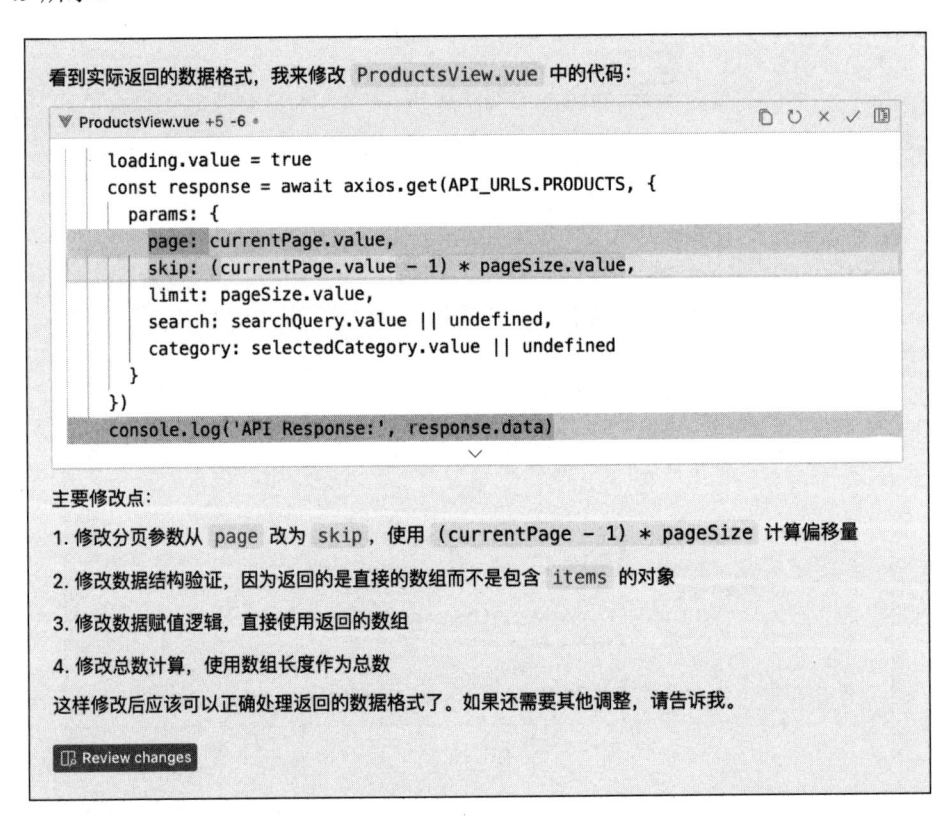

```
看到实际返回的数据格式，我来修改 ProductsView.vue 中的代码：

▽ ProductsView.vue +5 -6 ●                              ⎘ ↻ ✕ ✓ ▣
      loading.value = true
      const response = await axios.get(API_URLS.PRODUCTS, {
        params: {
          page: currentPage.value,
          skip: (currentPage.value - 1) * pageSize.value,
          limit: pageSize.value,
          search: searchQuery.value || undefined,
          category: selectedCategory.value || undefined
        }
      })
      console.log('API Response:', response.data)
                          ⌄

主要修改点：
1. 修改分页参数从 page 改为 skip，使用 (currentPage - 1) * pageSize 计算偏移量
2. 修改数据结构验证，因为返回的是直接的数组而不是包含 items 的对象
3. 修改数据赋值逻辑，直接使用返回的数组
4. 修改总数计算，使用数组长度作为总数
这样修改后应该可以正确处理返回的数据格式了。如果还需要其他调整，请告诉我。

 ⎘ Review changes
```

图 6-49

这只是一个 API，我希望 Cursor 在生成后续的列表类 API 时都能避免出现这个问题，所以我准备在 Notepad 中增加一条规则。我很懒，不想动手写 Notepad，我让 Cursor 帮我生成，提示词如下：

> 帮我对这个问题总结一条 note，我将其添加到 Notepad 中，这样后续就不会出错了

接下来，Cursor 返回的结果让我很满意，总结得非常到位，如图 6-50 所示。

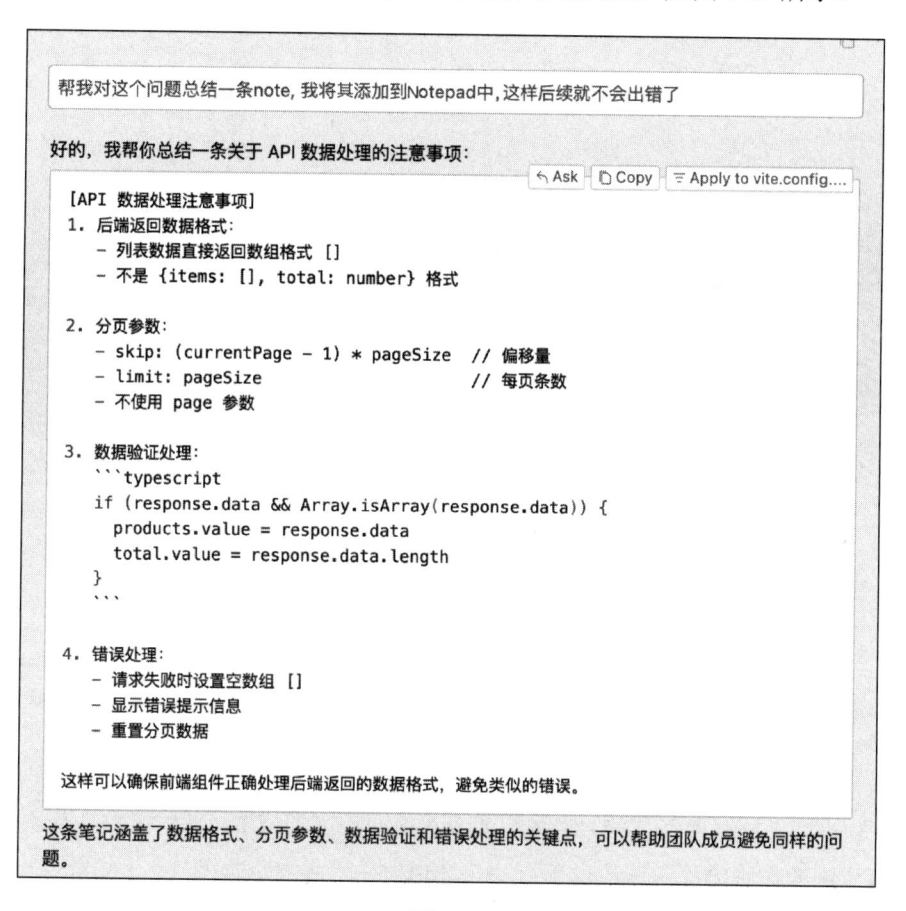

```
帮我对这个问题总结一条note,我将其添加到Notepad中,这样后续就不会出错了

好的,我帮你总结一条关于 API 数据处理的注意事项:

【API 数据处理注意事项】
1. 后端返回数据格式:
   - 列表数据直接返回数组格式 []
   - 不是 {items: [], total: number} 格式

2. 分页参数:
   - skip: (currentPage - 1) * pageSize    // 偏移量
   - limit: pageSize                        // 每页条数
   - 不使用 page 参数

3. 数据验证处理:
   ```typescript
   if (response.data && Array.isArray(response.data)) {
       products.value = response.data
       total.value = response.data.length
   }
   ```

4. 错误处理:
   - 请求失败时设置空数组 []
   - 显示错误提示信息
   - 重置分页数据

这样可以确保前端组件正确处理后端返回的数据格式,避免类似的错误。

这条笔记涵盖了数据格式、分页参数、数据验证和错误处理的关键点,可以帮助团队成员避免同样的问题。
```

图 6-50

我们将这段内容复制到 Notepad 中，后续在生成代码时就能避免出现刚才的问题。我本来以为这样做就万事大吉了，事实上前端已经返回了数据，如图 6-51 所示，但是我发现了一个新问题：分页功能不可用。

数据库中有 1000 条数据，当前每页展示 10 条，不可能只有 1 页。因此 Cursor 一开始生成

的前端代码是正确的，之所以这个功能不符合预期，是后端的问题。我们需要修改后端代码，而不是前端代码。因为后端的 API 定义没有返回总记录数，而是只返回了当前分页查询的列表数。软件开发就是这样，有时我们会推翻自己以前做出的决定。

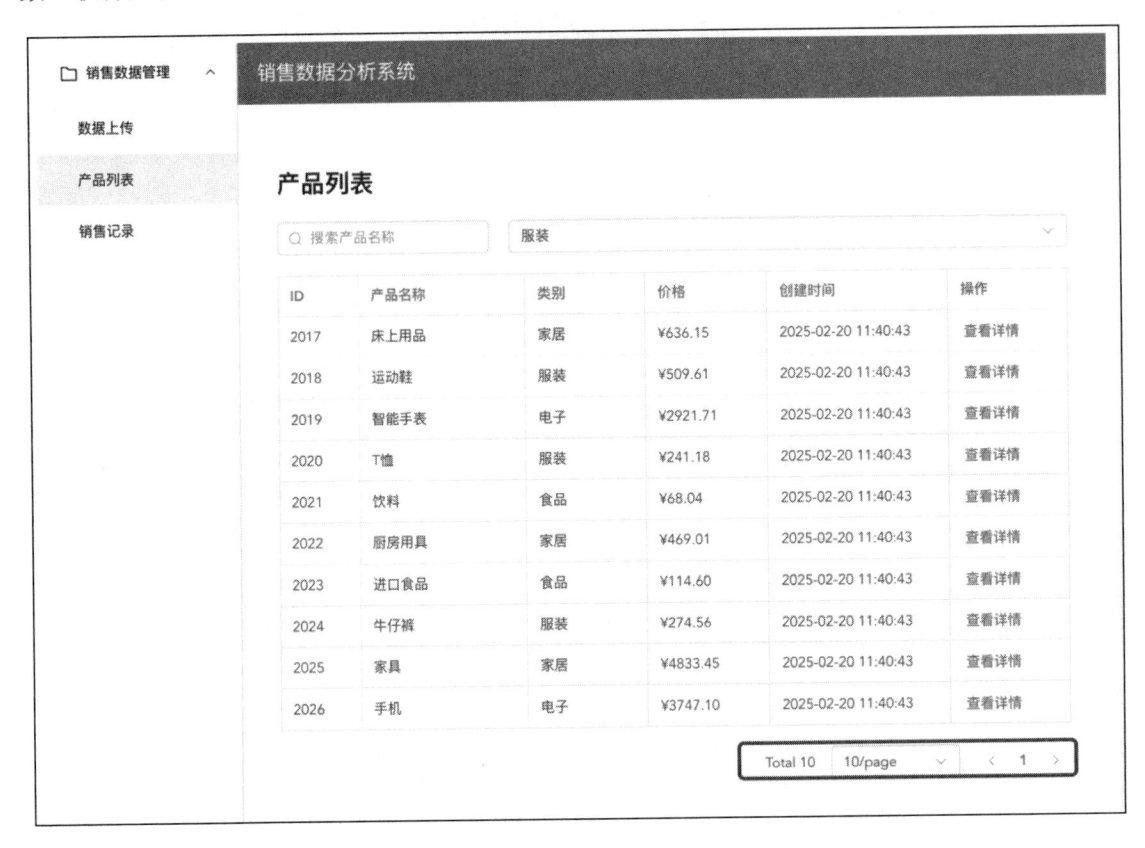

图 6-51

接下来，我们先恢复前端代码，删除 Notepad 中新添加的内容，然后去后端做对应的修改。我们找到刚才修改代码的提示词，这里有一个"Restore"按钮，如图 6-52 所示。

单击这个按钮后，代码会回退到使用这句提示词之前的状态。接下来，我们打开后端 Python 窗口让 Cursor 做对应的修改，如图 6-53 所示。

我们应用 Cursor 给出的所有变更，在启动项目的过程中如果控制台有报错信息，那么直接复制并粘贴报错信息让 Cursor 解决即可，这里就不赘述了。再次来到前端，刷新页面，发现分页功能正常了，如图 6-54 所示。

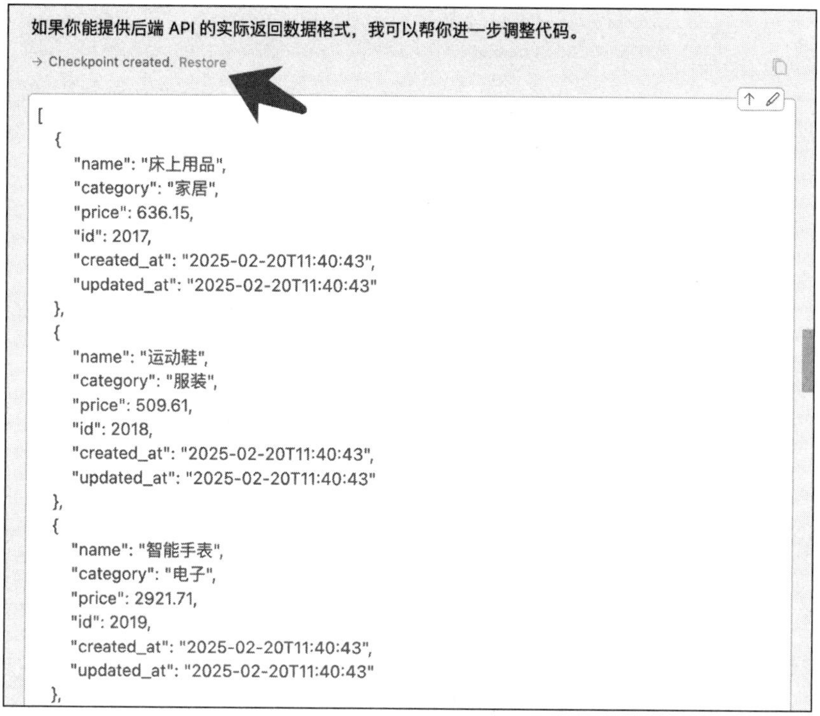

第 6 章　Cursor 项目进阶：销售数据分析（前端 Vue.js 框架部分） | 185

如果你能提供后端 API 的实际返回数据格式，我可以帮你进一步调整代码。
→ Checkpoint created. Restore

```
[
  {
    "name": "床上用品",
    "category": "家居",
    "price": 636.15,
    "id": 2017,
    "created_at": "2025-02-20T11:40:43",
    "updated_at": "2025-02-20T11:40:43"
  },
  {
    "name": "运动鞋",
    "category": "服装",
    "price": 509.61,
    "id": 2018,
    "created_at": "2025-02-20T11:40:43",
    "updated_at": "2025-02-20T11:40:43"
  },
  {
    "name": "智能手表",
    "category": "电子",
    "price": 2921.71,
    "id": 2019,
    "created_at": "2025-02-20T11:40:43",
    "updated_at": "2025-02-20T11:40:43"
  },
```

图 6-52

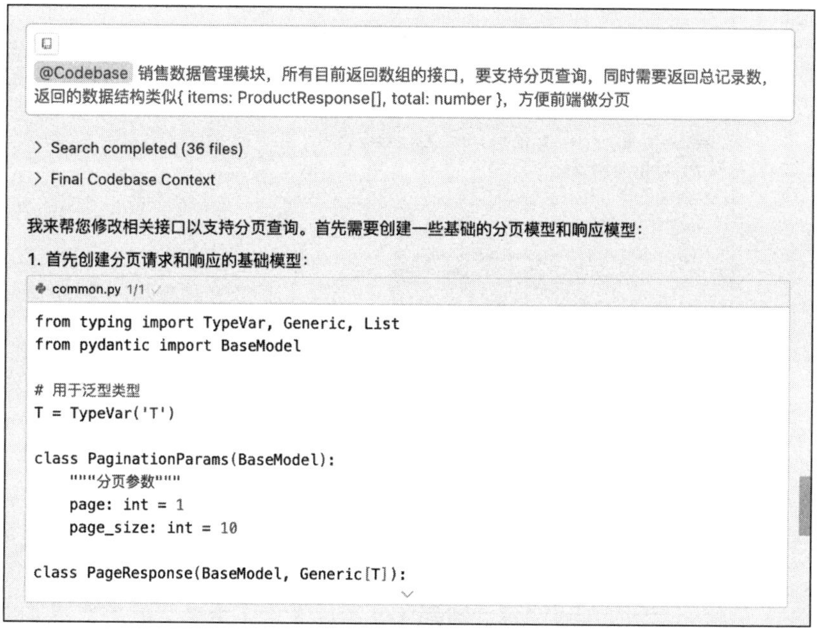

@Codebase 销售数据管理模块，所有目前返回数组的接口，要支持分页查询，同时需要返回总记录数，返回的数据结构类似{ items: ProductResponse[], total: number }，方便前端做分页

> Search completed (36 files)
> Final Codebase Context

我来帮您修改相关接口以支持分页查询。首先需要创建一些基础的分页模型和响应模型：

1. 首先创建分页请求和响应的基础模型：

common.py 1/1

```python
from typing import TypeVar, Generic, List
from pydantic import BaseModel

# 用于泛型类型
T = TypeVar('T')

class PaginationParams(BaseModel):
    """分页参数"""
    page: int = 1
    page_size: int = 10

class PageResponse(BaseModel, Generic[T]):
```

图 6-53

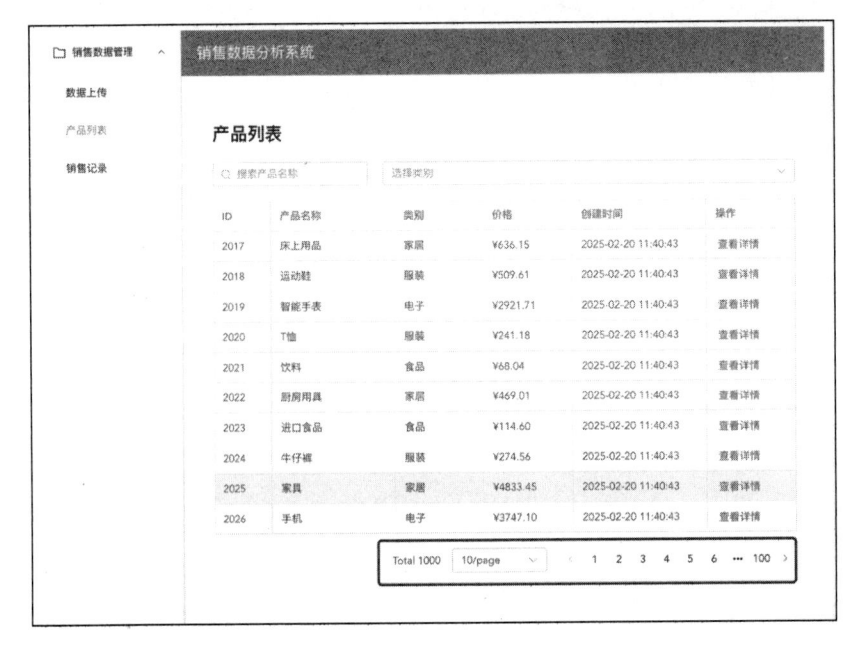

图 6-54

最后，我们结合前端页面的设计，让后端的 Python 代码增加条件查询，如图 6-55 所示。

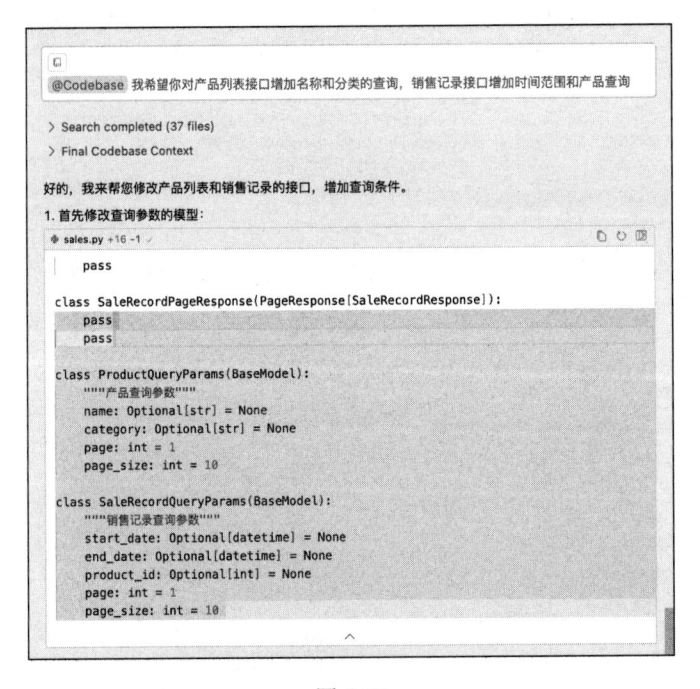

图 6-55

在做完这一系列前后端联调工作后,我们需要复制最终的 openapi.json 文件的全部内容到前端项目的 api.md 文件中,并让 Cursor 对前端代码做出修改和适配,如图 6-56 所示。

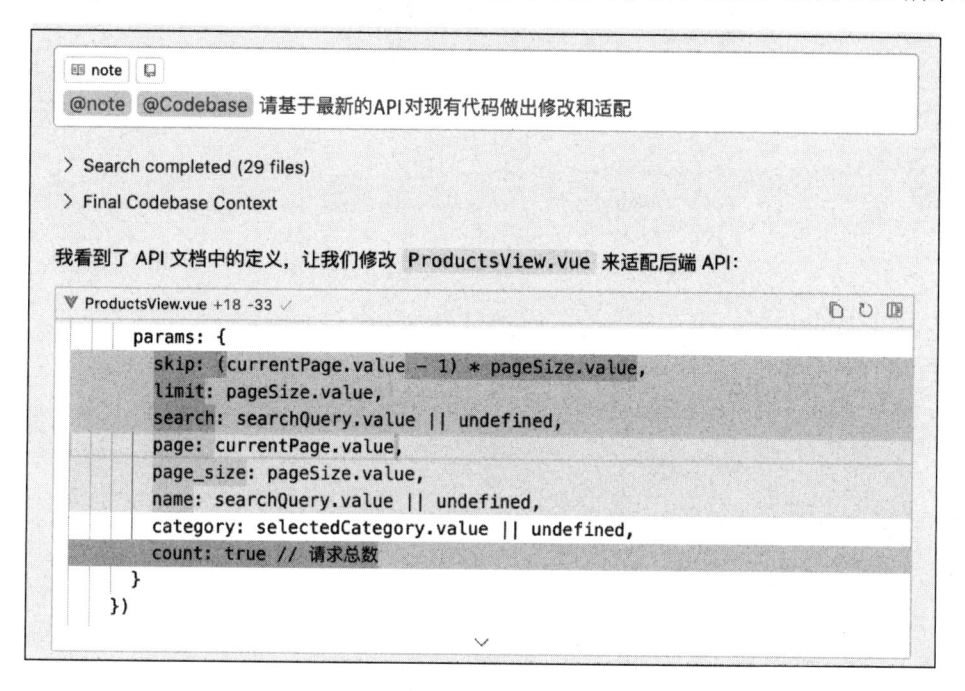

```
@note @Codebase 请基于最新的API对现有代码做出修改和适配

> Search completed (29 files)
> Final Codebase Context

我看到了 API 文档中的定义,让我们修改 ProductsView.vue 来适配后端 API:

ProductsView.vue +18 -33
        params: {
            skip: (currentPage.value - 1) * pageSize.value,
            limit: pageSize.value,
            search: searchQuery.value || undefined,
            page: currentPage.value,
            page_size: pageSize.value,
            name: searchQuery.value || undefined,
            category: selectedCategory.value || undefined,
            count: true // 请求总数
        }
    })
```

图 6-56

我们应用 Cursor 给出的所有变更后,打开浏览器,输入"http://localhost:3000",刷新页面,发现产品列表的功能无论是查询,还是分页,都是可用的,如图 6-57 所示。

不过,在看到这个页面后,我发现之前生成测试数据的逻辑有问题,同样的产品居然在数据库中插入多次。这里需要优化一下,相同产品需要价格一样、名称一样,但是它们可以有多条销售记录。我们打开后端 Python 窗口,反馈这个问题,应用 Cursor 给出的变更,清空数据库,再次生成测试数据的 CSV 文件,然后打开前端页面将其导入,数据终于正确了,如图 6-58 所示。

在上次生成测试数据的时候,我们限制了 10 条产品数据和 1000 条销售记录数据。现在我们来测试一下分页和查询的功能,发现都是好用的。下面检查一下目前销售数据管理模块下的三个功能。

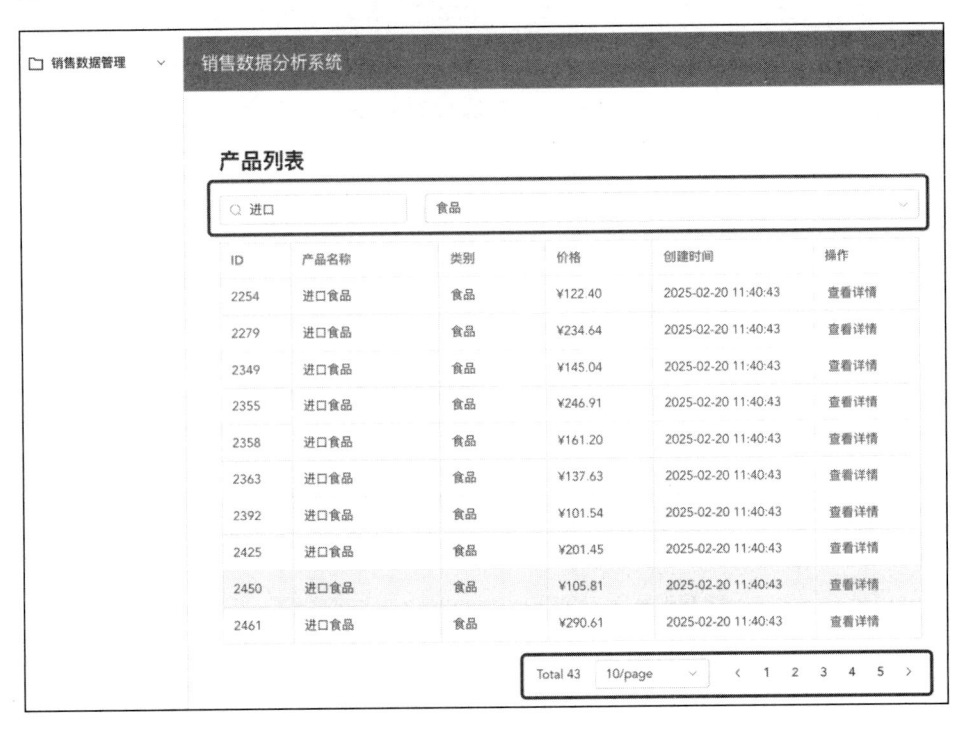

图 6-57

图 6-58

数据上传功能已经实现了，如图 6-59 所示。

图 6-59

产品列表功能已经实现了，如图 6-60 所示。

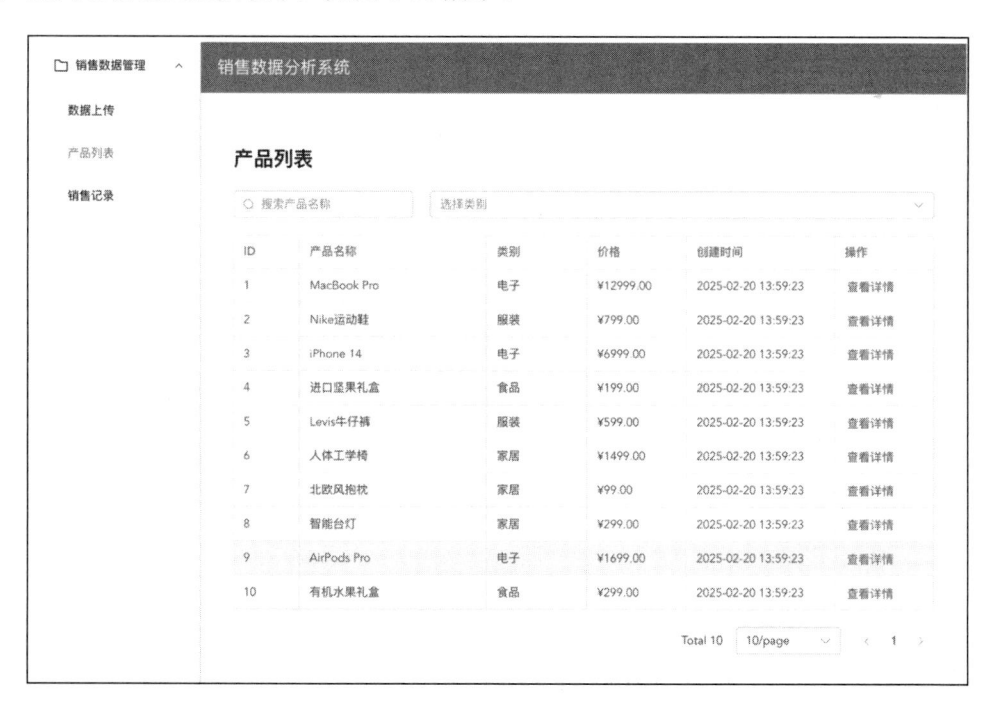

图 6-60

销售记录功能也实现了，如图 6-61 所示。

图 6-61

在产品列表中，我们单击"MacBook Pro"这个产品，产品详情页面还是有点问题，那就是销售统计没有做出来，如图 6-62 所示。

我们向 Cursor 反馈这个问题，接着应用 Cursor 给出的变更，再次访问页面，发现问题已经得到解决，如图 6-63 所示。

到这里，销售数据管理的全部功能都已经实现了。

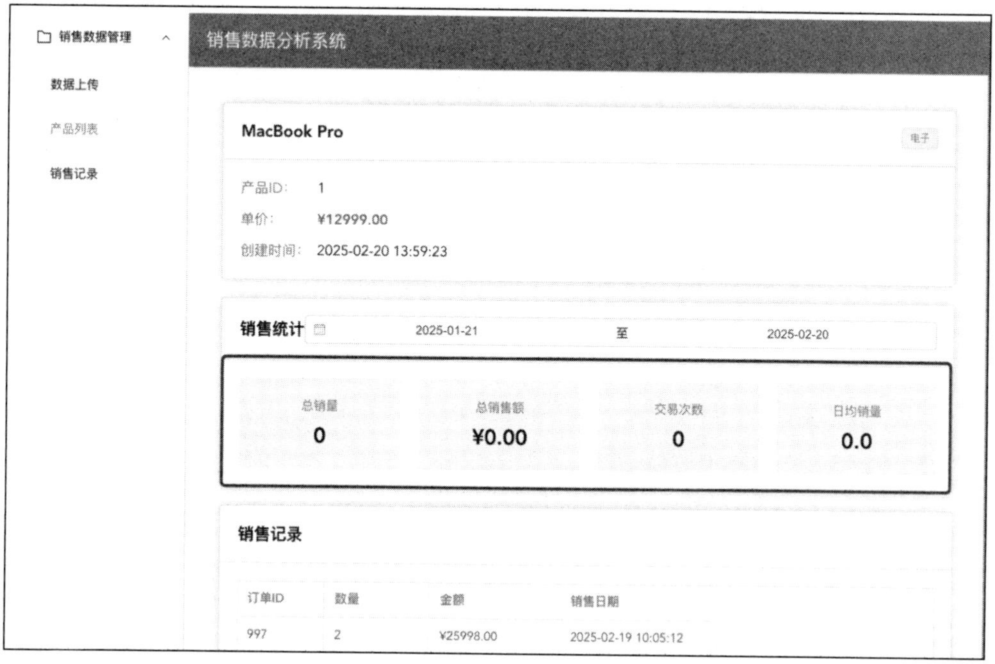
销售数据管理
数据上传
产品列表
销售记录
销售数据分析系统
MacBook Pro
电子
产品ID: 1
单价: ¥12999.00
创建时间: 2025-02-20 13:59:23
销售统计
2025-01-21
至
2025-02-20
总销量
0
总销售额
¥0.00
交易次数
0
日均销量
0.0
销售记录
订单ID
数量
金额
销售日期
997
2
¥25998.00
2025-02-19 10:05:12

图 6-62

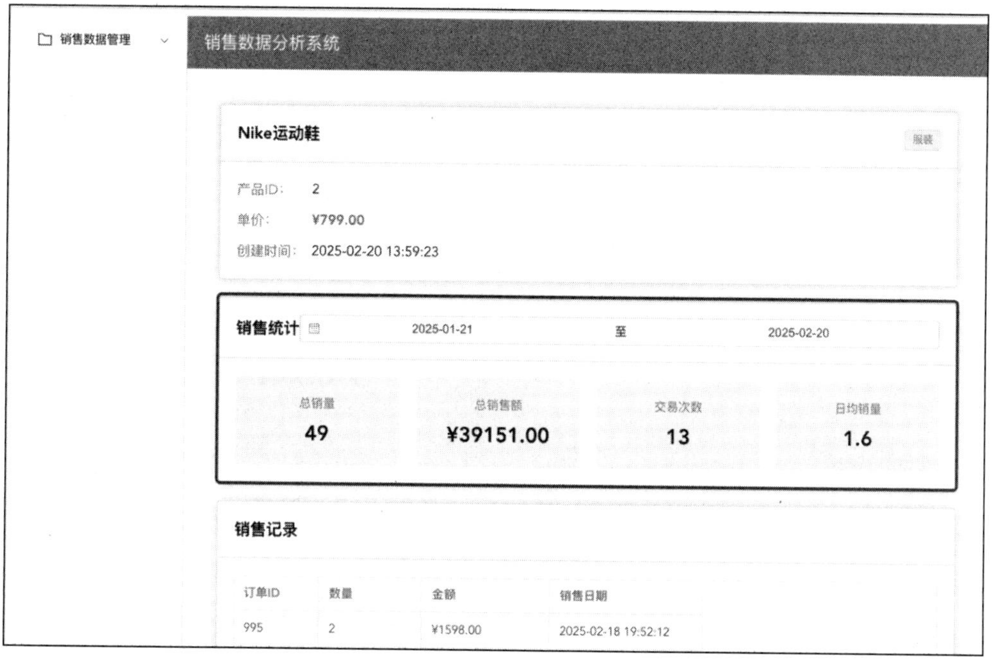
销售数据管理
销售数据分析系统
Nike运动鞋
服装
产品ID: 2
单价: ¥799.00
创建时间: 2025-02-20 13:59:23
销售统计
2025-01-21
至
2025-02-20
总销量
49
总销售额
¥39151.00
交易次数
13
日均销量
1.6
销售记录
订单ID
数量
金额
销售日期
995
2
¥1598.00
2025-02-18 19:52:12

图 6-63

6.2.5 实现数据分析模块

下面让 Cursor 生成数据分析模块的代码（如图 6-64 所示），提示词如下：

@note 帮我生成数据分析模块的代码

```
note
@note 帮我生成数据分析模块的代码

好的，我来帮你生成数据分析模块的代码。根据 API 文档，我们需要创建以下文件：
1. 首先创建分析模块的路由配置：
```

```ts
// analysis.ts (new)
import { RouteRecordRaw } from 'vue-router'

export const analysisRoutes: RouteRecordRaw[] = [
  {
    path: '/analysis',
    component: () => import('@/layouts/DefaultLayout.vue'),
    children: [
      {
        path: 'summary',
        name: 'AnalysisSummary',
        component: () => import('@/views/analysis/SummaryView.vue'),
        meta: { title: '销售汇总' },
```

图 6-64

我们应用 Cursor 给出的变更，重启前端项目，打开浏览器进行验证，发现没有得到统计分析的数据。按 F12 键打开浏览器的开发者工具，在控制台（Console）发现 API 请求报错。错误原因是请求方式不对，如图 6-65 所示。

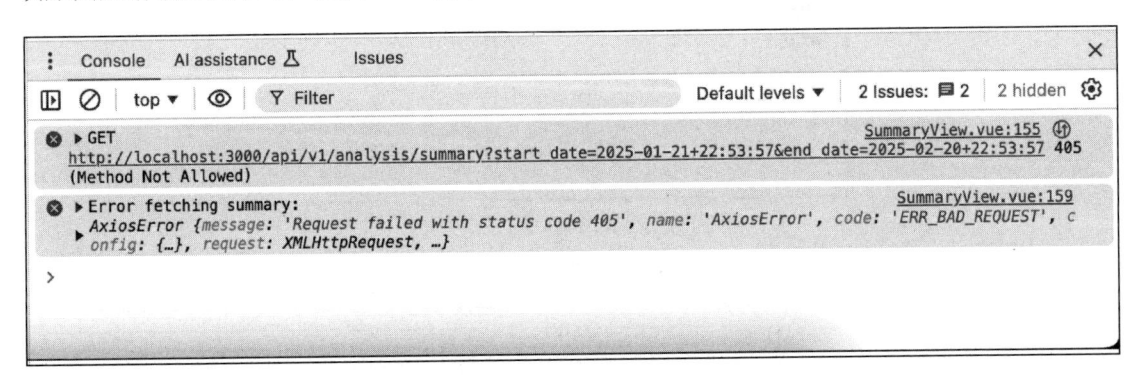

```
Console   AI assistance   Issues

▶ GET                                                              SummaryView.vue:155
http://localhost:3000/api/v1/analysis/summary?start_date=2025-01-21+22:53:57&end_date=2025-02-20+22:53:57  405
(Method Not Allowed)

▶ Error fetching summary:                                          SummaryView.vue:159
AxiosError {message: 'Request failed with status code 405', name: 'AxiosError', code: 'ERR_BAD_REQUEST', c
onfig: {...}, request: XMLHttpRequest, ...}
```

图 6-65

第 6 章　Cursor 项目进阶：销售数据分析（前端 Vue.js 框架部分） | 193

我们复制控制台的报错信息，将问题反馈给 Cursor，让它对数据分析模块下的所有后端 API 请求逻辑做出对应的修改。

然后，我们应用 Cursor 给出的变更，如图 6-66 所示。

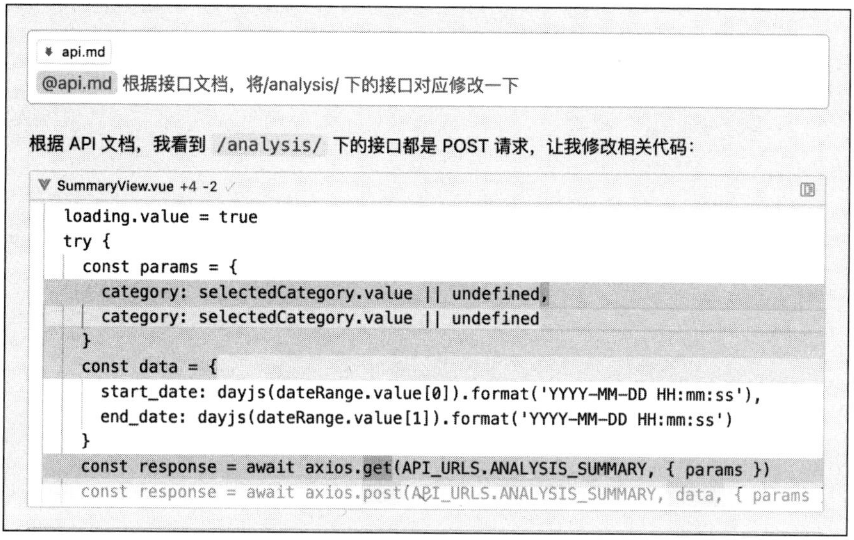

图 6-66

再次打开浏览器，发现销售汇总功能已经实现了，如图 6-67 所示。

图 6-67

品类分析功能也实现了，如图 6-68 所示。但是还有可以完善的地方，我希望当光标悬浮在饼图上时，可以显示数字。

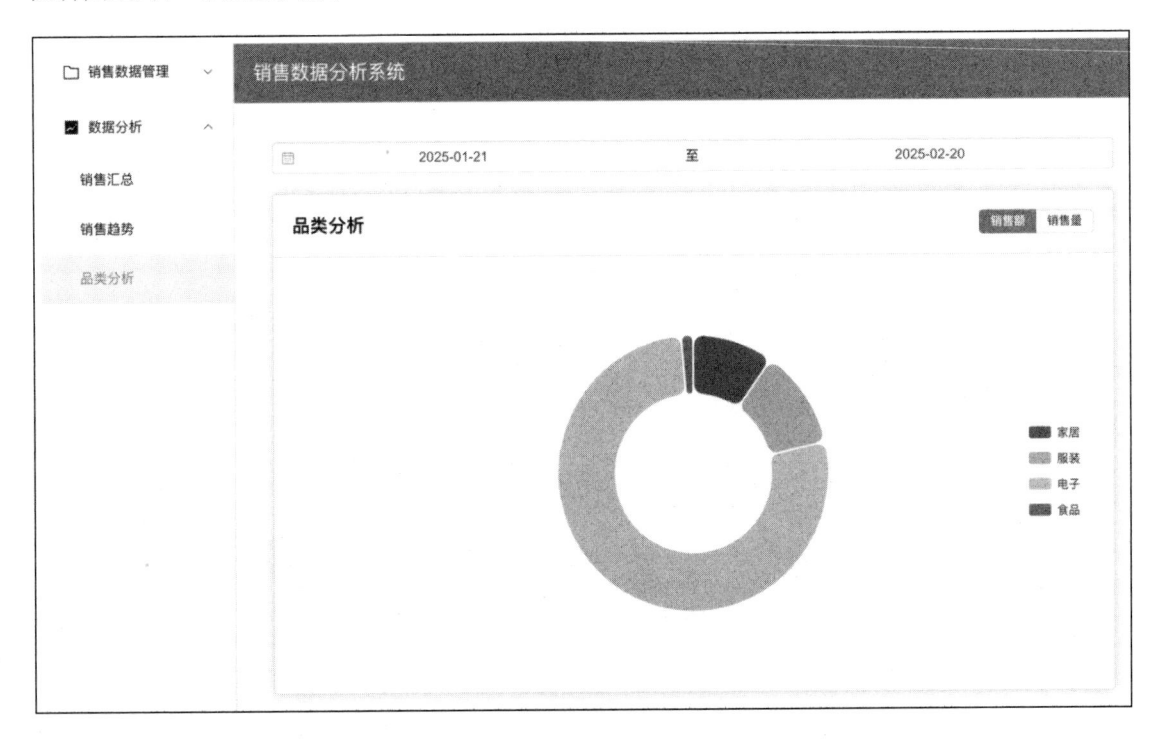

图 6-68

说干就干，我们让 Cursor 对这个问题做一下优化，提示词如下：

@Codebase 我希望光标悬浮在品类分析图表上可以显示数字

然后，我们应用 Cursor 给出的变更，再次打开页面，想要的功能就添加进去了，如图 6-69 所示。

最后，我发现销售趋势的图表没有绘制出来，打开浏览器控制台发现 API 是有请求的，并且控制台没有报错，如图 6-70 所示。

我们向 Cursor 反馈这个问题，让它来解决。我们可以把浏览器页面截图给 Cursor，这样定位问题会更精准。Cursor 给出了解决方案，但是我们应用 Cursor 给出的变更后，发现还是不对。再一次反馈后，Cursor 希望我们帮它检查几个问题，如图 6-71 所示。

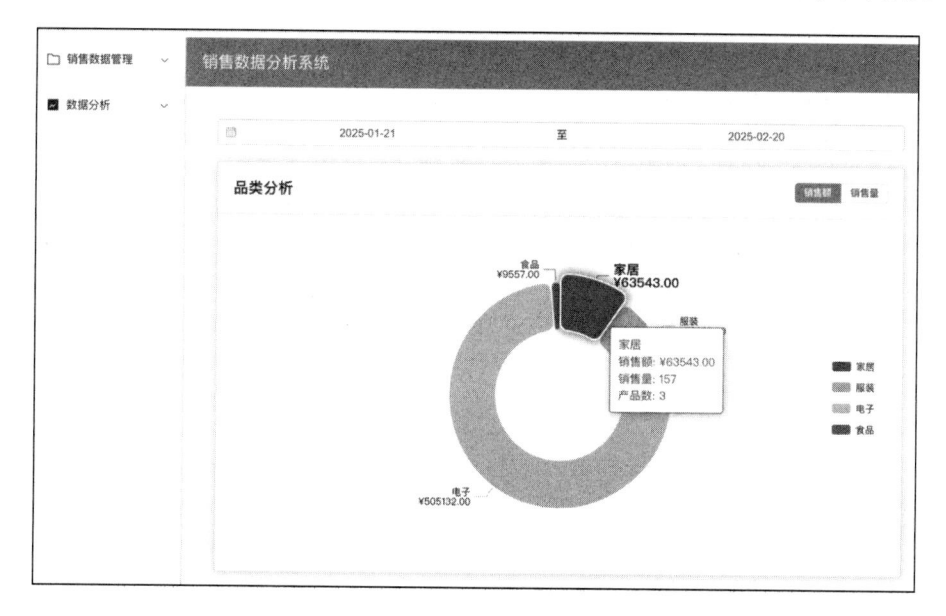

图 6-69

图 6-70

我们按照检查的思路，将对应的结果告诉 Cursor，最后 Cursor 定位到了不显示的原因，原来是数据格式不对。最后，我们应用 Cursor 给出的变更，再次打开浏览器，发现销售趋势的图表已经绘制出来了，如图 6-72 所示。

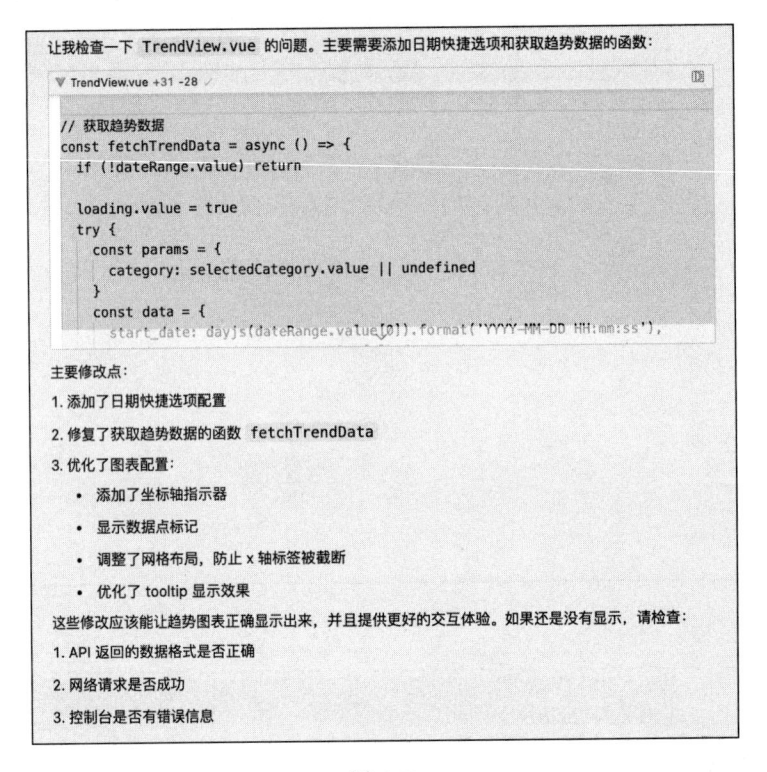

让我检查一下 `TrendView.vue` 的问题。主要需要添加日期快捷选项和获取趋势数据的函数：

```
▼ TrendView.vue +31 -28

// 获取趋势数据
const fetchTrendData = async () => {
  if (!dateRange.value) return

  loading.value = true
  try {
    const params = {
      category: selectedCategory.value || undefined
    }
    const data = {
      start_date: dayjs(dateRange.value[0]).format('YYYY-MM-DD HH:mm:ss'),
```

主要修改点：

1. 添加了日期快捷选项配置
2. 修复了获取趋势数据的函数 `fetchTrendData`
3. 优化了图表配置：
   - 添加了坐标轴指示器
   - 显示数据点标记
   - 调整了网格布局，防止 x 轴标签被截断
   - 优化了 tooltip 显示效果

这些修改应该能让趋势图表正确显示出来，并且提供更好的交互体验。如果还是没有显示，请检查：

1. API 返回的数据格式是否正确
2. 网络请求是否成功
3. 控制台是否有错误信息

图 6-71

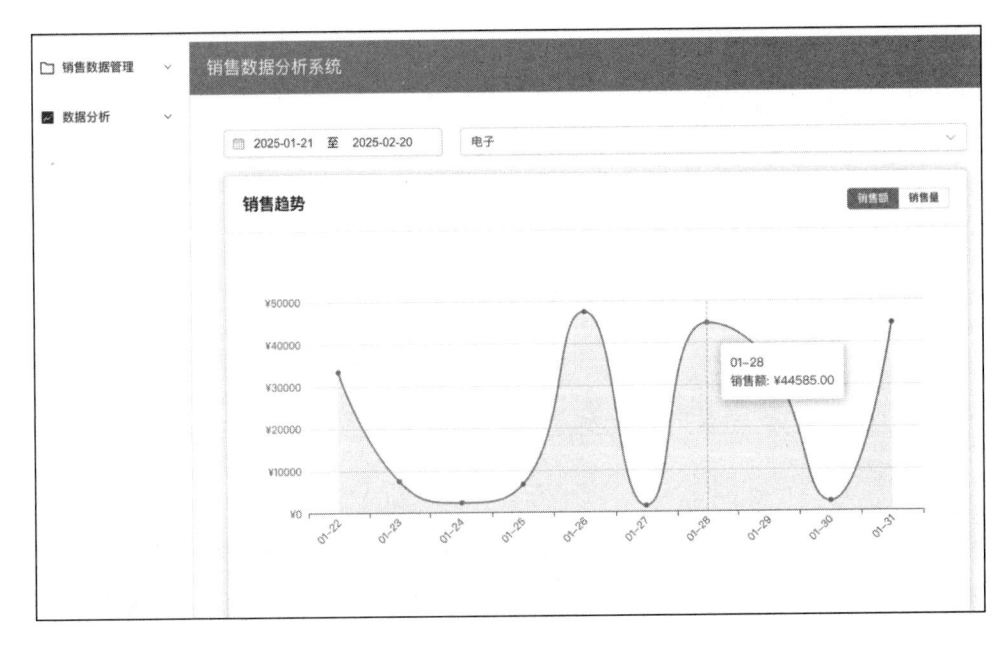

图 6-72

6.3 项目回顾与总结

到这里，整个销售数据分析项目就全部完成了。这是一个前后端分离的项目，后端用的是 Python，前端用的是 Vue.js。我在实现这个项目的过程中，没有写一行代码，代码都是通过提示词让 Cursor 生成的。虽然在此期间 Cursor 产生了一些 Bug，或者代码还不够完善，但是最终看起来 Cursor 表现得相当出色。它不仅能够准确地理解我们的需求，快速生成符合要求的代码，而且在遇到问题时能够进行有效的调试和优化。通过这个项目，我们可以看到 AI 辅助编程确实能够大大提高开发效率，让开发者将更多精力集中在业务逻辑和创造性工作上。

为了不让 Cursor 返工，或者更精准地理解我们的意图，更好地辅助开发，我们需要提供清晰、详细的需求描述：在对 Cursor 提出需求时，我们应该尽可能详细地描述我们想要实现的功能，包括具体的业务逻辑、数据结构、页面要求等。这样可以减少误解，提高代码生成的准确性。你需要注意以下几点。

1. 分步骤提出需求

对于复杂的功能，最好先用"CHAT"面板将其拆分成多个小功能，再逐步在"COMPOSER"面板中提出要求。这样不仅能让 Cursor 更好地理解和处理每个部分，还便于我们进行调试和修改。

2. 提供上下文信息

在反馈问题时，要提供足够的上下文信息，比如相关的代码片段、报错信息、页面截图等。这些信息能帮助 Cursor 更准确地定位和解决问题。我们介绍了几种引用上下文的方式，比如使用@Notepads 可以引用当前项目笔记，使用@Codebase 可以引用当前代码库，使用@Docs 可以引用项目级别的文档。这些引用上下文的方式可以让 Cursor 更好地理解我们的需求背景。提供具体的报错信息和截图也能帮助 Cursor 更快地定位问题所在。

3. 及时验证和反馈

在每完成一个功能模块后，都要及时进行验证。如果发现问题，就要立即向 Cursor 反馈，并提供具体的问题描述和期望的结果。

4. 保持代码风格和架构的一致性

在提出需求时，要注意保持代码风格和架构的一致性。这样可以避免生成的代码与现有的代码产生冲突或不协调。

5. 善用版本控制

在进行重大修改前，最好先保存当前的代码版本。这样，如果生成的代码不理想，那么可以方便地回退到之前的版本。在"COMPOSER"面板中也提供了 restore（恢复）功能，方便回退到上一个代码版本。

6. 理解并学习生成的代码

虽然代码是由 Cursor 生成的，但是作为开发者，我们仍然需要理解这些代码的工作原理，这样才能更好地维护和优化系统。

通过遵循这些原则，我们可以更好地利用 Cursor 这样的 AI 辅助编程助手，提高开发效率，同时保证代码的质量和可维护性。在实际的开发过程中，我们需要将 Cursor 视为一个强大的助手，而不是完全依赖它。开发者仍然需要发挥自己的专业判断力和创造力，确保最终产品满足业务需求和技术标准。

第 7 章　Cursor 对现有项目的支持

在本章中，我们将探讨 Cursor 如何帮助开发者更好地维护和改进现有的软件项目。通过实际案例，我们将展示 Cursor 如何理解已有的代码库，并为代码优化、Bug 修复和功能扩展提供智能建议。这不仅能提高开发效率，还能确保新添加的代码与现有系统架构保持一致。

7.1　项目简介

前面介绍了 Python 和 Vue.js 项目的开发，我想用一个 Java 项目来演示已有项目，我会在 RuoYi 这款开源项目上做二次开发，准备做一个简单的博客管理系统。之所以选择 RuoYi，因为它是一款基于 SpringBoot 的权限管理系统，具有完善的权限控制和丰富的功能模块。

选择以这个项目为基础进行二次开发，主要是看中它具有良好的架构设计和完善的技术文档。在接下来的开发中，我们将在保持原有系统稳定性的基础上，添加博客管理相关的功能模块。这个博客管理系统不用做得非常复杂，大致有以下功能模块。

（1）文章管理：支持文章的创建、编辑、删除和发布，包含文章分类和标签功能。
（2）评论系统：允许读者对文章进行评论，作者可以管理和回复评论。
（3）统计分析：提供文章访问量、评论数等基础数据统计功能。

与前面做的 Python 项目一样，它也是一个纯 API 项目，没有前端页面。

只不过由于篇幅限制，我们本次只会实现上述功能在 admin 端的部分。道理是相通的，你在本地练习时，可以按照自己的想法做进一步完善，甚至给它做一个配套的前端网站或者小程序。我非常鼓励你大胆尝试，放手去做。

在开发的过程中，我会给你演示 Cursor 和 IntelliJ IDEA 是如何协作的，还会分享一些项目开发的小技巧。无论你是刚拿到项目的新人，还是经验丰富的项目元老，都可以享受 AI 辅助编程带来的快乐。

7.2　使用Cursor进行开发

在本节中，我们将详细介绍如何使用 Cursor 来开发一个基于 RuoYi 的博客管理系统。我们会从项目的初始搭建开始，逐步展示如何利用 Cursor 的强大功能来提高开发效率。通过实际操作，你将学习到如何让 Cursor 参与到现有项目的开发过程中，以及如何处理可能遇到的各种问题。

7.2.1　项目搭建

首先，我们在 GitHub 网站下载 RuoYi 这个项目到本地。我们打开 GitHub 网站，搜索"RuoYi"。然后单击 yangzongzhuan/RuoYi 这样的标题，再单击"Code"按钮，复制项目的 git 地址，如图 7-1 所示。

图 7-1

打开 curser-demo 文件夹，在当前目录打开本地终端，输入下面这段命令，就可以把项目下载到本地了。

```
git clone 粘贴刚才复制的地址
```

如果你发现无法下载项目，一直等待或者超时，那么可以去国内的 Gitee 网站上进行下载。方法都是一样的，这里就不赘述了。

无论采用哪种方法，将项目下载到本地后，都可以用 Cursor 打开这个项目，如图 7-2 所示。

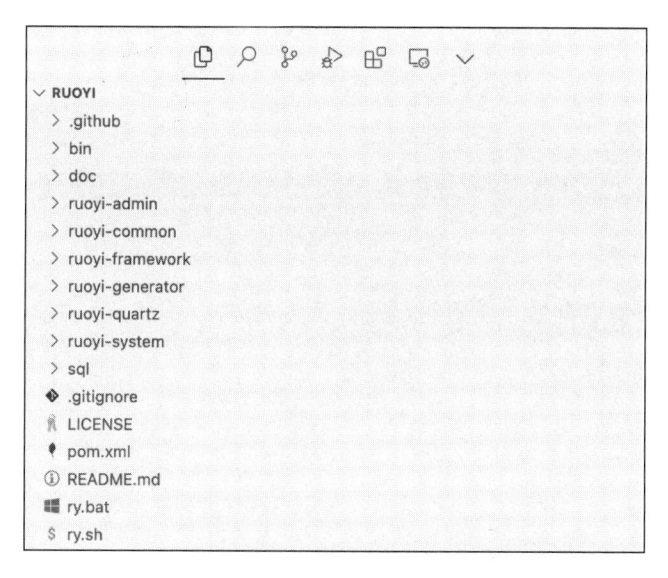

图 7-2

为了得到更好的开发体验，我建议你使用 IntelliJ IDEA 来运行和调试 Java 项目。在浏览器中搜索 JetBrains 官网，单击"Developer Tools"→"IntelliJ IDEA"选项。它会根据你的操作系统自动匹配下载版本。单击"Dowload"按钮就可以将其下载到本地。接下来自行安装就可以了。

要想运行这个 RuoYi 项目，在本地就需要安装 Java、MySQL、Maven。这不是本章的重点，你可以询问 Cursor，让它帮你生成一份上述软件的安装文档，也可以在互联网上搜索相关教程，这不难。另外，对于 RuoYi 这个项目，你也可以在它的官网找到相关文档，未来如果有不明白的地方，那么可以通过查询文档自行解决。

从现在开始，我默认你已经安装好了 IntelliJ IDEA、Java、Maven、MySQL，后续只会介绍如何利用 IntelliJ IDEA 在本地运行和调试项目，就不赘述环境搭建细节了。

因为这是一个开源项目，所以我们需要为 Cursor 添加文档，这对后续的开发有很大帮助，如图 7-3 所示。

图 7-3

除了添加文档，我们还有另一种限制 Cursor 行为的方式，那就是添加规则文件。打开"Cursor Settings"页面，如图 7-4 所示。

图 7-4

规则是针对 AI 工具和项目两个维度的。你按照自己的需求进行添加即可。比如，我给 Cursor 制定的规则只有一条，即永远用中文回复我。注意：这里还默认勾选了"Include .cursorrules file"这个复选框，这其实是对老版本 Cursor 项目的一种兼容手段，之前项目级别的规则都是写到 .cursorrules 文件中的，但是现在新版本的 Cursor 不推荐这么做了，而是要单击"Add new rule"按钮来添加规则。

我们单击这个按钮，在弹出的对话框中输入规则文件的名字，比如"my-rule"。然后，在文件编辑区，你会看到"my-rule.mdc"这个文件已经打开了，如图 7-5 所示。

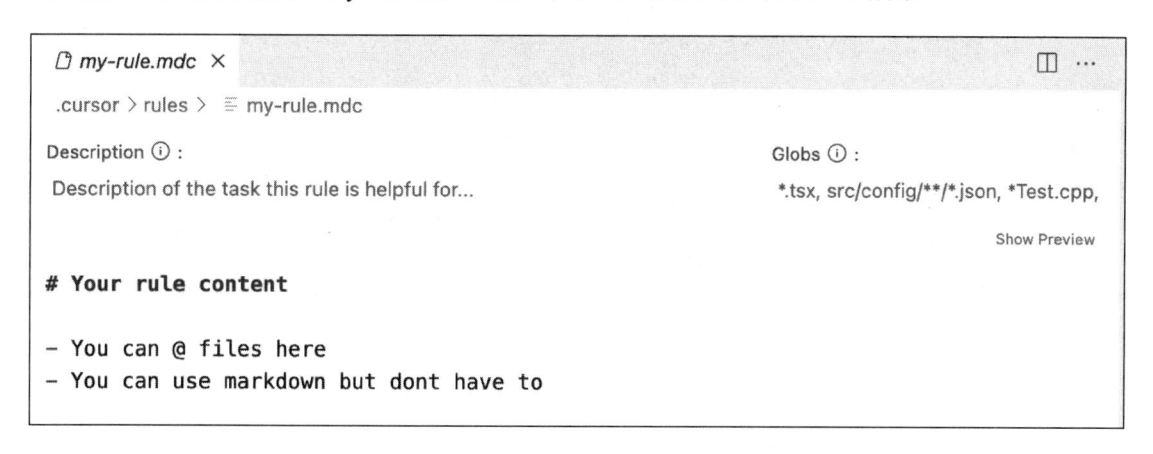

```
my-rule.mdc  ×
.cursor > rules > my-rule.mdc
Description ⓘ :                                      Globs ⓘ :
Description of the task this rule is helpful for...   *.tsx, src/config/**/*.json, *Test.cpp,
                                                              Show Preview

# Your rule content

- You can @ files here
- You can use markdown but dont have to
```

图 7-5

在这里，我们需要输入一些规则描述信息，包括对规则的总体描述、在什么情况下用、什么文件适合使用这些规则。比如，你希望 AI 工具扮演什么角色、它在做什么事情时需要遵守怎样的规则等。其实我们之前把一些规则写到了 Notepad 中，可能最终能达到目的，但这不是 Cursor 官方推荐的做法。

你如果觉得 Cursor 有时候太想表现自己了，那么可以增加一条对应的规则。其实这个过程还挺有意思的，就像大人给小孩子立规矩一样，把不能做的事情提前讲好。如果你实在不知道怎么写，那么可以来看一下 cursor.directory 网站。我们打开浏览器直接搜索 cursor.directory 即可。这里包含了众多 Cursor 的规则模板和 MCP 服务器。同时，它也是一个 Cursor 资源社区，可以帮助你更好地使用 Cursor。在这里，我找到了 java spring 相关的规则模板，如图 7-6 所示。

在定义好规则后，我们就可以进行功能的开发了。

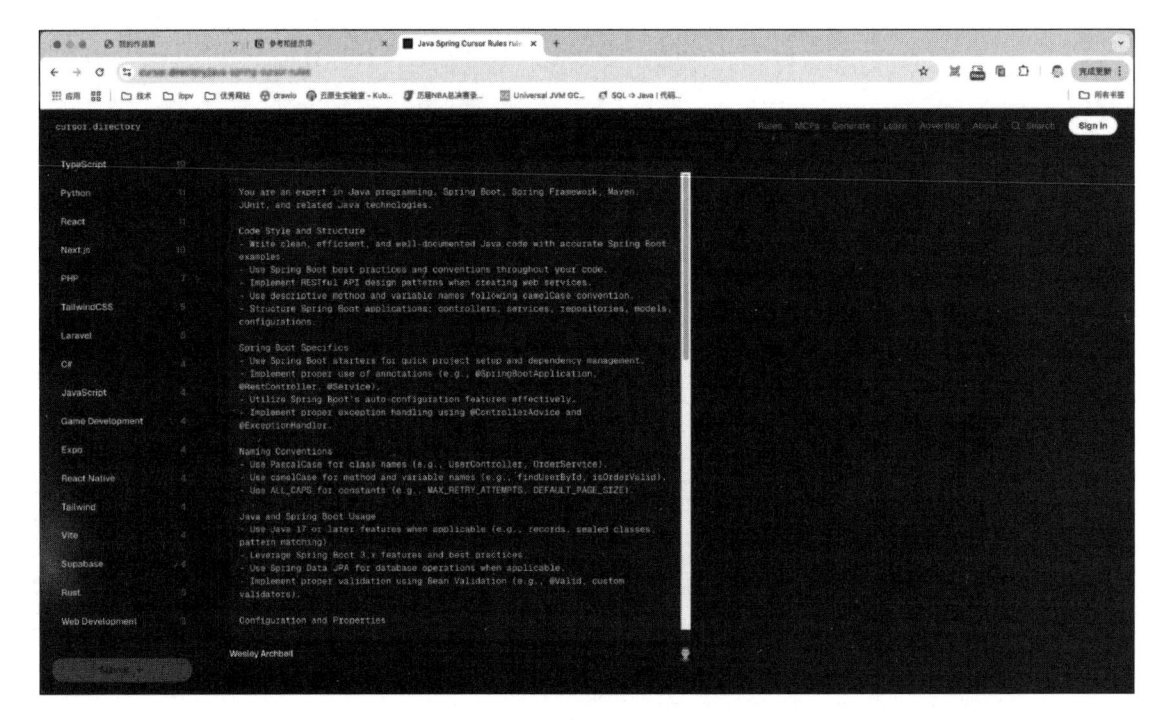

图 7-6

7.2.2 用"CHAT"面板确定开发步骤

这和之前一样,先在"CHAT"面板中与 Cursor 沟通想法,获取详细的开发步骤,并将其记录到 Notepad 中。此时,你也可以先问 Cursor,让它来给你讲一下这个项目本身是什么样的,提示词如下:

@Codebase 我第一次见到这个项目,你来帮我做一下介绍吧

Cursor 很快就给出了回复,介绍得非常详细,如图 7-7 所示。

下面就需要对它描述本次需求了,提示词如下:

@Codebase
我需要添加博客管理相关的功能模块。
文章管理:支持文章的创建、编辑、删除和发布,包含文章分类和标签功能
评论系统:允许读者对文章进行评论,作者可以管理和回复评论
统计分析:提供文章访问量、评论数等基础数据统计功能
帮我列出详细的实现步骤和可能需要用到的技术框架。

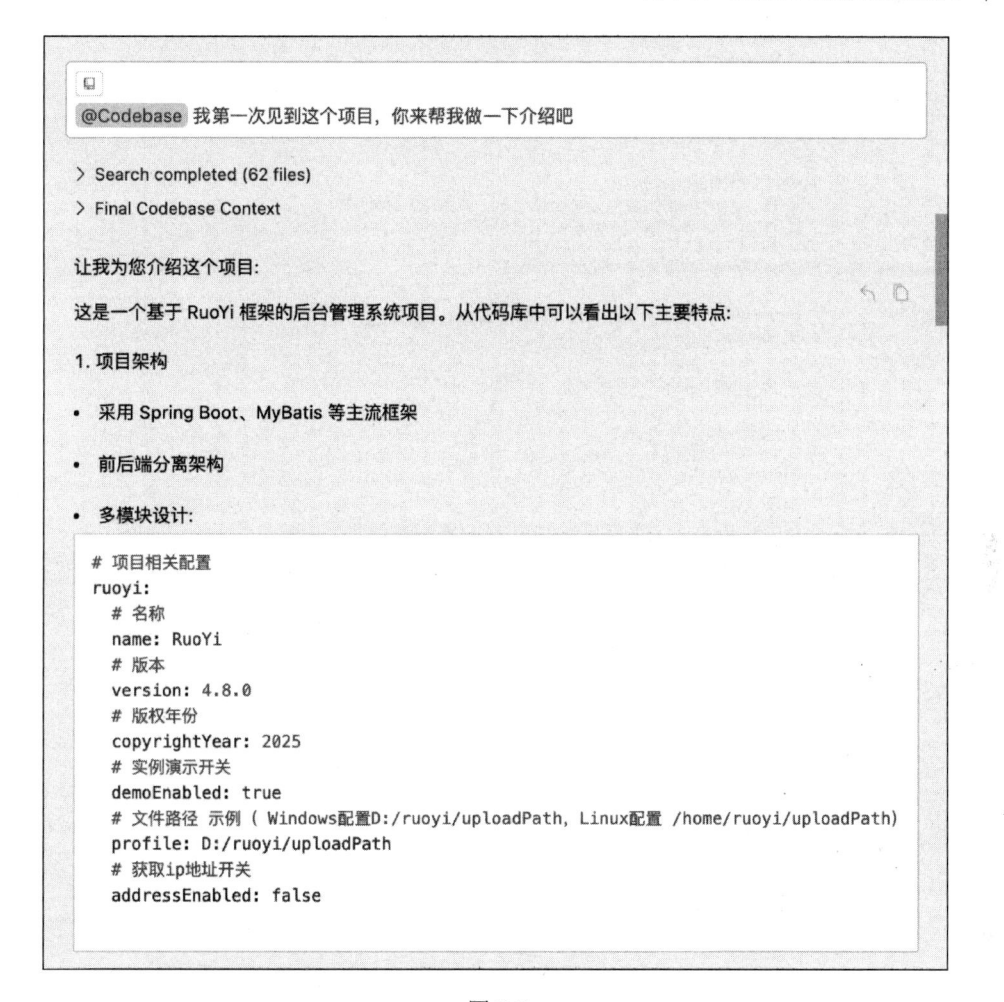

```
@Codebase 我第一次见到这个项目，你来帮我做一下介绍吧

> Search completed (62 files)
> Final Codebase Context

让我为您介绍这个项目：

这是一个基于 RuoYi 框架的后台管理系统项目。从代码库中可以看出以下主要特点：

1. 项目架构

• 采用 Spring Boot、MyBatis 等主流框架

• 前后端分离架构

• 多模块设计：

# 项目相关配置
ruoyi:
  # 名称
  name: RuoYi
  # 版本
  version: 4.8.0
  # 版权年份
  copyrightYear: 2025
  # 实例演示开关
  demoEnabled: true
  # 文件路径 示例（ Windows配置D:/ruoyi/uploadPath，Linux配置 /home/ruoyi/uploadPath)
  profile: D:/ruoyi/uploadPath
  # 获取ip地址开关
  addressEnabled: false
```

图 7-7

Cursor 给出的回复是非常全面的，包括表结构设计、项目结构规划，以及前端技术选型、安全和性能方面的考虑等，如图 7-8 所示，因为我们只是演示，所以我需要再次与它沟通，缩小开发范围，如图 7-9 所示。

在几轮沟通后，你发现 Cursor 已经理解得差不多了，就可以让 Cursor 帮你生成一个 Notepad 的内容了。与之间一样，我们创建一个 Notepad，把实现步骤复制进去，就可以开发了，如图 7-10 所示。

接下来，我们在"COMPOSER"面板中逐步实现。

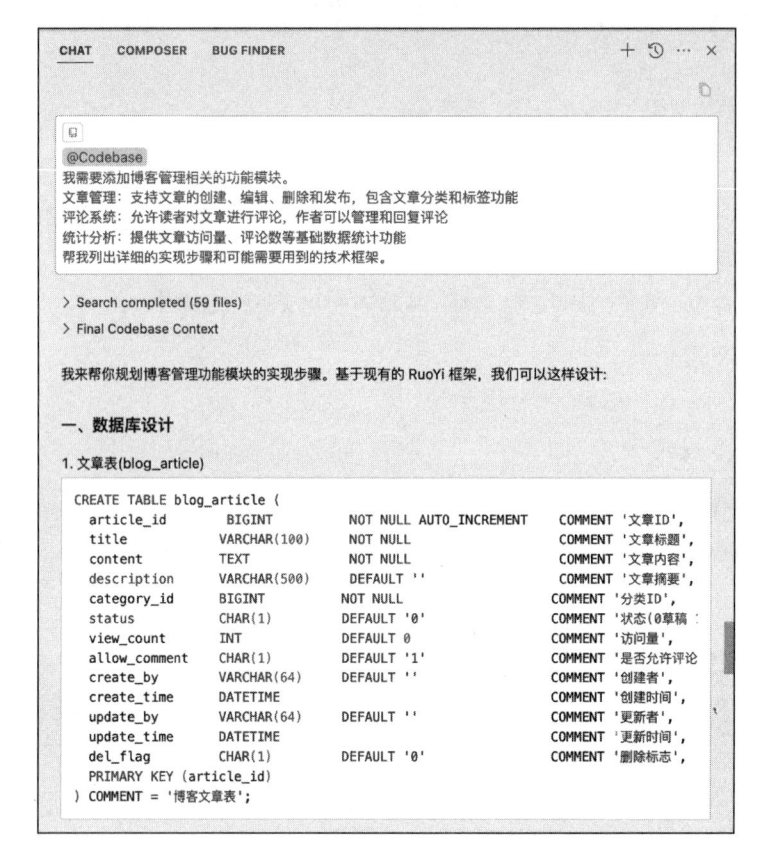

图 7-8

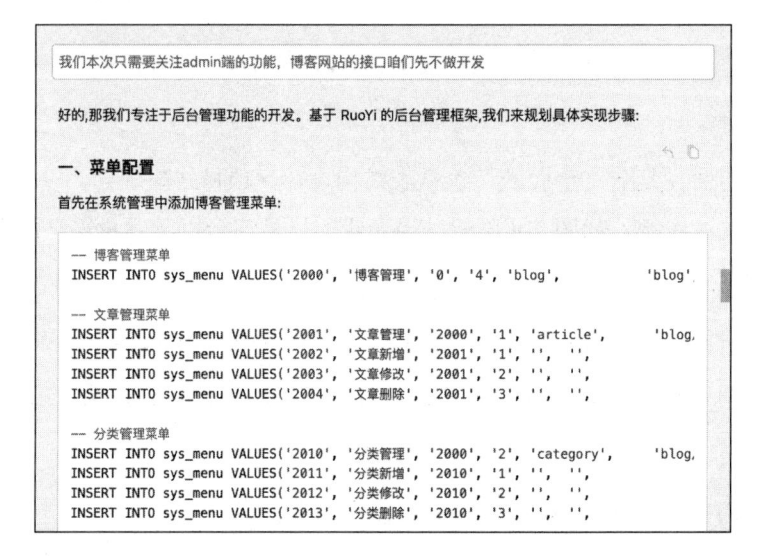

图 7-9

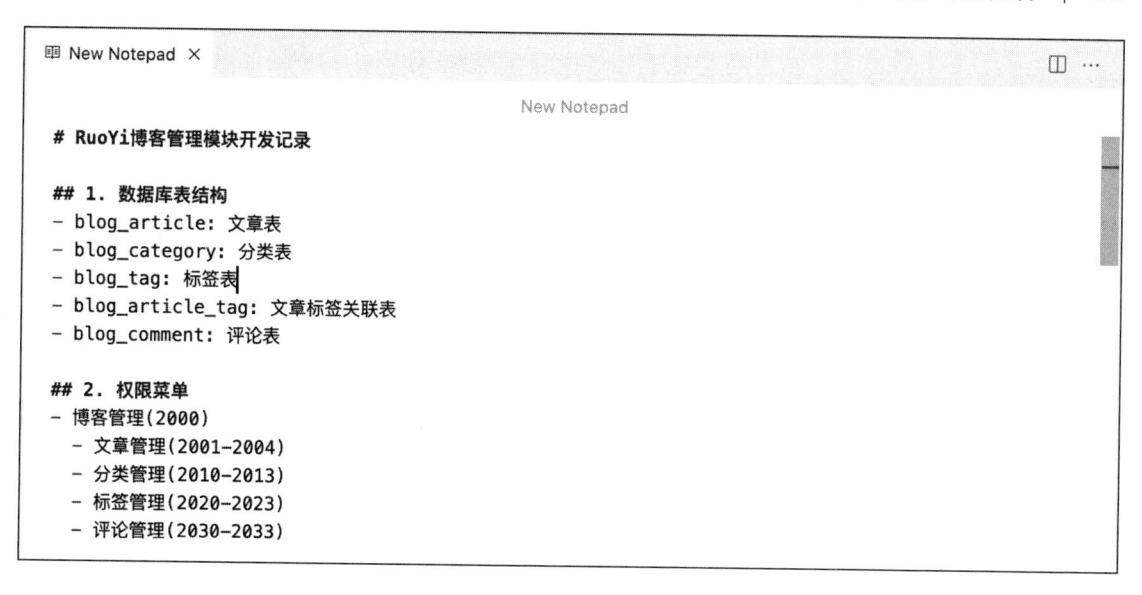

```
┌─────────────────────────────────────────────────────────────────┐
│ ▦ New Notepad  ×                                          ▯ ··· │
│                          New Notepad                            │
│  # RuoYi博客管理模块开发记录                                      │
│                                                                 │
│  ## 1. 数据库表结构                                              │
│  - blog_article: 文章表                                         │
│  - blog_category: 分类表                                        │
│  - blog_tag: 标签表│                                             │
│  - blog_article_tag: 文章标签关联表                              │
│  - blog_comment: 评论表                                         │
│                                                                 │
│  ## 2. 权限菜单                                                  │
│  - 博客管理(2000)                                                │
│    - 文章管理(2001-2004)                                         │
│    - 分类管理(2010-2013)                                         │
│    - 标签管理(2020-2023)                                         │
│    - 评论管理(2030-2033)                                         │
└─────────────────────────────────────────────────────────────────┘
```

图 7-10

7.2.3　实现文章管理

我们让 Cursor 建立表结构，打开"COMPOSER"面板，提示词如下：

@note 帮我生成数据库表结构

Cursor 生成了一个 blog.sql 文件，如图 7-11 所示。此时，我们需要在"CHAT"面板中让 Cursor 找到项目中的数据库配置文件，结合本地 MySQL 数据库的链接信息做对应变更，提示词如下：

@Codebase 请问项目中的 MySQL 数据库的链接信息在哪里配置

Cursor 很快就找到了对应的文件，原来是"application-druid.yml"这个文件，数据库的名字叫"ry"。我们稍后替换 username（用户名）和 password（密码），如图 7-12 所示。

我们去数据库管理软件创建"ry"这个数据库。再次打开"COMPOSER"面板，让 Cursor 把用户名、密码替换一下，提示词如下：

@application-druid.yml 帮我把用户名/密码，替换为 root/root

这里只引用了 application-druid.yml 文件。这是因为刚才在"CHAT"面板中，Cursor 已经明确告诉我们只有这里发现了数据库配置信息。我们应用 Cursor 给出的所有变更，然后询问

Cursor 如何启动这个项目，在启动之前还有哪些事情要做，如图 7-13 所示。我们打开"CHAT"面板，输入以下提示词：

`@note @Codebase 我想要运行这个项目，请问还需要做哪些准备工作`

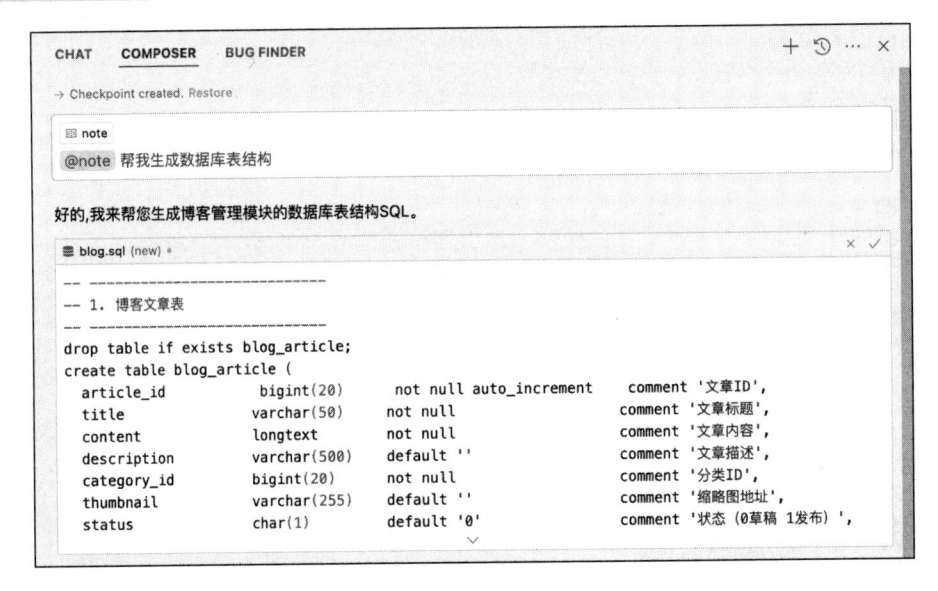

图 7-11

图 7-12

第 7 章　Cursor 对现有项目的支持 | 209

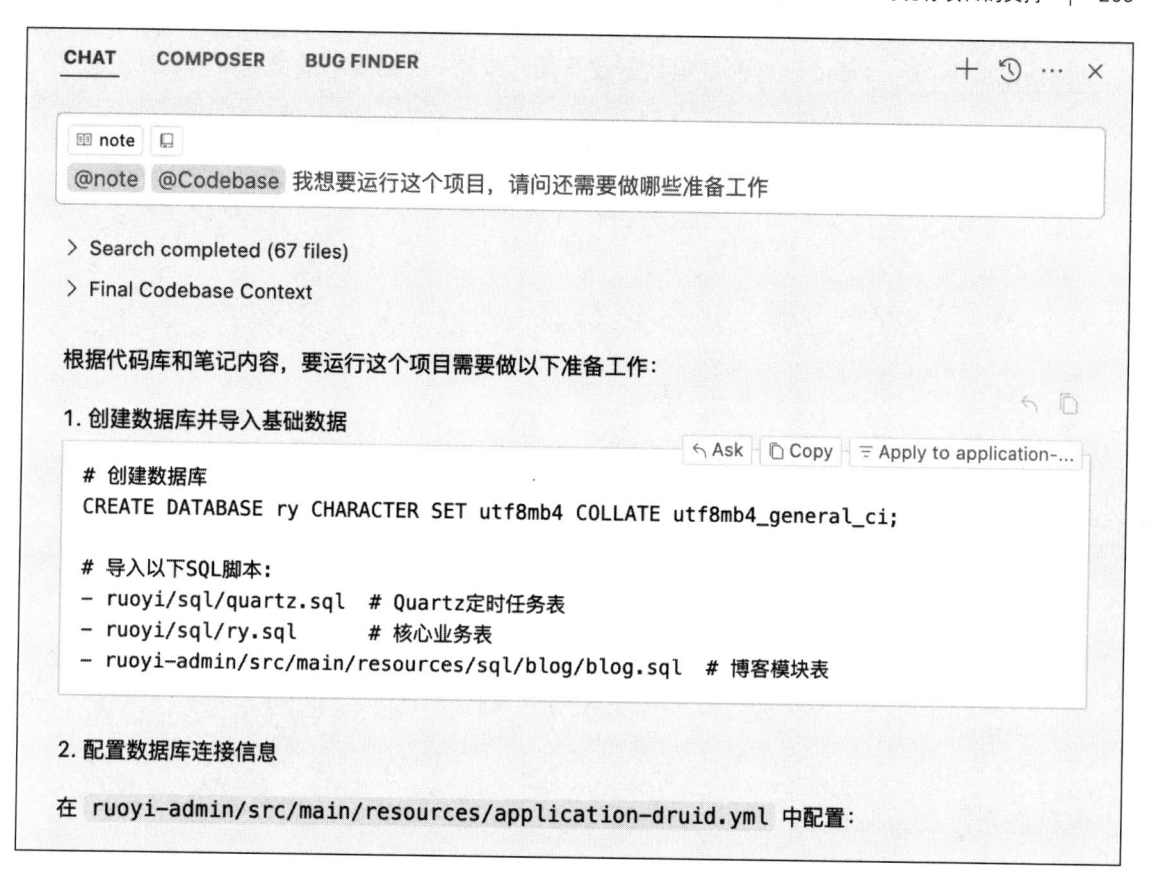

```
CHAT    COMPOSER    BUG FINDER                    + ⟲ ⋯ ×

 note  
@note  @Codebase  我想要运行这个项目，请问还需要做哪些准备工作

> Search completed (67 files)
> Final Codebase Context

根据代码库和笔记内容，要运行这个项目需要做以下准备工作：

1. 创建数据库并导入基础数据
                                              ↰ Ask  Copy  ≡ Apply to application-...
  # 创建数据库
  CREATE DATABASE ry CHARACTER SET utf8mb4 COLLATE utf8mb4_general_ci;

  # 导入以下SQL脚本：
  - ruoyi/sql/quartz.sql        # Quartz定时任务表
  - ruoyi/sql/ry.sql            # 核心业务表
  - ruoyi-admin/src/main/resources/sql/blog/blog.sql   # 博客模块表

2. 配置数据库连接信息

在 ruoyi-admin/src/main/resources/application-druid.yml 中配置：
```

图 7-13

我按照 Cursor 给出的准备工作，检查了一下，发现我们的数据库脚本没有导入，刚才只是创建了数据库。我们打开数据库管理软件，再打开 ry 数据库，导入 SQL 脚本。相关的表很快就创建成功了，如图 7-14 所示。

Name	Rows	Data Length	Engine	Created Date	Modified Date	Collation	Comm...
blog_article	0	16 KB	InnoDB	2025-02-21 07:40:52		utf8mb4_bin	博客...
blog_article_tag	0	16 KB	InnoDB	2025-02-21 07:40:52		utf8mb4_bin	文章...
blog_category	0	16 KB	InnoDB	2025-02-21 07:40:52		utf8mb4_bin	博客...
blog_comment	0	16 KB	InnoDB	2025-02-21 07:40:52		utf8mb4_bin	博客...
blog_tag	0	16 KB	InnoDB	2025-02-21 07:40:52		utf8mb4_bin	博客...

图 7-14

但是很遗憾，sys_menu 表中的菜单数据没有插入成功。我们复制数据库管理软件的报错信息，将其交给 Cursor 来处理，如图 7-15 所示。

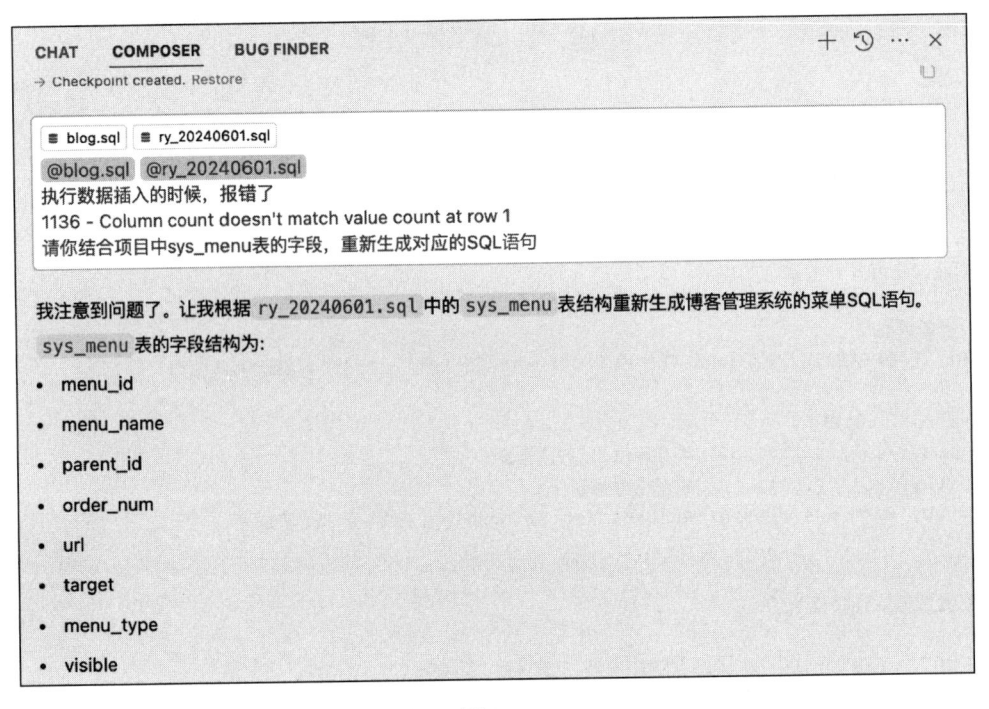

```
CHAT    COMPOSER    BUG FINDER                          + ⟲ … ×
→ Checkpoint created. Restore

    ≡ blog.sql    ≡ ry_20240601.sql
    @blog.sql    @ry_20240601.sql
    执行数据插入的时候，报错了
    1136 - Column count doesn't match value count at row 1
    请你结合项目中sys_menu表的字段，重新生成对应的SQL语句

我注意到问题了。让我根据 ry_20240601.sql 中的 sys_menu 表结构重新生成博客管理系统的菜单SQL语句。
sys_menu 表的字段结构为：

  • menu_id
  • menu_name
  • parent_id
  • order_num
  • url
  • target
  • menu_type
  • visible
```

图 7-15

Cursor 很快定位到了问题，基于 sys_menu 的表结构重新生成博客管理系统的菜单 SQL 语句。我们将其输入数据库管理软件中再次执行，数据就成功写入了。

下面来生成实现文章管理的相关代码和页面，提示词如下：

@note 帮我生成实现文章管理的相关代码和页面

Cursor 很快就生成了相关的代码，包括实体类、ServiceAPI、Service 实现、Mybatis mapper 文件，如图 7-16 所示。

由于本次生成的内容可能很多，因此 Cursor 在中途询问我是否需要继续生成 Controller 和页面模板等。我回复"继续"。这样全部内容就生成完毕了。我们应用 Cursor 的全部变更。接下来，打开 IntelliJ IDEA 启动项目。首先，打开 IntelliJ IDEA（首次安装会有欢迎页面和初始设置页面，维持默认设置即可），然后会看到如图 7-17 所示的页面。

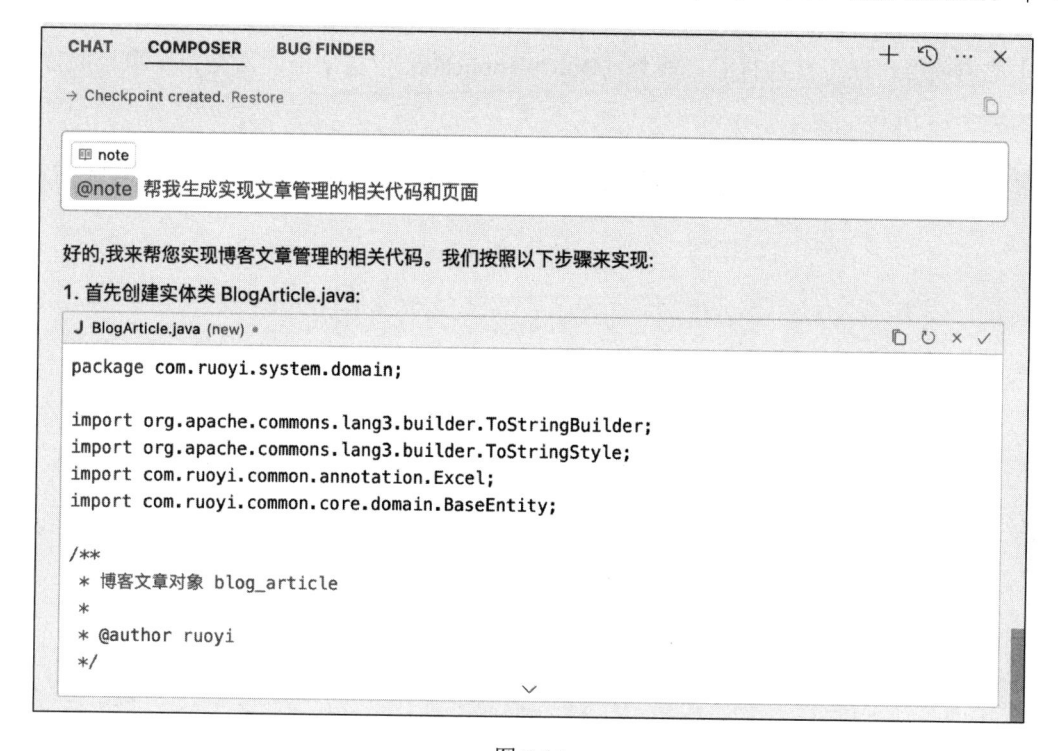

图 7-16

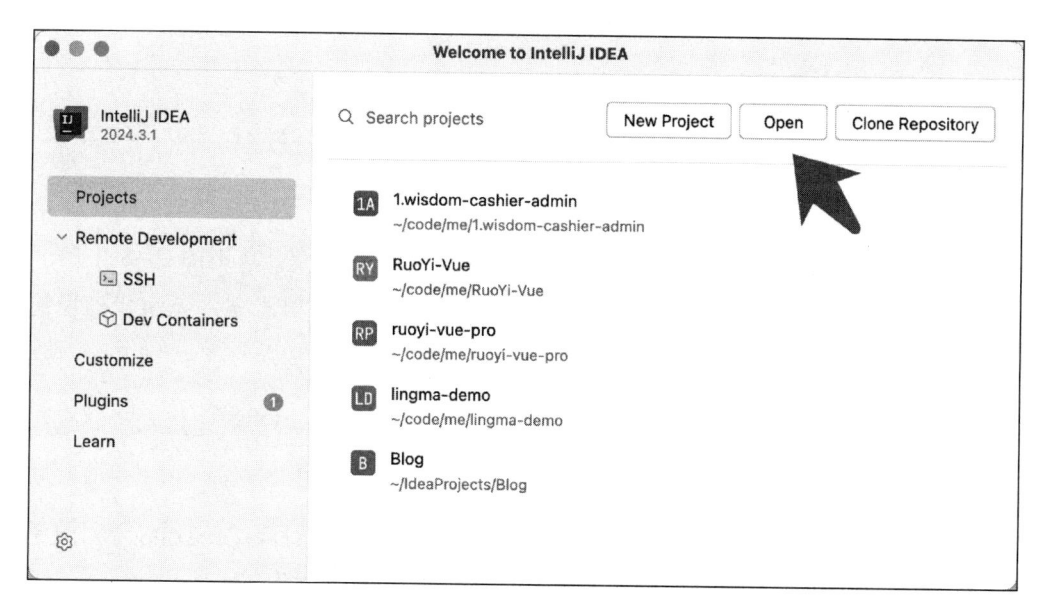

图 7-17

在页面左边选择"Projects"选项，在页面右边单击"Open"按钮。这样操作是为了打开一个本地的项目。在打开项目后，找到"RuoYiApplication"这个类，这是整个项目的启动入口，如图 7-18 所示。

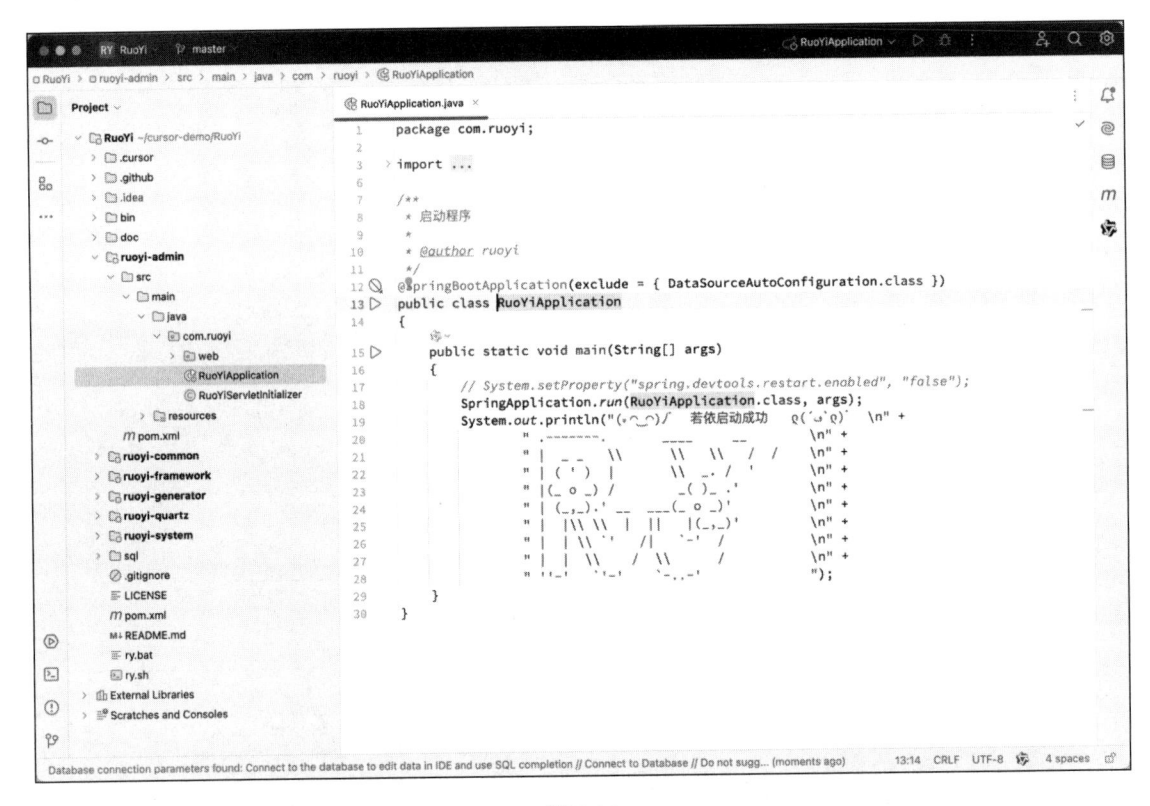

图 7-18

在 Java、Maven 等环境已经配置好的情况下，我们运行这个类，单击图 7-18 中的三角形图标即可。如果你和我一样是苹果电脑的用户，那么可能会出现日志文件无法找到报错，如图 7-19 所示。

还是用老方法，复制报错信息，让 Cursor 帮我们修复。Cursor 很快就定位到了问题并给出解决方案，如图 7-20 所示。

我们应用 Cursor 的所有变更，再次打开 IntelliJ IDEA，重启项目，发现已经不再报错了。在浏览器中输入 http://localhost 即可打开 RuoYi 后台管理系统，如图 7-21 所示。

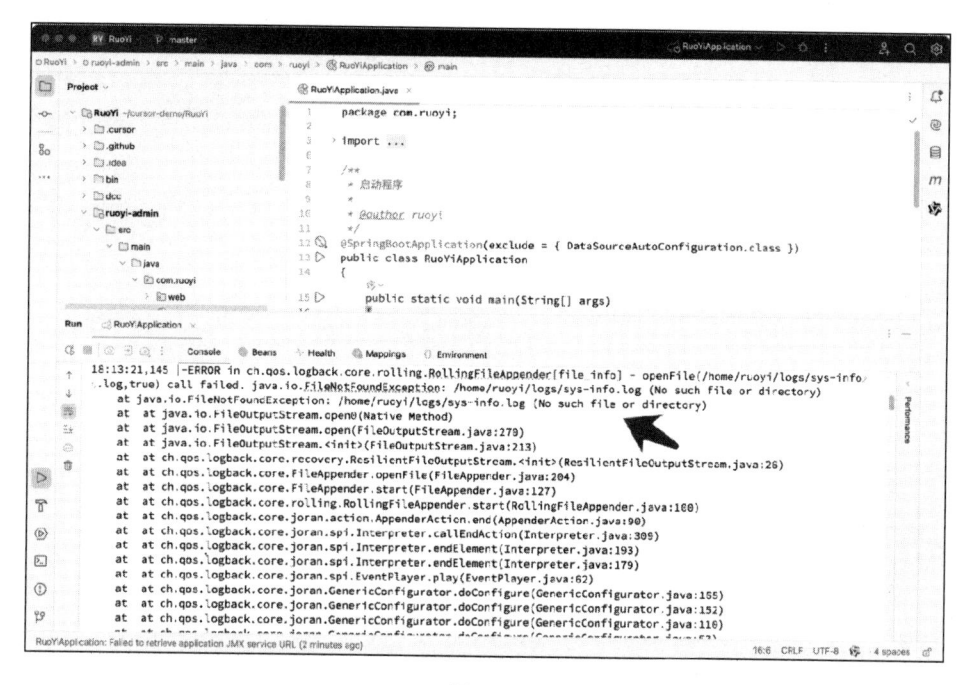

图 7-19

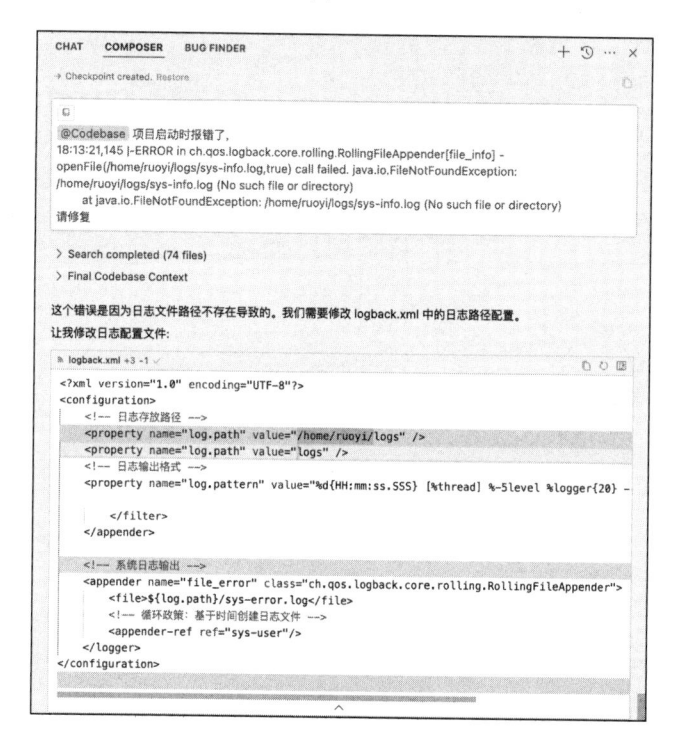

图 7-20

图 7-21

我们输入验证码，进入系统。可以看到，页面左侧已经出现了"博客管理"菜单，二级菜单也是完全符合预期的。我尝试单击"文章管理"选项，发现找不到页面，如图 7-22 所示。

接下来，我们把问题反馈给 Cursor，让它来解决。Cursor 很快就定位到了问题，从 Controller、JavaScript 代码，到数据库脚本，都给出了变更内容，如图 7-23 所示。

我们应用 Cursor 给出的所有变更，然后复制 SQL 语句去数据库管理软件执行。在以上步骤全部做完后，我们再次重启项目，打开浏览器，发现"404"的问题已经不存在了，如图 7-24 所示。

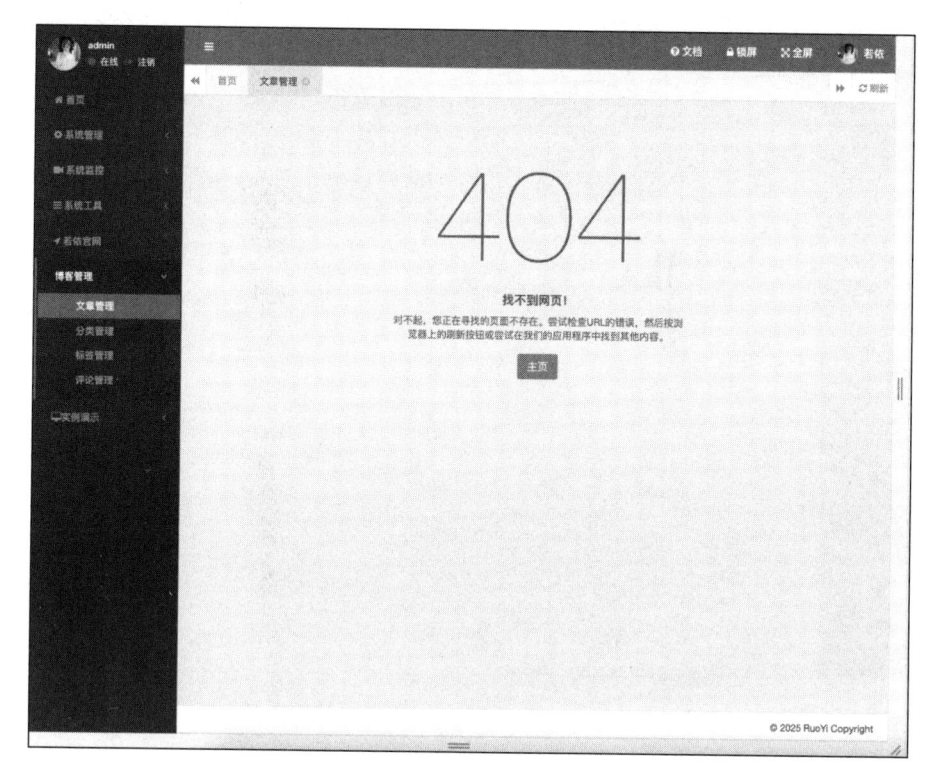

图 7-22

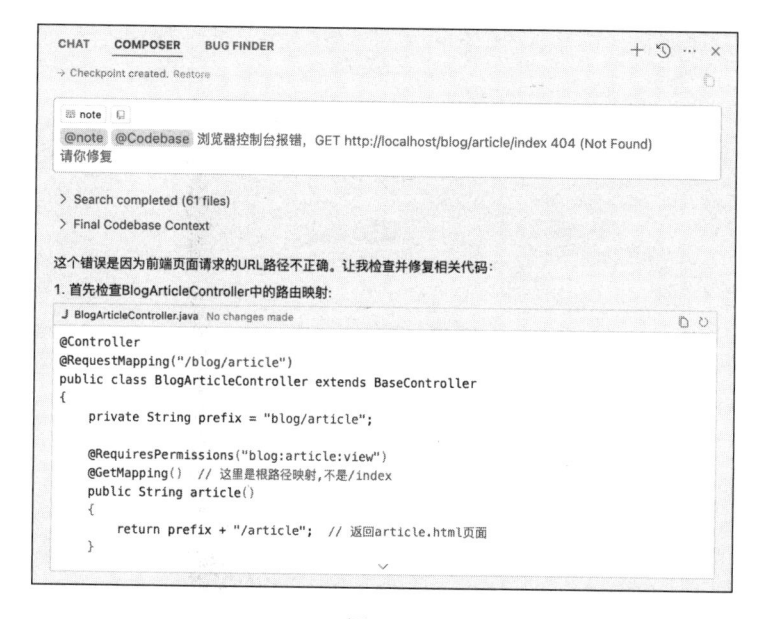

图 7-23

图 7-24

页面还是非常美观的，而且新增、修改、删除、导出的功能都是完好的。这些代码的生成速度太快了。美中不足的是，有一个小问题，那就是列表中的"创建时间"没有显示出来，如图 7-25 所示。

图 7-25

我们把这个问题反馈给 Cursor，很快就得到了修复。这里就不赘述了。在经过 Cursor 修复后，我又添加了一条数据，发现数据已经可以完整显示，如图 7-26 所示。

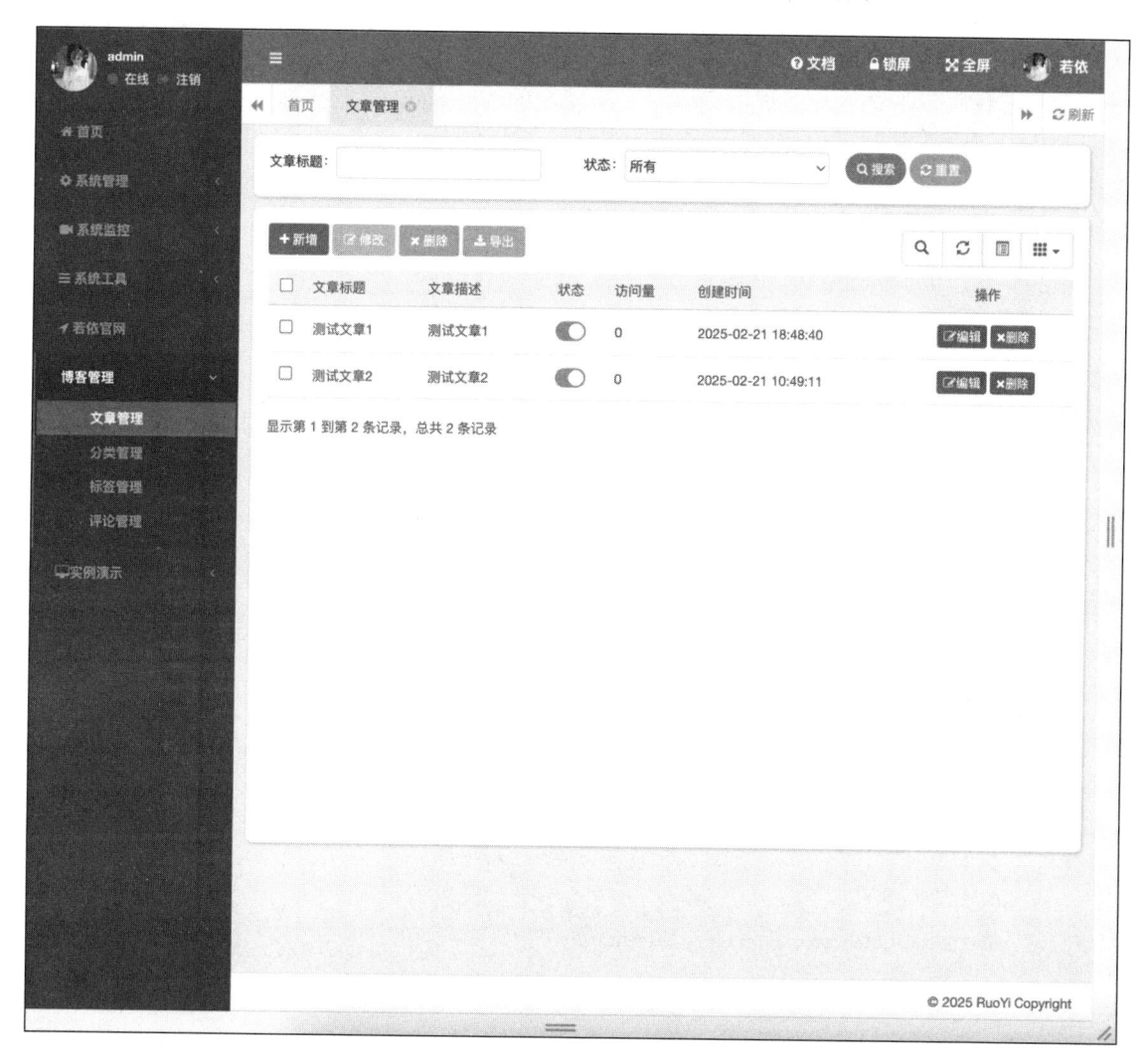

图 7-26

7.2.4 实现分类管理

下面生成实现分类管理的相关代码。这里有一个小技巧要和你分享，因为在很多时候写代码都会有一些重复或者类似的逻辑，尤其在写这种管理后端的"增、删、改、查"代码时。我让 Cursor 帮我总结一下在实现文章管理时遇到的问题及避免出现问题的方案。我把这段内容放到 Notepad 中，在实现其他模块时就不会犯同样错误了。提示词如下：

> 帮我总结一下在实现文章管理时遇到的问题，并生成 Notepad 内容，这样实现其他模块就不会犯同样错误了

然后，我们复制 Cursor 生成的内容，替换现在的 Notepad。

下面实现分类管理，提示词如下：

> @note@Codebase 帮我生成实现分类管理的代码和页面

Cursor 给出的回答如图 7-27 所示。

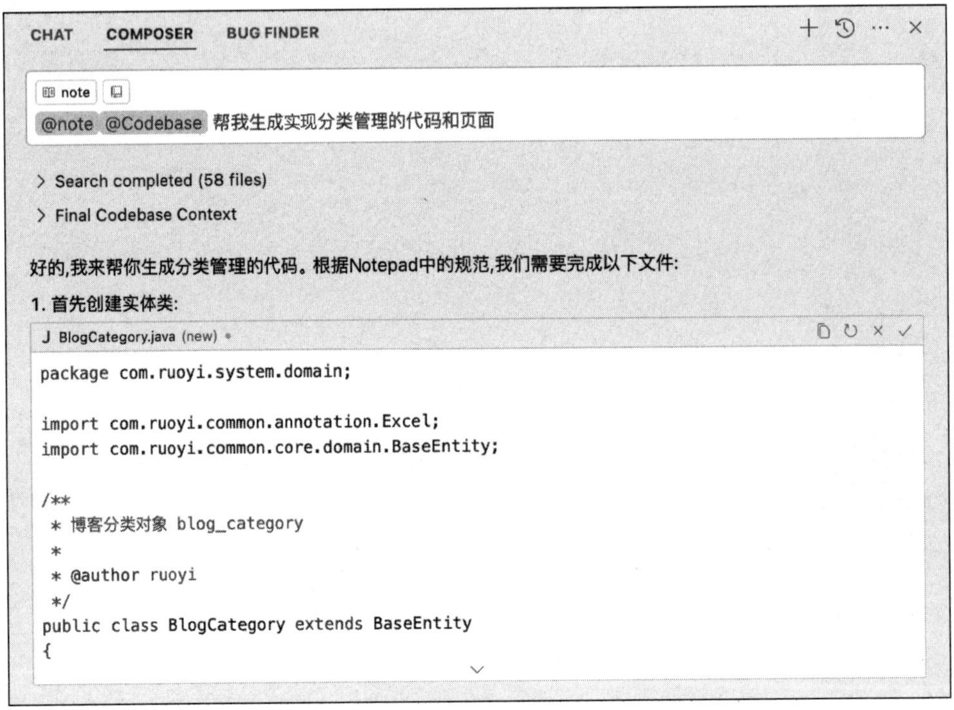

图 7-27

我们应用 Cursor 给出的所有变更，重启项目，打开浏览器查看效果，如图 7-28 所示。

Cursor 的实现速度是相当快的。由于我们将实现文章管理时遇到的问题总结到了 Notepad 中，因此在实现分类管理时就没有再出现 404 页面找不到的问题了。接下来，我会尝试添加几条数据，看一下各项功能是否完善，如图 7-29 所示。各项功能都是完善的。

图 7-28

图 7-29

7.2.5 实现标签管理

下面来实现标签管理，提示词如下：

> @note @Codebase 帮我生成实现标签管理的相关代码和页面

Cursor 很快就给出了回复，如图 7-30 所示。

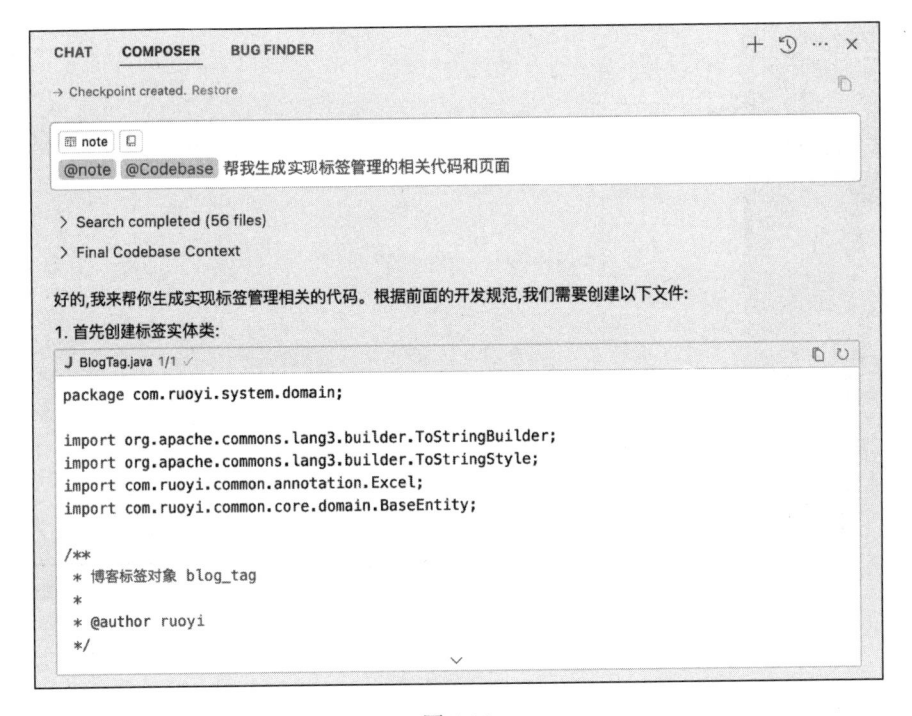

图 7-30

令我比较意外的是@Codebase 指令的功能强大。在实现分类管理时，我发现了一段错误代码，如图 7-31 所示。

图 7-31

这很明显是 Cursor 自己发挥，或者是在项目别的路径看到的代码，但是这个类在不同的模块，而使用它的模块并没有声明对应的依赖（也不符合 Maven 聚合项目的依赖传递），所以我就让 Cursor 修复这个问题，它换了一种写法。然后，我们在实现标签管理的过程中，类似场景的代码全部用最新写法写。这就是为什么我在生成代码时，建议你一定要使用@Codebase 指令。它会参考现有代码的写法和设计，从而让整体代码有较强的一致性。

最后，我们应用 Cursor 给出的变更，打开浏览器，查看对应功能的页面，如图 7-32 所示。

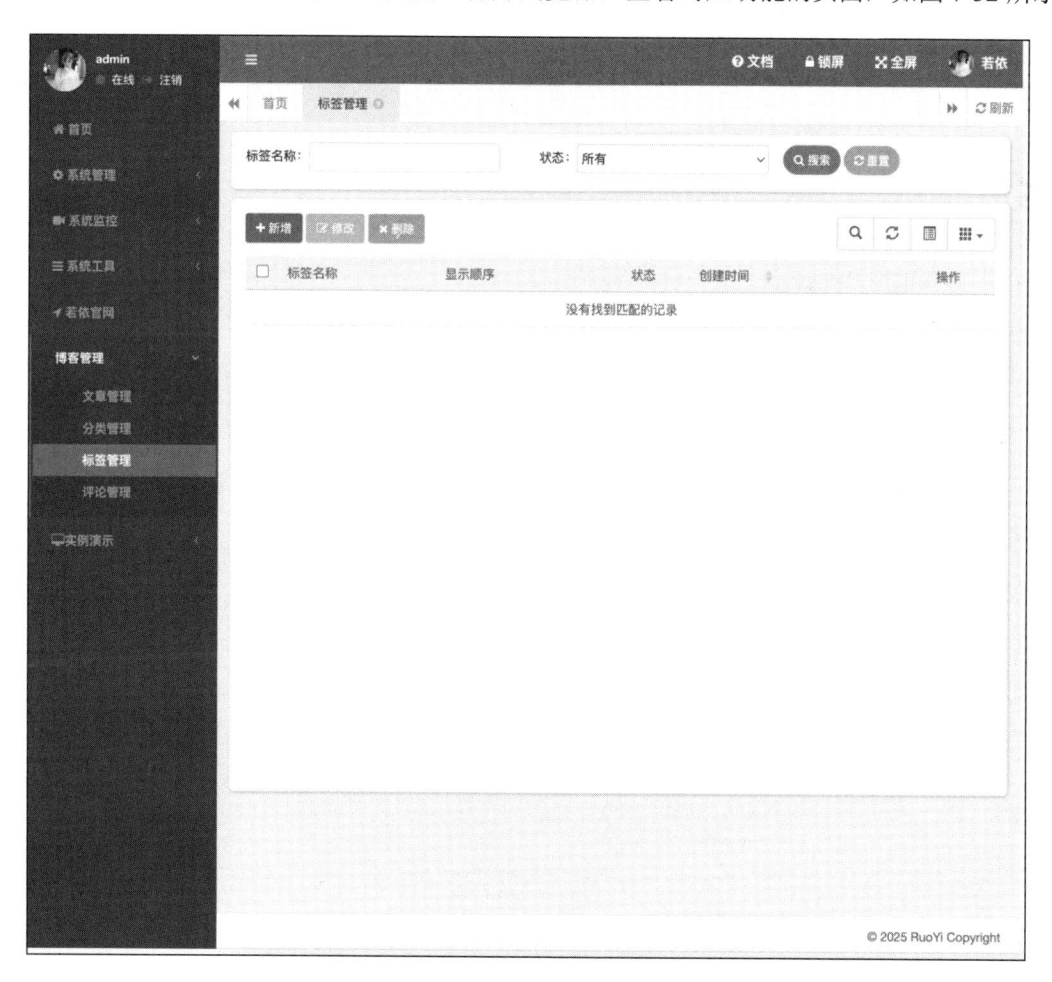

图 7-32

接下来，我会添加几条数据，查看相关的功能是否符合预期。如图 7-33 所示，相关功能都是可用的。

| 用 Cursor 玩转 AI 辅助编程——不写代码也能做软件开发

[图片：标签管理页面截图]

图 7-33

到这里，标签管理就实现了。

7.2.6　实现评论管理

最后，我们来实现评论管理，提示词如下：

`@note @Codebase 帮我生成实现评论管理的代码和页面`

Cursor 很快就给出了回复，如图 7-34 所示。

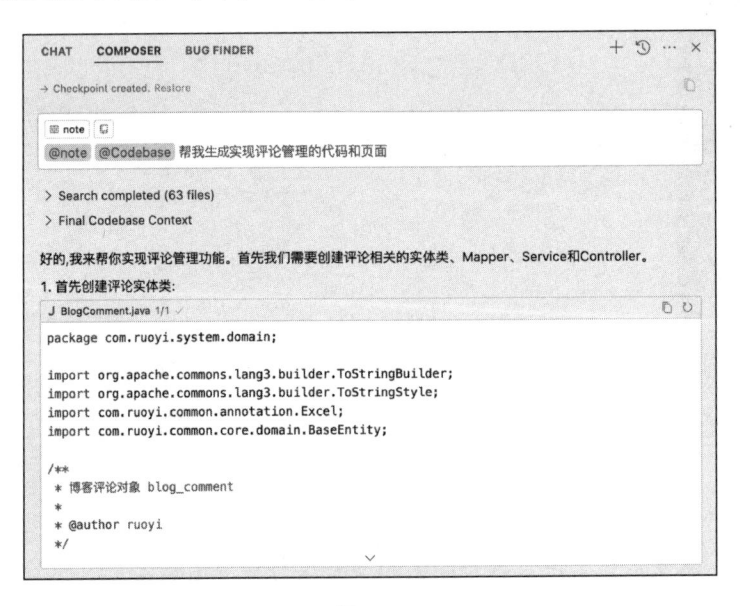

[图片：Cursor Composer 生成评论管理代码截图]

图 7-34

我们应用 Cursor 给出的所有变更，打开浏览器，查看对应功能的页面，如图 7-35 所示。

图 7-35

最后，添加数据、编辑、删除、导出等功能也是可用的。至此，博客管理系统的全部功能都已开发完毕。

7.3　项目回顾与总结

在本章中，我们通过 Cursor 完成了一个完整的博客管理系统后台开发。这个过程不仅展示了 AI 辅助编程的强大能力，还让我们掌握了众多实用的开发技巧。下面从以下两个方面进行总结。

1. 开发内容

我们成功地实现了博客管理系统的四个核心模块。

（1）文章管理：包含文章的 CRUD 操作、列表展示和时间显示优化。

（2）分类管理：实现了分类的基础管理功能和数据操作。

（3）标签管理：完成了标签的增、删、改、查和相关页面展示。

（4）评论管理：构建了评论的管理页面和功能实现。

2. AI 辅助编程的经验

通过本章的实践，我们总结出以下四点关键经验。

（1）要善用 Notepad 记录问题和解决方案，避免重复出现错误。

（2）要合理运用提示词，提高代码生成的准确性。

（3）要使用@Codebase 指令确保 Cursor 生成的代码与项目风格一致。

（4）要通过规则规范和约束 Cursor 的行为。

总的来说，本章不仅完成了一个完整的博客管理系统开发，还展示了如何在实际项目中高效运用 Cursor 进行 AI 辅助编程。这些宝贵经验必将在未来的开发工作中发挥重要作用。

第 8 章 Cursor + MCP = "王炸"

本章将介绍 MCP（Model Context Protocol，模型上下文协议）的使用，同时介绍一些常用的 MCP 资源社区，并且通过实际集成 MCP，提升 Cursor 的编程体验，拓宽项目的能力边界。

8.1 什么是MCP

在开始实操之前，我们先来了解一下什么是 MCP。MCP 是由 Anthropic 推出的一种开放标准协议，为开发者提供了一个强大的工具，能够在数据源和 AI 驱动工具之间建立安全的双向连接。

这个说法可能不太好理解。我举一个生活中的例子：如果把 AI 工具比作电脑主机，那么 MCP 就相当于 USB 协议，而 MCP Server 则类似于各种 USB 设备（如摄像头、麦克风等）。通过实现 MCP Server，我们可以让 AI 工具轻松地连接各种数据源，大大扩展其功能范围。

MCP 可以帮助我们在大语言模型（LLM）之上构建智能代理和复杂工作流。由于 LLM 经常需要与数据和工具集成，因此 MCP 提供了可供 LLM 直接接入和持续增加的预构建集成列表、在不同的 LLM 供应商和厂商之间切换的灵活性、在你的基础设施内保护数据的最佳实践。

MCP 的核心是客户端-服务器架构，如图 8-1 所示。其中 MCP 客户端可以连接多个服务器。

MCP 客户端：与服务器保持一对一连接的协议客户端。比如，Claude Desktop、Cursor 或希望通过 MCP 访问数据的 AI 工具。

MCP Server：通过标准化的 MCP 暴露特定功能的轻量级程序。

图 8-1

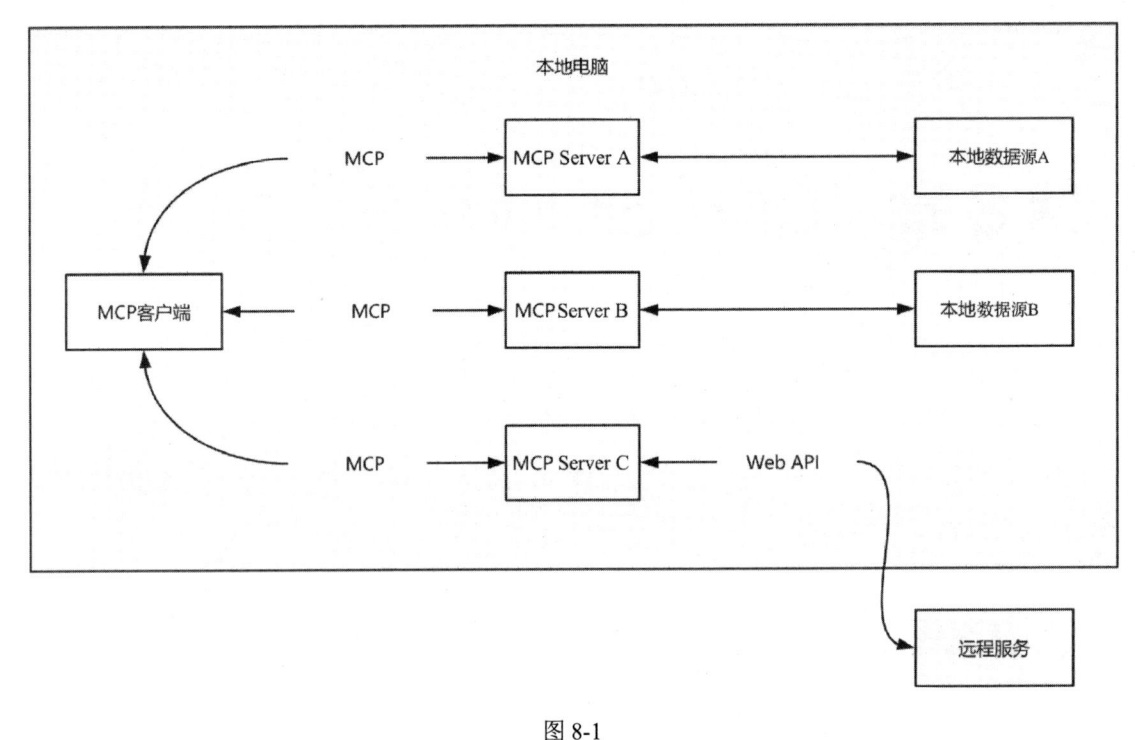

本地数据源：MCP Server 可以安全访问的计算机文件、数据库和服务。

远程服务：MCP Server 可以连接的通过互联网访问的外部系统（例如，通过 API）。

在图 8-1 所示的架构中，我们发现 Cursor 扮演的角色就是 MCP 客户端（MCP Client）。现在我们要做的就是找到一个 MCP Server（MCP 服务器）实现特定的功能。

8.2 一些MCP资源网站

1. MCP 官网

MCP 官网如图 8-2 所示，介绍了 MCP 的架构、服务端 SDK 和集成策略，以及一些实例程序和教学资源等。如果你感兴趣，那么可以去看一下。这对于你之后自己开发 MCP Server 是非常有帮助的。

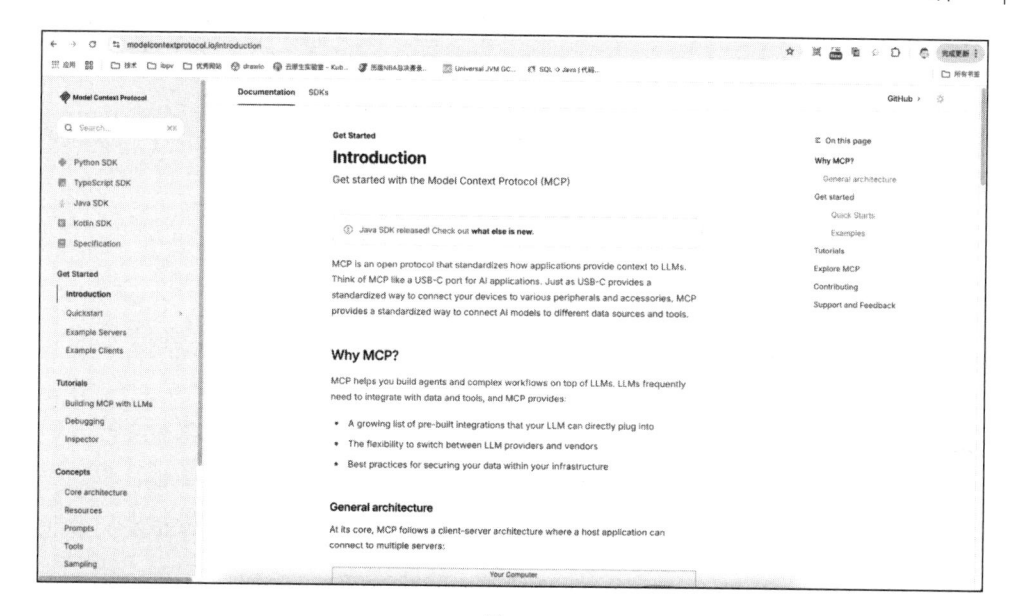

图 8-2

2. Smithery

Smithery 是一个 MCP Server 的资源网站，如图 8-3 所示。在这个网站上，我们可以看到社区成员都在用的 MCP Server。你也可以搜索你想要的 MCP Server。

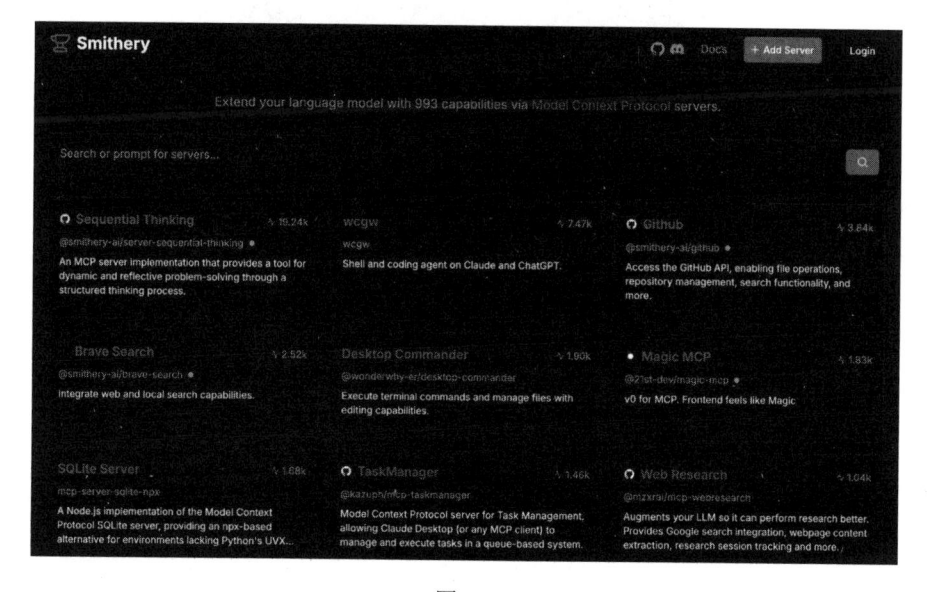

图 8-3

3. cursor.directory

我们在介绍 Cursor 的规则时，提到过 cursor.directory。这个网站不仅提供了 Cursor 的规则，还有 MCP Server 资源。你可以自行查看一下。这里就不赘述了。

8.3 在Cursor中配置MCP Server

MCP 资源网站的使用方法大体类似。找到需要的 MCP Server，然后查看对应文档，了解它的用法即可。我比较推荐 Smithery，因为它是目前对 Cursor 最友好的。比如，我们一会要集成 HotNews Server，当打开 HotNews Server 介绍页面时，可以看到 MCP 客户端的集成方式，如图 8-4 所示。

图 8-4

我们切换到 Cursor，然后复制集成命令。打开 Cursor 的"COMPOSER"面板，单击页面右上角的设置图标，如图 8-5 所示。

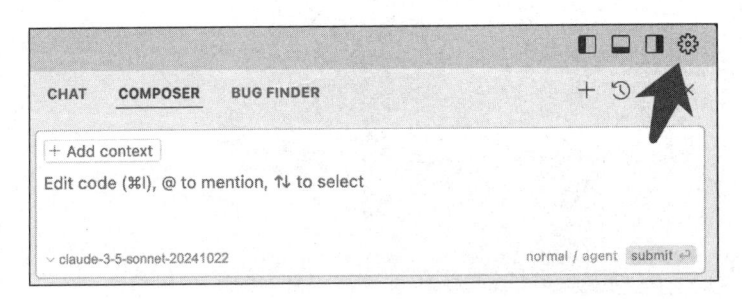

图 8-5

我提前创建了一个新文件夹 mcp-demo。我建议你也这样做。我们接下来的目的主要是体验 MCP 的集成。打开设置面板以后，单击"Features"菜单，找到"MCP Servers"，如图 8-6 所示。

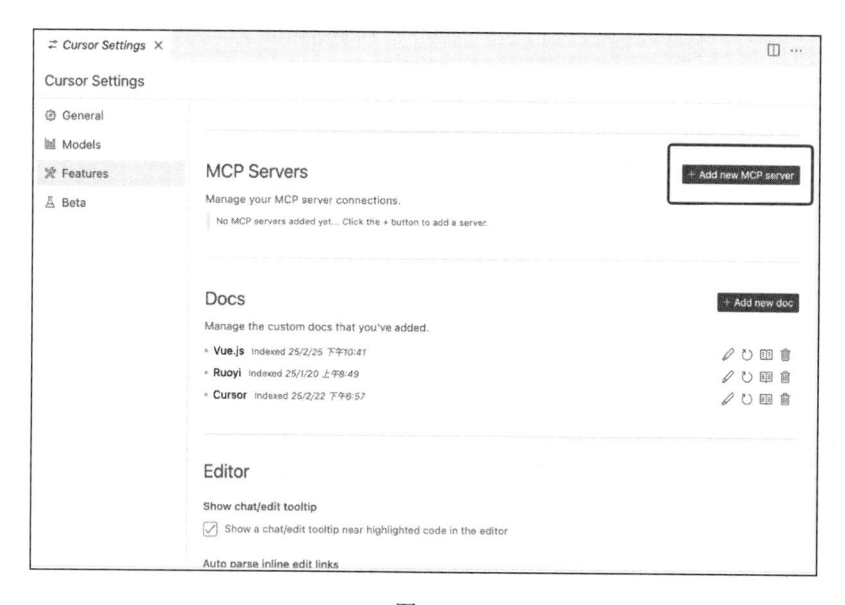

图 8-6

单击"Add new MCP server"按钮，接下来需要做一些配置，如图 8-7 所示。

图 8-7

在"Name"文本框中填写一个好记的名字,"Type"是一个下拉框,有"sse"和"command"两种访问方式。我们选择"command"方式,在"Command"文本框中粘贴刚才在 Smithery 中复制的以下命令。

```
npx -y @smithery/cli@latest run @wopal/mcp-server-hotnews --config "{\"sources\":\"[1,2,3,4]\"}"
```

非常遗憾,Cursor 无法识别这样的配置,会给出如图 8-8 所示的提示。

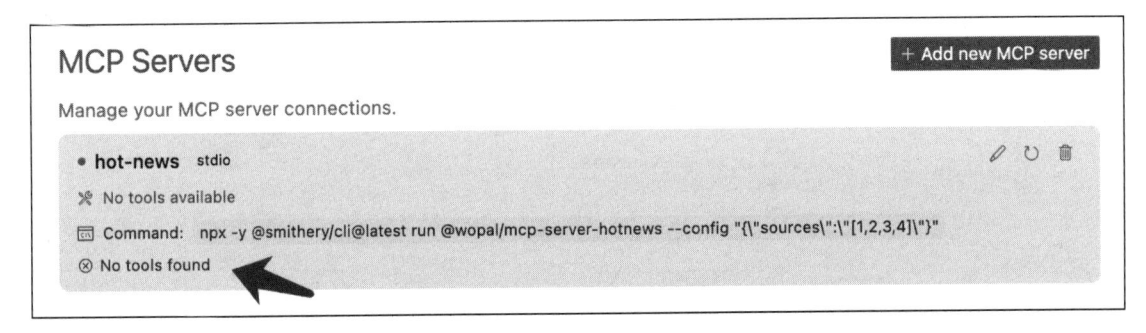

图 8-8

经过我实际体验,网站上大部分的 MCP Server 配置是可以拿来就用的,你不用太担心。另外,MCP 这个概念越来越火,导致大批开发者涌入 MCP 社区,所以 MCP 未来的适配和生态肯定会越来越好。对于当前的"hotnews"这个 MCP Server,我的解决方法是,直接访问它的 GitHub 地址,如图 8-9 所示。

图 8-9

在该项目的说明页，我们找到了作者给出的配置方式，如图 8-10 所示。

```
Installation

NPX

{
  "mcpServers": {
    "mcp-server-hotnews": {
      "command": "npx",
      "args": [
        "-y",
        "@wopal/mcp-server-hotnews"
      ]
    }
  }
}
```

图 8-10

此时，我们需要往 Cursor 中配置的"Command"就是"npx -y @wopal/mcp- server-hotnews"。接下来，我们回到 Cursor，打开刚才的 MCP Server 配置页面，验证一下自己的想法。如图 8-11 所示，已经正确识别了。可以看到，这个叫"hotnews"的 MCP Server 只提供了一个 Tool（工具或 API），就是"get_hot_news"。

```
MCP Servers                                          + Add new MCP server
Manage your MCP server connections.

 • hot-news  stdio
   Tools:  get_hot_news
   Command:  npx -y @wopal/mcp-server-hotnews
```

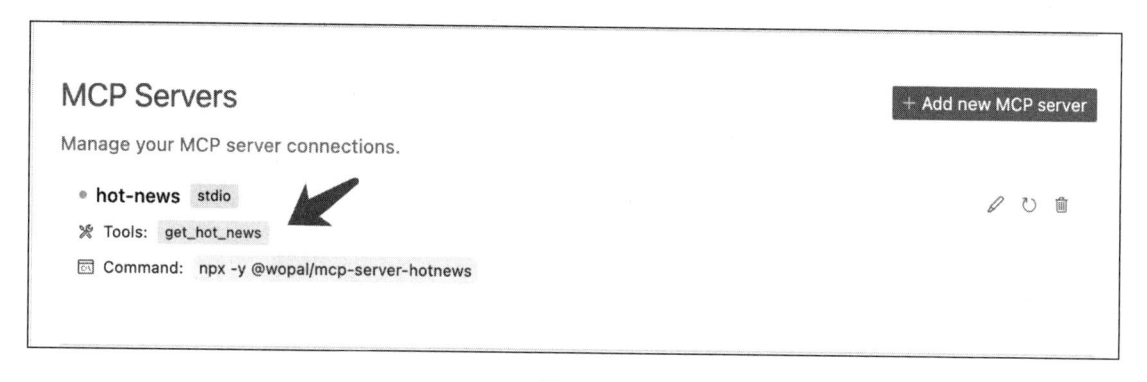

图 8-11

从 Smithery 的介绍页面中，我们可以得知，"hotnews"是可以配置来源网站的，目前支持如图 8-12 所示的 9 个网站。你可以按需配置。

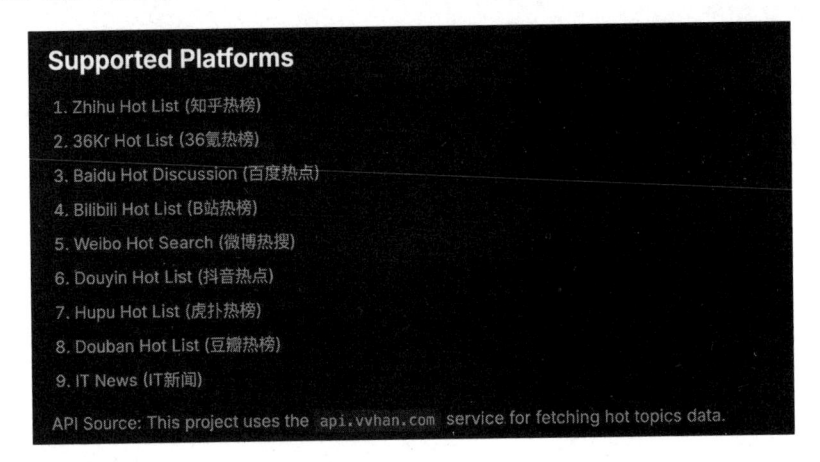

```
Supported Platforms
1. Zhihu Hot List (知乎热榜)
2. 36Kr Hot List (36氪热榜)
3. Baidu Hot Discussion (百度热点)
4. Bilibili Hot List (B站热榜)
5. Weibo Hot Search (微博热搜)
6. Douyin Hot List (抖音热点)
7. Hupu Hot List (虎扑热榜)
8. Douban Hot List (豆瓣热榜)
9. IT News (IT新闻)
API Source: This project uses the api.vvhan.com service for fetching hot topics data.
```

图 8-12

我的做法是全部配置。如果你只想看知乎的数据，那么告诉 Cursor 只返回知乎的内容即可，就不用来回修改配置了，一步到位。所以，我们把刚才的"Command"改成"npx -y @wopal/mcp-server-hotnews--config "{\"sources\":\"[1,2,3,4,5,6,7,8,9]\"}""。

接下来，我们添加另一个 MCP Server，它可以替代我们之前写项目时在"CHAT"面板中与 Cursor 对话的步骤。这听上去很不错。它的名字叫"Sequential Thinking"（序列思考）。目前，"Sequential Thinking"排在 Smithery 的搜索热度第一位。我们把它安装到 Cursor 中，如图 8-13 所示，复制这段命令。

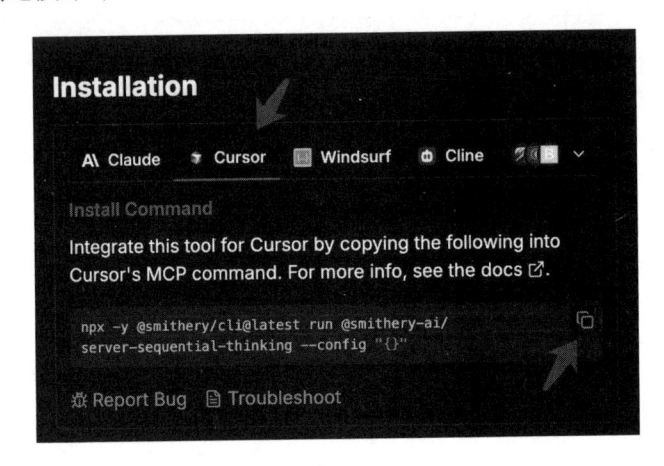

```
Installation

A\ Claude    Cursor    Windsurf    Cline    B

Install Command
Integrate this tool for Cursor by copying the following into
Cursor's MCP command. For more info, see the docs.

npx -y @smithery/cli@latest run @smithery-ai/
server-sequential-thinking --config "{}"

Report Bug    Troubleshoot
```

图 8-13

依然很遗憾，它无法在 Cursor 中一次性识别成功，如图 8-14 所示。

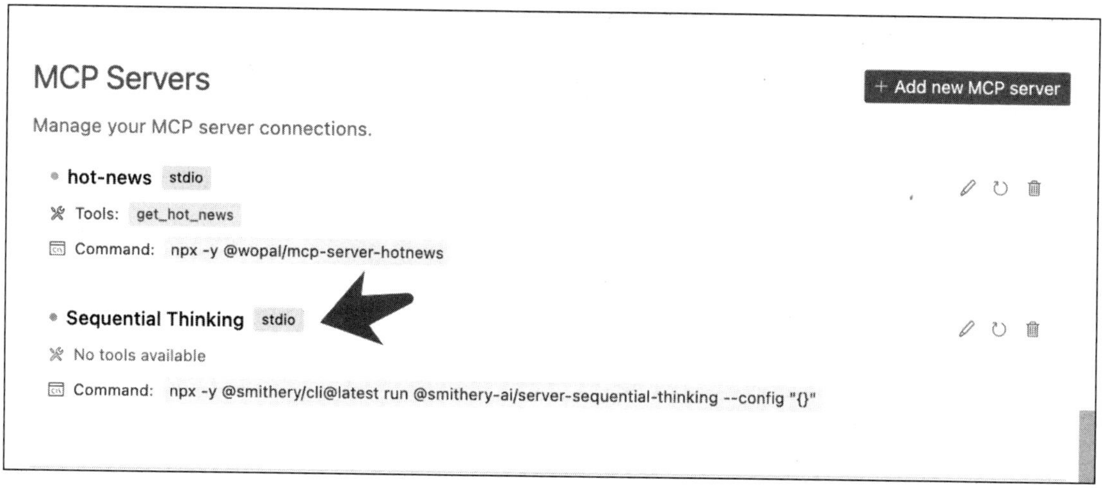

```
MCP Servers                                          + Add new MCP server
Manage your MCP server connections.

• hot-news  stdio
  ✳ Tools:  get_hot_news
  ▭ Command:  npx -y @wopal/mcp-server-hotnews

• Sequential Thinking  stdio
  ✳ No tools available
  ▭ Command:  npx -y @smithery/cli@latest run @smithery-ai/server-sequential-thinking --config "{}"
```

图 8-14

还是用刚才的方法，去它的源网站找寻集成方式。在它的 GitHub 说明页面，我们找到了集成配置，如图 8-15 所示。

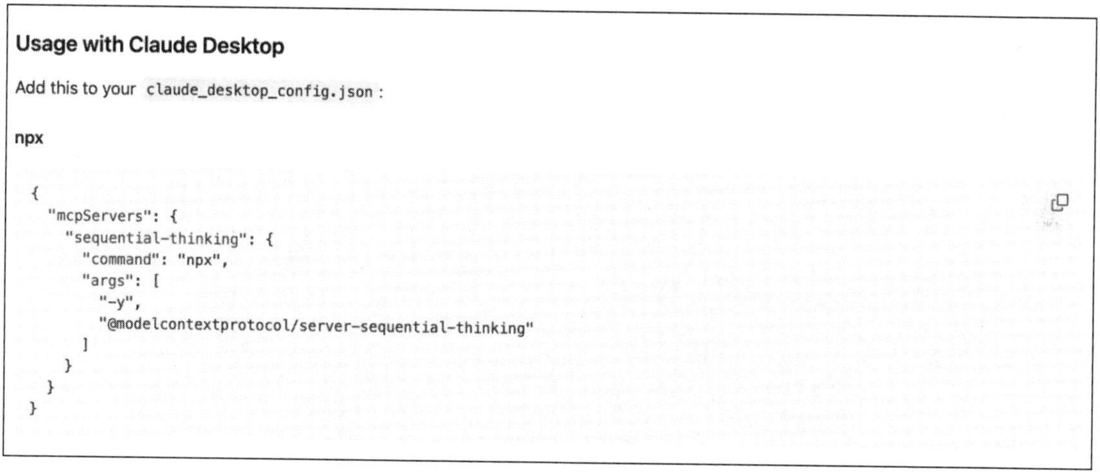

```
Usage with Claude Desktop
Add this to your claude_desktop_config.json :

npx

{
  "mcpServers": {
    "sequential-thinking": {
      "command": "npx",
      "args": [
        "-y",
        "@modelcontextprotocol/server-sequential-thinking"
      ]
    }
  }
}
```

图 8-15

因此，我们一会需要填写到 Cursor 中的"Command"就是"npx -y @modelcontextprotocol/server-sequential-thinking"，在配置完成之后，就集成成功了，如图 8-16 所示。目前，两个 MCP Server 都已经集成了。

图 8-16

8.4 在Cursor中调用MCP Server的能力

下面来演示如何在 Cursor 中调用 MCP Server 的能力。首先，我们必须使用"COMPOSER"面板。其次，需要把运行模式从 normal 模式切换到 agent 模式，如图 8-17 所示。

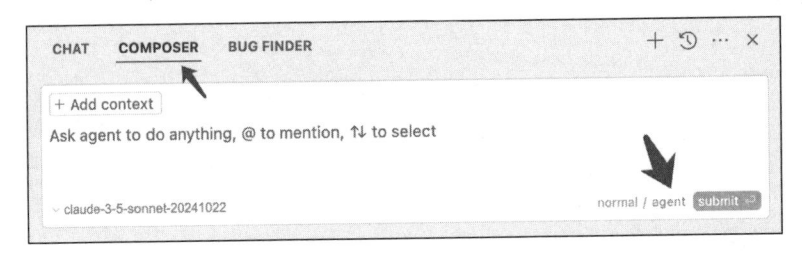

图 8-17

比如，我们想用 Cursor 做一个每天定时列举三个今日最热新闻的小应用，提示词如下：

我希望你帮我选出所有网站的热点新闻中最火的三条新闻，请展示你的思考过程，不用写代码

在输入完提示词之后，需要先单击"agent"选项，然后单击"submit"按钮。因为 MCP 其实就是一个个命令，其可以在"COMPOSER"面板的 agent 模式下直接执行，如图 8-18 所示。因为我们的提示词中有类似思考的关键字，所以触发了"sequentialthinking"这个 MCP tool。此时，在"COMPOSER"面板下方还有"Run tool"按钮，需要我们手动单击才可以使用这个 MCP tool。

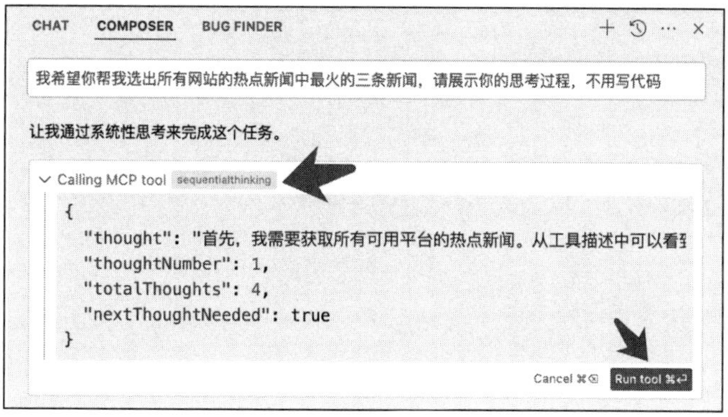

图 8-18

如果你不想每次都停下来手动确认，那么可以在设置中勾选"Enable yolo mode"复选框，如图 8-19 所示。这样，在 agent 模式下就会自动执行命令了。不过，我建议还是要人为确认，毕竟 Cursor 可能出错。执行一些高风险的命令会对本地计算机造成不必要的伤害。

我们手动执行 agent 模式下产生的 MCP 命令。Cursor 在思考一会儿之后，发现可以使用本地的另一个 MCP tool——get_hot_news 来满足汇总热点新闻的需求，所以发起了调用，如图 8-20 所示。

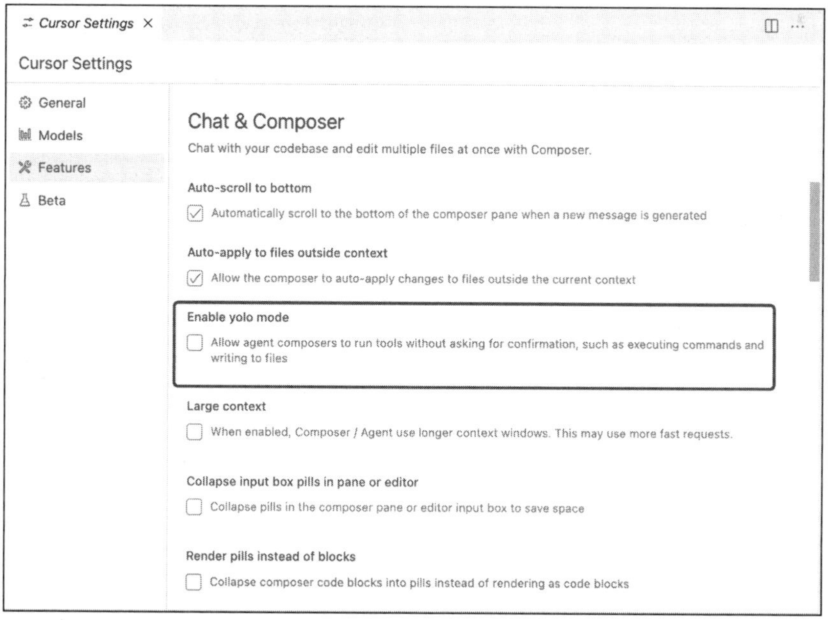

图 8-19

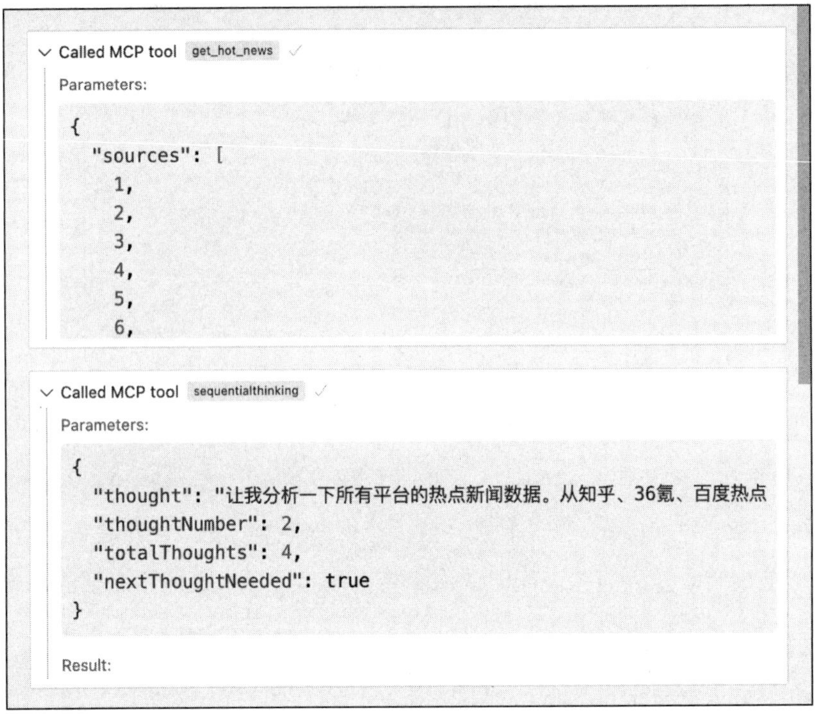

```
∨ Called MCP tool  get_hot_news  ✓
Parameters:

{
  "sources": [
    1,
    2,
    3,
    4,
    5,
    6,
```

```
∨ Called MCP tool  sequentialthinking  ✓
Parameters:

{
  "thought": "让我分析一下所有平台的热点新闻数据。从知乎、36氪、百度热点
  "thoughtNumber": 2,
  "totalThoughts": 4,
  "nextThoughtNeeded": true
}
Result:
```

图 8-20

在"get_hot_news"执行完之后，我们得到了九个网站的热点新闻，紧接着"sequentialthinking"这个 MCP tool 会进行分析汇总，最终输出了我们想要的最火的三条新闻，如图 8-21～图 8-23 所示。

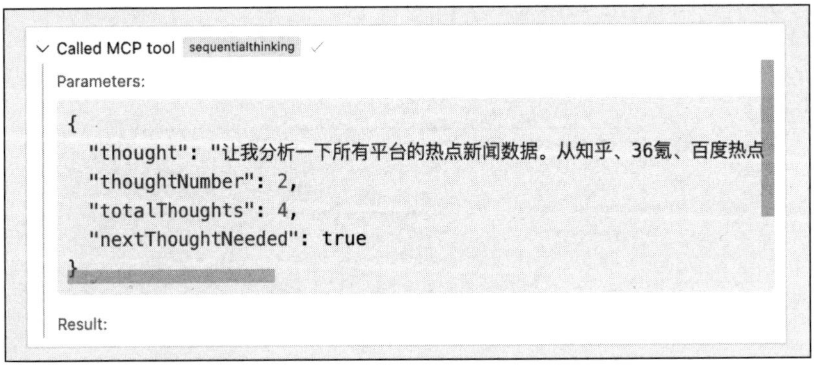

```
∨ Called MCP tool  sequentialthinking  ✓
Parameters:

{
  "thought": "让我分析一下所有平台的热点新闻数据。从知乎、36氪、百度热点
  "thoughtNumber": 2,
  "totalThoughts": 4,
  "nextThoughtNeeded": true
}
Result:
```

图 8-21

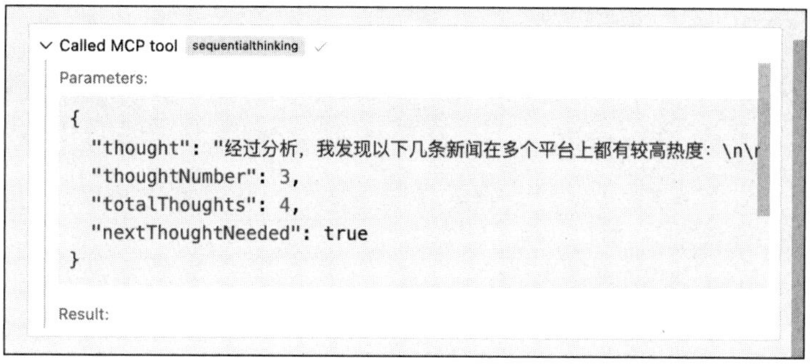

图 8-22

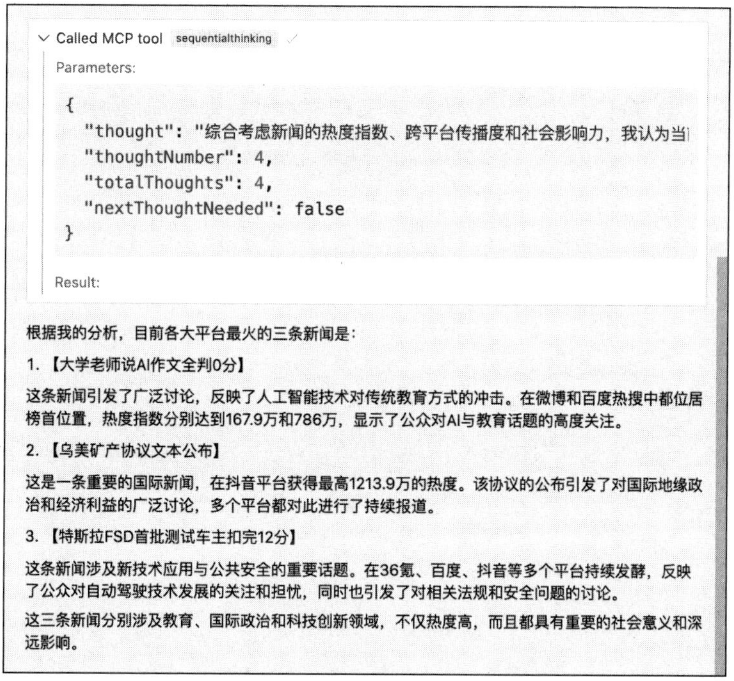

图 8-23

当然，这只是 MCP Server 在 Cursor 中使用的一个小例子。我相信未来会有越来越多的 MCP Server 涌现出来。一些现成的服务、解决方案都可以集成进来，Cursor 的能力边界将再一次被拓宽。

参考与展望篇

第 9 章　Cursor 最佳实践与使用技巧

在前几章中，我们已经通过实际项目展示了 Cursor 在开发过程中的强大能力。从简单的代码生成到复杂的系统开发，我们见证了 Cursor 如何改变传统的编程方式。现在，让我们更进一步，深入探讨如何将 Cursor 的使用提升到一个新的水平。本章将分享一系列实用的最佳实践和使用技巧，这些经验来自前面项目开发的实践总结，将帮助你更好地驾驭这个强大的 AI 辅助编程助手。

9.1　提示词工程最佳实践

提示词工程（Prompt Engineering）是 AI 辅助编程中的关键技能，直接影响着我们与 Cursor 交互的效果和效率。通过精心设计的提示词，我们可以更准确地表达开发需求，获得更符合预期的代码输出。在实践中，我们发现一个好的提示词不仅能提高 Cursor 的理解准确度，还能显著减少来回修改的次数。基于这些认识，我们总结了一套实用的提示词设计原则和方法。这些原则和方法不仅适用于简单的代码生成任务，还能帮助开发者处理复杂的系统设计和重构工作。下面让我们深入了解如何构建高质量的提示词，以便充分发挥 Cursor 的潜力。

9.1.1　提示词

在构建提示词时，我们需要采用结构化的方法来组织内容。一个设计良好的提示词应该像一份完整的需求文档，能够清晰地传达我们的开发意图。通过合理的结构设计，我们可以帮助 Cursor 更准确地理解我们的需求，从而生成更符合预期的代码。

以下是一个实际的示例。比如，我现在要实现博客管理系统，会这样写提示词：

```
@note @Codebase
我需要实现一个文章管理模块，要求如下：
1. 功能需求：
   - 文章的增删改查操作
   - 支持分页列表展示
   - 包含标题、内容、发布时间等字段
2. 技术要求：
   - 使用SpringBoot框架
   - MyBatis作为ORM框架
   - 遵循RESTful API设计规范
3. 预期输出：
   - 后端API代码
   - 数据库表设计
   - 前端页面代码（Vue.js）
4. 质量规范：
   - 需要添加适当的注释
   - 包含异常处理
   - 遵循项目现有的代码风格
```

这段提示词很好地展示了结构化设计的要素：

（1）使用@note 和@Codebase 标记确保 Cursor 参考项目规范和现有代码。

（2）清晰列出功能需求和技术要求。

（3）明确指定预期输出的内容和格式。

（4）包含具体的质量规范要求。

通过结构化的提示词，Cursor 能够准确地理解我们的需求，生成符合项目标准的代码，大大减少了后续修改的工作量。

在设计提示词时，我们还需要注意使用准确的专业术语和清晰的描述语言。一个好的做法是先用简短的概述说明整体需求，再展开描述具体细节。这不仅能帮助 Cursor 更好地理解我们的意图，还便于后续的修改和维护。

9.1.2 上下文的妙用

在使用 Cursor 进行开发时，指令起着重要的作用。它们不仅能帮助我们更好地与 Cursor

沟通，还能确保生成的代码符合项目要求。下面深入了解每个指令的具体应用场景和最佳实践。

下面通过一些具体示例来说明这些指令的使用。

1. @Notepads 的使用示例

```
@note
请帮我实现一个文章分类的功能
```

这样的提示词会让 Cursor 参考之前保存的开发规范、实现步骤，确保生成的代码符合预期。

2. @Codebase 的使用示例

```
@Codebase
我需要实现一个新的标签管理 API，请参考现有的分类管理模块的实现方式
```

这个指令会让 Cursor 分析现有代码库中的实现方式，参考已有的做法，甚至汲取之前修正 Bug 的经验，写出更优质的代码。

3. @Notepads 和 @Codebase 的组合使用示例

```
@note @Codebase
请帮我实现评论管理功能，需要：
1. 遵循现有的代码规范
2. 参考已有的 CRUD 实现方式
3. 使用统一的错误处理机制
```

这种组合使用方式可以确保新功能与现有系统在风格和实现上保持一致。

4. @Docs 的使用示例

```
@Ruoyi 请问如何部署项目，需要什么环境
```

这个指令可以帮助 Cursor 快速访问和分析项目文档，获取部署、配置等关键信息。在这个例子中，Cursor 会查找并回答有关项目部署环境的具体要求。

5. @Files 的使用示例

```
@BlogTagController.java 帮我打印每个 API 的入参和返回值
```

  这个指令可以帮助 Cursor 分析特定文件的内容并执行相关操作。在这个例子中，Cursor 会分析控制器文件并输出所有 API 的入参和返回值，并且只会变更这个文件的内容，不会影响其他文件。

6. @Git 的使用示例

```
@优化特殊字符密码修改失败问题
（这是@Git 后选择的需要引用的提交信息）
请你分析一下这次变更的作用有哪些
```

  @Git 指令是 Cursor 的版本控制助手，可以帮助团队更好地管理代码变更和分析代码历史。它能帮助开发者理解提交内容和影响范围，分析代码修改的原因和背景。这在大型项目维护中特别重要。在调试过程中，@Git 可追溯 Bug 源头，查看功能演进，并分析代码变更与问题报告的关联。在代码审查时，它帮助审查者快速理解提交背景，检查代码合规性，评估变更必要性。开发者可以通过提供 commit 信息或 issue 链接来使用@Git。这样可以提高代码变更理解效率，确保修改可追溯，对大型项目维护尤其有用。

7. @Cursor rules 的使用示例

```
@Cursor rules
请生成一个用户管理模块
```

  @Cursor rules 指令是一个强大的规则上下文工具，能确保 Cursor 严格遵循项目的编码规范，包括命名规范、代码风格、结构组织和设计模式的使用，同时确保代码符合质量标准。这不仅能保证团队协作时的代码一致性，还能显著减少后期的调整工作。

8. @Folders 的使用示例

```
@Folders src/main/java/com/ruoyi/system/
请分析这个目录下的所有 Controller 类的 API 命名规范
```

  @Folders 指令允许 Cursor 分析整个文件夹中的代码，通常在理解项目结构和代码组织、分析多个相关文件的实现模式、进行大范围的代码审查和重构的场景下非常有用。

9. @Chat 的使用示例

```
@Chat
请基于我们之前讨论的登录功能，继续完善用户认证逻辑
```

@Chat 指令能够引用之前的对话内容作为上下文，让开发者可以延续之前的开发讨论，保持对话的连贯性，同时避免重复解释相同的需求，从而提高开发效率。

10. @Link 的使用示例

```
@Link https://docs.spring.i*/spring-security/reference/index.html
请参考 Spring Security 文档，帮我实现基于 JWT 的认证机制
```

@Link 指令能够让 Cursor 参考在线文档和资源，主要用于查阅官方文档和最佳实践、获取特定技术的最新用法，以及确保符合框架规范，从而帮助开发者更好地遵循标准和规范进行开发。

11. @Web 的使用示例

```
@Web
请帮我查找 React Router v6 的最新用法和示例代码
```

@Web 指令具有强大的功能，允许 Cursor 访问和分析 Web 资源，帮助开发者获取在线参考资料和最佳实践。开发者可以通过此指令实时获取最新的技术文档，查找社区中的代码示例和最佳实践，以及寻找常见问题的解决方案。在使用时，需要注意提供具体的技术或问题描述以明确查询范围，同时要注意核实获取信息的准确性和时效性，并遵守相关代码引用的版权和许可要求。

12. @Recent changes 的使用示例

```
@Recent changes
请分析最近一次提交的代码变更，并给出优化建议
```

@Recent changes 指令具有强大的功能，能够帮助 Cursor 快速理解最近的代码变更，评估

这些变更内容可能带来的影响，并针对代码质量和性能提供相应的优化建议，从而帮助开发团队更好地把控代码质量。

13. @Summarized Composers 的使用示例

```
@Summarized Composers
请参考之前关于用户认证模块的讨论，继续完善登录功能
```

@Summarized Composers 指令能够将历史会话内容以摘要形式引入当前对话作为上下文。这对于延续之前的开发讨论、保持对话连贯性及避免重复解释相同需求特别有用。

9.2 代码质量控制

在使用 AI 辅助编程时，确保代码质量是一个重要议题。这不仅关系到项目的稳定性和可维护性，还是保证产品质量的基础。随着 AI 技术在软件开发中广泛应用，我们需要建立一套完整的质量控制体系，包括代码审查、测试验证、性能优化等多个环节。特别是在使用 Cursor 这样的 AI 辅助编程助手时，虽然它能大大提高开发效率，但是开发者需要保持警惕，确保生成的代码符合项目标准。本节将详细探讨如何在使用 Cursor 开发的过程中把控代码质量，建立有效的质量保证机制，以及如何平衡开发效率和代码质量之间的关系，以下是两个关键方面。

9.2.1 代码审查策略

对 Cursor 生成的代码进行全面审查是确保代码质量的关键步骤。在审查过程中，我们主要关注以下几个方面。

（1）业务逻辑审查：要仔细验证代码是否准确实现了需求功能，确保所有业务流程的完整性，同时对各种边界条件和异常情况的处理进行全面检查。

（2）性能检查：要重点关注代码的执行效率，通过分析找出可能存在的性能瓶颈，并对资源使用情况进行合理优化。

（3）安全评估：要着重检查代码中的输入验证和数据过滤机制，确保防范了常见的安全漏

洞，同时保证敏感数据得到妥善保护。

（4）可维护性分析：要评估代码的整体结构和组织方式，检查命名规范和注释的完整性，确保代码具有良好的复用性和扩展性。

9.2.2 错误处理机制

在使用 Cursor 开发的过程中，错误处理是保证代码质量的关键环节。我们建议从以下三个方面来建立完善的错误处理机制。

首先是代码审查与测试环节。这包括使用自动化测试工具进行单元测试，通过静态分析工具发现潜在问题，以及由经验丰富的开发人员对关键业务逻辑进行人工审查。

其次是问题反馈与修正流程。当发现问题时，我们需要准确记录错误现象和错误复现的步骤，提供完整的上下文，并根据 Cursor 的反馈及时调整提示词和开发策略。

最后是经验总结与持续改进。团队需要建立起错误类型的分类体系，整理常见问题的解决方案，并定期进行复盘，不断优化处理流程。

通过建立这套完整的错误处理机制，我们可以更好地识别和解决 Cursor 生成的代码中的问题，持续提高代码质量。这些经验的积累也将帮助团队更有效地使用 Cursor。

9.3 提高开发效率的技巧和方法

在掌握了基本的使用方法后，我们需要关注如何提高使用 Cursor 开发的效率，从以下几个方面介绍实用的技巧和方法。

快速迭代开发是提高开发效率的重要一步。开发者可以先让 Cursor 生成框架代码，然后逐步完善细节。在这个过程中，要及时验证生成的代码片段，并根据实际效果快速调整提示词，形成高效的开发节奏。

代码复用与管理同样重要。建议团队收集和维护高质量的提示词模板，建立常用的代码片段库，并整理项目最佳实践案例。这样可以避免重复工作，提高开发效率。

智能工具的整合也能大幅提高效率。将 Cursor 与版本控制系统、代码检查工具及自动化测试框架结合使用，可以构建更完整的开发流程。

提示词的优化策略直接影响开发效率。在与 Cursor 交互时，使用清晰的结构化描述内容，提供必要的上下文，并指定具体的输出要求，可以大大提高 Cursor 的响应准确度。

开发流程的优化必不可少。团队需要制定标准化的 Cursor 使用流程，建立有效的代码审查和反馈机制，并在实践中持续总结和改进工作方法。

通过这些技巧和方法，我们可以更高效地利用 Cursor，在保证代码质量的同时提高开发效率。关键的是要建立系统化的工作方法，并在实践中不断优化和改进。

9.3.1 优化工作流程

优化 Cursor 的工作流程需要从以下四个方面入手。

首先是制定标准化流程。我们需要建立完整的提示词模板库，涵盖各种常见的开发场景，并制定清晰的使用规范。这些模板需要定期更新和优化，以适应项目发展需求。

其次是分解任务。在处理复杂项目时，我们建议将需求拆分成多个独立的子任务，根据它们之间的依赖关系合理安排开发顺序。每个任务都应该有明确的目标和相应的提示词指南。

再次是持续优化。开发团队需要认真记录 Cursor 的响应效果和存在的问题，分析提示词与实际输出内容之间的关系，并根据实践经验不断改进使用方式。

最后是提高效率。我们要善于复用验证过的提示词模式，建立快速的验证反馈机制，并持续总结最佳实践经验。

以上措施可以显著提高 AI 辅助编程的效率，保证代码质量。关键的是要建立规范化的流程，并在实践中持续改进。

9.3.2 制定协同开发的策略

在团队协作开发中，合理使用 Cursor 需要从以下几个关键方面着手。

（1）规范统一是基础。团队需要共同制定使用 Cursor 的指导原则，包括建立统一的提示词模板和明确使用工具的边界。这样可以确保团队成员在使用 Cursor 时保持一致的标准。

（2）经验分享是关键。通过定期的技术交流会议和经验分享文档，团队成员可以互相学习使用 Cursor 的心得，避免重复踩"坑"，同时发现和推广好的实践方式。

（3）质量管理不容忽视。团队要建立完善的代码审查机制，通过自动化测试和定期的质量评估来确保 Cursor 生成的代码符合项目标准。

（4）持续改进是保障。团队要建立收集反馈、优化流程的机制，持续跟踪 Cursor 的使用效果，不断调整和改进工作方式。

以上措施可以帮助团队更好地发挥 Cursor 的优势，提高开发效率和代码质量。

9.4 常见陷阱与解决方案

在使用 Cursor 进行开发时，我们总结了以下几个主要的注意事项。

首先是代码质量的问题。Cursor 生成的代码往往需要进一步优化，可能存在冗余或不符合项目规范的情况，因此开发者需要仔细审查并根据实际需求进行调整，确保代码质量符合团队标准。

其次是理解偏差的问题。Cursor 可能会对我们的需求产生理解偏差，导致生成的代码与我们的实际期望有所差异。这就要求我们在编写提示词时要更加准确和清晰，同时要对 Cursor 的输出内容保持适度的审慎态度。

再次是安全性的考虑。在使用 Cursor 生成代码时，我们需要特别注意潜在的安全漏洞，尤其在处理敏感信息的场景中。建议对关键代码进行更严格的安全审查，确保系统的安全性。

最后是版本管理的问题。Cursor 生成的代码同样需要纳入项目的版本控制体系中。我们要确保所有的代码变更都能够被追踪和回溯。这需要我们养成良好的代码提交习惯，做好相应的文档记录。

9.4.1 避免过度依赖

过度依赖 Cursor 可能导致编程能力退化和代码质量下降。为了避免出现这种情况，开发者应该注意以下几个方面。

（1）理解代码：开发者需要深入理解 Cursor 生成的代码，包括其实现逻辑、每个函数和模块的作用，以及是否符合最佳实践。不能简单地复制和粘贴，而要透彻地理解代码的工作原理。

（2）主动改进：基于对代码的理解，开发者应该主动优化代码结构，使其更符合项目需求。这包括改进命名规范、完善注释说明，以及消除可能存在的代码冗余。

（3）提升技能：要将 Cursor 视为学习的助手而非替代品。通过研究 Cursor 提供的解决方案，开发者要学习新的编程思路和方法，同时持续积累自己的编程经验和技术知识。

通过以上方式，我们既可以充分利用 Cursor 提高开发效率，又能保持自身技术能力持续增加。

9.4.2 加强质量控制

为了确保 Cursor 生成的代码的质量，我们需要建立完整的质量控制体系。

（1）代码审查。我们需要严格遵循项目的代码规范，确保代码结构清晰、命名规范，并具有良好的可读性和可维护性。在审查过程中，我们要特别注意代码是否符合团队既定的最佳实践标准。

（2）测试验证。这包括编写完善的单元测试、进行系统级的集成测试，以及对各种边界条件和异常情况的全面测试。通过系统化的测试流程，我们可以及早发现并解决潜在的问题。

（3）性能优化。我们需要使用专业的性能分析工具找出系统瓶颈，要特别关注高并发场景下的表现，同时优化数据库查询性能和资源服务器使用效率，确保系统稳定、高效运行。

（4）安全加固。这包括定期扫描安全漏洞、防范常见的安全威胁，以及特别保护敏感数据和用户隐私。安全性是任何系统都不可忽视的重要内容。

（5）持续监控。通过部署完善的监控和告警系统，实时收集性能指标和错误日志，我们可以快速地发现并解决运行中出现的各种问题。

总的来说，有效使用 Cursor 需要把握以下关键点：在使用方面，我们要将 Cursor 视为助手而非完全依赖的工具，要具有独立思考能力和判断能力，并持续提升自身的技术水平。在质量保障方面，我们要建立完整的代码审查机制，做好测试和性能优化，同时注重安全性和可维护性。此外，我们还要持续改进工作方式，根据实际需求调整使用方法，并与团队成员分享最佳实践经验。

通过以上方法，我们可以在提高开发效率的同时，确保项目质量和可持续发展。关键的是要找到 AI 辅助编程与人工编程的最佳平衡点，让两者优势互补，实现更高效的软件开发。

第 10 章 展望未来

在前面的几章，我们详细介绍了 Cursor 的各项功能，并且通过实际案例，体验了 Cursor 在编程中的强大辅助能力。但 AI 辅助编程工具的发展并不会止步于此，未来还会有更多激动人心的变化。本章就来聊一聊 AI 辅助编程的未来发展趋势，以及 Cursor 可能的发展方向。

我们不仅要探讨 AI 辅助编程工具如何让编程变得更加高效、智能，还要思考它可能带来的挑战。AI 辅助编程工具会不会取代程序员？我们应该如何适应这个变化？未来的开发者到底需要掌握哪些技能？带着这些问题，我们一起展望未来的 AI 辅助编程世界。

10.1 AI辅助编程的未来发展趋势

10.1.1 更智能地理解与生成代码

目前，Cursor 已经能够做到代码补全、自动修复 Bug、代码重构等，但它的能力还远远没有达到极限。未来，AI 辅助编程工具很可能会进化出更高级的能力，比如：

（1）真正理解代码的业务逻辑：现在 AI 辅助编程工具的代码补全，大多还是基于已有的模式匹配，而未来它可能真的能"读懂"你的代码，知道你的项目是干什么的，然后生成更符合业务需求的代码，而不是仅仅提供一些代码片段。

（2）一键从需求到代码：未来，你甚至不需要写代码，只要描述你的需求，AI 辅助编程工具就能自动生成完整的项目架构和代码逻辑。比如，你说："帮我开发一个在线商城的后台管理系统"，AI 辅助编程工具就能直接生成一个包含用户管理、订单处理、支付系统的完整代码库。

（3）更精准地优化代码：AI 辅助编程工具不仅能帮你写代码，还能主动优化代码，如发现某个 SQL 查询语句写得不够高效，AI 辅助编程工具会自动将其优化成更好的查询方式，甚至还能帮你做性能测试，给出详细的优化报告。

10.1.2　AI 辅助编程工具如何改变团队协作模式

AI 辅助编程不仅能提高个人的开发效率，还会极大地影响团队的开发模式，未来可能会出现"AI 团队助手"这样的概念，比如：

（1）AI 辅助编程工具帮你统一代码风格：团队成员写代码风格不统一？AI 辅助编程工具可以自动格式化代码，让所有人的代码都符合团队规范，再也不用为代码风格问题争论不休。

（2）AI 辅助编程工具参与代码评审：未来，你可能不需要手动评审代码了，AI 辅助编程工具会自动检查 PR（Pull Request，拉取请求或合并请求），给出修改建议，甚至还能发现潜在的安全漏洞。

（3）AI 辅助编程工具管理项目知识库：团队中总会有人离职，新成员在加入后总要花时间熟悉代码。未来，AI 辅助编程工具可以自动整理代码库里的重要信息。如果新成员提出这个函数是谁写的、为什么要这么实现等问题，那么 AI 辅助编程工具可以直接给出答案，让新成员更快上手。

未来的开发团队，可能会有"人+AI"的协作模式。AI 辅助编程工具不仅是一个工具，还是一个真正的"虚拟团队成员"，会协助开发者完成各种任务，提高整个团队的开发效率。

10.2　Cursor的潜在发展方向

Cursor 作为一款专注于 AI 辅助编程的工具，它的未来发展方向非常值得期待。

10.2.1　更丰富的插件生态

目前，Cursor 已经兼容 VS Code 的插件系统，但未来可能会发展出更适合 AI 辅助编程的专属插件和新功能，比如：

（1）智能推荐 API：在你调用某个 API 时，Cursor 可以自动推荐最佳的用法，甚至直接帮你写好调用代码。

（2）安全扫描代码：Cursor 可以实时检测代码中的安全漏洞，比如发现你的 SQL 查询语句可能有 SQL 注入风险，Cursor 会立刻给出警告，并推荐更安全的写法。

（3）自动生成测试的代码：Cursor 不仅能写代码，还能自动帮你生成单元测试和集成测试的代码，让你的代码更加健壮。

未来，Cursor 可能会形成一个完整的 AI 插件生态，让它的能力更加丰富和个性化。

10.2.2 更智能地支持多语言

现在的 Cursor 主要支持主流的编程语言，但未来可能支持多语言，比如：

（1）跨语言转换代码：你写了一段 Python 代码，Cursor 可以将其自动转换成 Java 代码，甚至还能优化代码，让它更符合目标语言的最佳实践。

（2）支持低代码/无代码：Cursor 可以让不会写代码的人也能开发应用。比如，人们通过自然语言描述需求，Cursor 自动生成代码。

（3）在多语言项目中无缝切换：Cursor 可以理解不同语言的代码库，帮助开发者在多语言项目中无缝切换。

未来的 Cursor，可能不仅仅是一个代码编辑器，而是一个真正的"AI 开发助手"，可以帮助不同层次的开发者更高效地工作。

10.3　AI辅助编程对开发者的影响

10.3.1　开发者的角色正在变化

随着 AI 辅助编程工具越来越智能，程序员的工作方式会发生改变，比如：

（1）从"写代码"到"指导 AI 辅助编程工具写代码"：未来的开发者，可能不再手写代码，而是通过给 AI 辅助编程工具下指令，让 AI 辅助编程工具帮忙写代码。程序员的主要工作变成了"设计逻辑+优化 AI 辅助编程工具生成的代码"。

（2）更专注于业务和架构：AI 辅助编程工具能处理大量重复性的编码工作。开发者可以把更多精力放在业务建模、架构设计和创新上。

（3）轻松地提高代码质量：AI 辅助编程工具可以自动修复 Bug、优化代码，让开发者的代码质量大幅提高。

10.3.2　对职业发展的影响

未来的开发者，除了会写代码，还需要掌握如何高效地利用 AI 辅助编程工具，比如：

（1）使用 AI 辅助编程工具辅助编程成为必备技能：会用 AI 辅助编程工具写代码的开发者，将比不会用 AI 辅助编程工具写代码的开发者更有竞争力。

（2）更加专注于创造力：AI 辅助编程工具可以自动生成代码，那么开发者的核心竞争力就不再是"写代码"，而是"如何利用 AI 辅助编程工具开发更好的软件"。

（3）跨学科融合：AI 辅助编程工具让非程序员也能写代码。未来的开发者可能需要更多的跨学科能力，如产品设计、数据分析等。

总的来说，AI 辅助编程工具不会让程序员失业，但不会用 AI 辅助编程工具的程序员，可能被会用 AI 辅助编程工具的开发者超越。

10.4　使用AI辅助编程工具辅助编程的挑战

当然，使用 AI 辅助编程工具辅助编程不是完美的，仍然面临一些挑战，比如：

（1）代码质量参差不齐：AI 辅助编程工具生成的代码有时候质量不稳定，仍然需要人工审核。

（2）存在隐私泄露和安全问题：如果 AI 辅助编程工具使用的训练数据不安全，那么可能会导致隐私泄露和安全问题。

AI 辅助编程工具是否会取代程序员？从目前来看，AI 辅助编程工具仍然无法完全取代程序员。程序员的经验、创造力和专业判断力，仍然是无法被替代的。

10.5 结语

AI 辅助编程正在改变软件开发的方式，而 Cursor 正站在这次变革的前沿。未来，AI 辅助编程工具可能会变得更加智能，开发者的工作模式也会发生变化，但 AI 辅助编程工具不会取代程序员，而是让程序员的工作更加高效、有创造力。

作为开发者，我们需要积极拥抱这个变化，学习如何高效地利用 AI 辅助编程工具，这样才能在未来的技术浪潮中保持领先。AI 辅助编程的时代已经到来。未来，开发者将不再是单独的个体，而是"人+AI"的超级开发者！

附录 A

常见问题解答

Q1：Cursor 适合完全没有编程经验的人使用吗？

A1：虽然 Cursor 能够极大地简化编程过程，但是对于完全没有编程经验的用户，仍建议先掌握基本的编程概念，以便充分利用 Cursor 的功能。

Q2：Cursor 支持哪些操作系统？

A2：Cursor 目前支持主流操作系统，包括 Windows、macOS 和 Linux。请确保从官方网站下载适用于你的操作系统的最新版本的 Cursor。

Q3：如何启用隐私模式？

A3：你可以在初次设置时或在 Cursor 的"Settings"→"General"选项中启用"Privacy Mode"功能。启用后，你的代码将不会被存储或发送到任何服务器。

Q4：使用 Cursor 是否需要连接互联网？

A4：是的，使用 Cursor 的 AI 辅助功能需要连接互联网，以便与服务器进行通信，提供实时的代码补全和自动生成功能。

Q5：如何更新 Cursor？

A5：Cursor 会定期发布更新。你可以在 Cursor 的官方网站下载最新版本，或在 Cursor 内检查更新。建议始终使用最新版本以获得最佳体验和最新功能。

Q6：Cursor 是否支持团队协作？

A6：目前，Cursor 主要面向个人开发者，但你可以通过版本控制系统（如 Git）与团队成员共享代码。Cursor 的未来版本可能会引入更多协作功能。

Q7：如何自定义 Cursor 的页面？

A7：Cursor 兼容 VS Code 的插件系统。你可以安装主题插件或自定义设置，以调整页面外观和布局。

Q8：Cursor 的 AI 辅助功能是否收费？

A8：Cursor 提供免费版本，包含基本的 AI 辅助功能。要想使用高级功能可能需要订阅或一次性购买，具体定价请参考 Cursor 的官方网站。

Q9：如何反馈问题或建议？

A9：你可以通过 Cursor 官方网站的反馈渠道，或直接发送邮件至 support@cursor.com 与开发团队联系。

Q10：Cursor 是否支持离线使用？

A10：Cursor 的基本代码编辑功能可离线使用，但 AI 辅助功能需要连接互联网。

Q11：如何在 Cursor 中运行终端命令？

A11：你可以在 Cursor 中打开内置终端，直接输入命令。按下"Ctrl + J"（或"Cmd + J"）组合键可以在终端中使用自然语言描述命令，Cursor 会自动生成相应的终端命令。

Q12：Cursor 是否支持代码调试？

A12：是的，Cursor 支持代码调试。你可以设置断点，查看变量状态，逐步执行代码，以便排查和解决问题。

Q13：如何重置 Cursor 的设置？

A13：如果你需要重置 Cursor 的设置，那么可以删除或重命名配置文件，在重新启动 Cursor 后，将生成默认配置。请注意，重置操作会清除所有自定义设置。

Q14：Cursor 是否支持多光标编辑？

A14：是的，你可以使用"Ctrl + Alt + 下箭头"（或"Cmd + Alt + 下箭头"）组合键添加多个光标，同时编辑多处代码，提高编辑效率。

Q15：如何在 Cursor 中查看函数或变量的定义？

A15：将光标悬停在函数或变量上，Cursor 会显示其定义和相关信息，帮助你快速理解代码。

Q16：Cursor 是否支持创建和管理代码片段（Snippet）？

A16：是的，你可以在 Cursor 中创建和管理代码片段，快速插入常用代码，提高开发效率。

Q17：如何在 Cursor 中进行代码格式化？

A17：你可以使用"Shift + Alt + F"（或"Shift + Option + F"）组合键对选中的代码进行格式化，使其符合预定的代码风格。

Q18：Cursor 是否支持自动保存？

A18：是的，你可以在设置中启用自动保存功能，Cursor 会在检测到文件变更后自动保存，避免数据丢失。

Q19：如何在 Cursor 中安装新插件？

A19：打开插件市场，搜索需要的插件，单击安装按钮即可。安装完成后，可能需要重新启动 Cursor 以便使插件生效。

Q20：Cursor 是否支持自定义快捷键？

A20：是的，你可以在设置中自定义快捷键，根据个人习惯调整，以便提高操作效率。

希望以上解答能帮助你更好地使用 Cursor。如有其他疑问，可参考 Cursor 官方文档或在 Cursor 官方论坛中提问以寻求帮助。

快捷键列表

以下是 Cursor 中常用的快捷键列表。

通用快捷键：

快捷键	功能
Cmd + I	打开"COMPOSER"面板
Cmd + L	打开"CHAT"面板
Cmd + .	在"COMPOSER"面板中切换到 agent 模式
Cmd + /	切换 AI 模型

（续表）

快捷键	功能
Cmd + Alt + L	打开"CHAT"和"COMPOSER"面板的历史记录
Cmd + Shift + J	打开 Cursor 设置面板
Cmd + Shift + P	打开命令面板

"CHAT"面板的快捷键：

快捷键	功能
Cmd + Enter	提交并自动添加@Codebase 指令
Enter	提交
↑	选择上一条消息
选中代码，Cmd + L 或 Cmd + Shift + L	将选中的代码添加为上下文

"COMPOSER"面板的快捷键：

快捷键	功能
Cmd + Backspace	取消生成
Cmd + Enter	接受所有变更内容
Cmd + Backspace	拒绝所有变更内容
Tab	切换到下一条消息
Shift + Tab	切换到上一条消息
Cmd + Alt + /	打开模型切换面板
Cmd + N 或 Cmd + R	创建新的"COMPOSER"面板
Cmd + Shift + K	以条形模式打开"COMPOSER"面板
Cmd + [	切换到上一个"COMPOSER"面板
Cmd +]	切换到下一个"COMPOSER"面板
Cmd + W	关闭"COMPOSER"面板
↑	选择上一条消息

Cmd+K 相关快捷键：

快捷键	功能
Cmd + K	打开
Cmd + Shift + K	切换输入焦点
Enter	提交
Option + Enter	快速提问

选择代码与上下文相关快捷键：

快捷键	功能
@	引用符号
#	文件
Cmd + Shift + L	将选中的代码添加到"CHAT"面板
Cmd + Shift + K	将选中的代码添加到编辑器
Cmd + L	将选中的代码添加到新的"CHAT"面板
Cmd + M	切换文件读取策略
Cmd + →	接受下一个建议词
Cmd + Enter	在"CHAT"面板中搜索代码库
选中代码，Cmd + C 或 Cmd + V	将复制的引用代码添加为上下文

Tab 快捷键：

快捷键	功能
Tab	接受建议
Cmd + →	接受下一个建议词

终端快捷键：

快捷键	功能
Cmd + K	打开终端提示栏
Cmd + Enter	运行生成的命令
Esc	接受命令

注：在 Windows 系统上，Cmd 键可替换为 Ctrl 键。欲了解更多详细信息，请访问官方文档。

联系与支持信息

如需获取更多帮助或提供反馈意见,你可以通过以下方式联系 Cursor 团队。

(1)官方网站:可以访问 Cursor 的官方网站,获取最新的版本和资讯。

(2)社区论坛:可以进入 Cursor 官网,在首页找到"FORUM"菜单。然后,可以加入官方社区论坛,与其他 Cursor 用户交流经验,寻求支持。

(3)电子邮件:可以发送电子邮件至 support@cursor.com。

我们鼓励你积极参与社区建设,共同探讨和分享使用 Cursor 的心得体会。